U0383583

《现代数学基础丛书》编委会

现代数学基础丛书·典藏版　35

黎曼曲面

吕以辇　张学莲　著

科学出版社

北　京

内 容 简 介

本书主要介绍 Riemann 曲面的基本理论，包括：Riemann 曲面的概念、Weierstrass 意义下的解析函数与 Riemann 曲面、覆盖曲面、微分形式与积分、单值化定理及其应用、微分形式空间、紧 Riemann 曲面和非紧 Riemann 曲面.

本书可作为大学数学系高年级学生和研究生的教科书，也可作为大专院校其它有关专业师生的参考书。

图书在版编目(CIP)数据

黎曼曲面/吕以辇，张学莲著. —北京：科学出版社，1991.4 (2016.1 重印)
(现代数学基础丛书·典藏版；35)
ISBN 978-7-03-002160-1
I.①黎… II.①吕… ②张… III.①黎曼面 IV.①O174.51
中国版本图书馆 CIP 数据核字(2016) 第 113257 号

责任编辑：张 扬／责任校对：林青梅
责任印制：徐晓晨／封面设计：王 浩

科学出版社 出版
北京东黄城根北街 16 号
邮政编码：100717
http://www.sciencep.com
北京厚诚则铭印刷科技有限公司印刷
科学出版社发行 各地新华书店经销
*
1991 年 4 月第 一 版 开本：B5(720×1000)
2016 年 6 月印 刷 印张：10 3/4
字数：173 000
定价：78.00 元
(如有印装质量问题，我社负责调换)

序　　言

Riemann 曲面理论是现代数学的基本理论之一，它不但自身不断地发展，而且越来越广泛地被应用于其它学科. 例如，在复分析领域内各分支学科，特别是 Teichmüller 理论及近年来发展很快的复解析动力系统等，都离不开 Riemann 曲面理论作为基础.

本书的目的是给出 Riemann 曲面的必要而基本的理论，以使国内研究生及其他读者，在短时间内能掌握这门理论，并能够将它应用到其他学科中去.

书中主要内容为单值化定理、紧 Riemann 曲面及非紧 Riemann 曲面理论. 在单值化定理这一章中，还介绍了 Klein 群及 Fuchs 群等基础知识. 在紧 Riemann 曲面这一章中，主要是 Riemann-Roch 定理及其应用，其中特别介绍 q-次全纯微分空间. 对 Riemann-Roch 定理的证明采用了经典的因而是初学者比较容易理解的方法. 对于非紧 Riemann 曲面论，本书证明了关于亚纯函数构造的 Mittag-Leffler 定理，并用无穷乘积构造了全纯函数的 Weierstrass 定理. 我们通过具体作出 Cauchy 核、Cauchy 积分及通过 Runge 定理，用逼近方法，给出这些定理的构造性证明，证明的思想方法力求与平面复分析的方法相似，这对于进一步研究非紧 Riemann 曲面上的函数论问题将会有好处.

国内关于 Riemann 曲面理论的书至今不多. 1978 年伍鸿熙教授到中国科学院数学研究所讲授紧 Riemann 曲面理论. 后来，伍鸿熙教授、陈志华教授和我合作写成《紧黎曼曲面引论》一书(科学出版社，1983 年出版). 该书出版后，对国内数学研究起到了一定的作用. 这本《黎曼曲面》希望与《紧黎曼曲面引论》相辅相成. 读者如果先读一下这本书，将会比较容易地读上述的《紧黎曼曲面引论》. 这两本书合在一起，将会使读者更系统地了解 Riemann 曲面理论.

本书部分内容曾先后在北京大学数学系等单位为研究生及大学高年级学生讲授过. 在此基础上，我与张学莲副教授合作编撰成这本书. 在整理誊清的过程中，得到伍鹏程同志及研究生华敏刚、彭贵爱的帮助，谨对他们表示感谢. 由于时间较紧，书中难免有不妥之处，敬请读者提出宝贵意见.

中国科学院数学研究所

1989 年 12 月

目　　录

第一章　Riemann 曲面的概念

§1　曲 面 的 概 念

曲面是指一个连通的 Hausdorff 空间 W,附加上一族$\{(U_\alpha, z_\alpha)\}$,其中 U_α 是 W 的开集,z_α 是 U_α 到平面$\mathbb{C}$内的开集上的拓扑映照,U_α 组成 W 的开覆盖,即 $W=\bigcup\limits_\alpha U_\alpha$.

一个曲面 W,局部地在每一个 U_α 上考虑时,通过拓扑映照 z_α,U_α 与平面$\mathbb{C}$的开集 $z_\alpha(U_\alpha)$一一对应,W 局部地看就是平面开集,简单地说,曲面是局部平面化的 Hausdorff 空间.

对任意 $p\in U_\alpha$,$z_\alpha(p)$称为**局部参数,局部坐标**或**局部变数**,U_α 称为**局部参数邻域,z_α** 称为**局部参数映照**.如果 $p_0\in U_\alpha$,圆 $D=\{|z-z_\alpha(p_0)|<r\}\subset z_\alpha(U_\alpha)$,则 $\Delta=z_\alpha^{-1}(D)$称为以 p_0 为心的**局部参数圆**.W 上每一点 p_0 都存在以 p_0 为心的局部参数圆.

曲面 W 上的**弧**(或称**曲线,路径**),按定义是指一个连续映照 $\gamma:[a,b]\to W$,$t\in[a,b]$,$t\mapsto\gamma(t)$.我们将用 ν 表示弧的连续映照,或弧上的点组成的集合 $\gamma=\{\gamma(t):a\leqslant t\leqslant b\}$.$\nu(a)$称为**起点**,$\gamma(b)$称为**终点**.如果 $\gamma(a)=\gamma(b)$,则 γ 称为**闭曲线**,我们还要约定,如果作参数变换 $\tau:[a,b]\to[c,d]$,使

$$\tau(t)=c+\frac{d-c}{b-a}(t-a),$$

则认为弧 $\gamma:[c,d]\to W$,$\tau\mapsto\gamma(\tau)$和 $\gamma_1:[a,b]\to W$,$t\mapsto\gamma_1(t)=\gamma(\tau(t))$是相同的.因此,弧总可以定义为 $\gamma:[0,1]\to W$,$t\mapsto\gamma(t)$,$0\leqslant t\leqslant 1$.

回顾空间的连通性.拓扑空间称为**连通的**,如果它不能分解为两个非空的互不相交的开集的和集.拓扑空间称为**弧连通的**,如果它的任何两点可用一弧来连接,即存在一条弧,起点和终点分别是这两点.

弧连通空间一定是连通空间.对曲面来说,反过来结论也成立.

定理 1.1　曲面是弧连通的.

证明　设 W 为曲面,首先注意到,对 W 的三点 p_1,p_2 和 p_3,如果 p_1 和 p_2 可用弧连接.p_2 和 p_3 可用弧连接,则 p_1 和 p_3 也可用弧连接.于是我们只要证明,对固定点 p_0,W 上任一点 p 与 p_0 可用弧连接,为此,设

$$A=\{p\in W:p\text{ 与 }p_0\text{ 可用弧连接}\},$$

我们要证明 $A=W$.根据 W 的连通性,如果我们证明了,A 是开集,$W-A$ 也是

开集,而 $p_0 \in A$, $A \neq \varnothing$,因此 $W-A=\varnothing$,便有 $A=W$.

设 $p \in A$,存在以 p 为心的局部参数圆 Δ, Δ 内任一点 q 与 p 可用弧连接,又 p_0 与 p 可用弧连接,因此 q 与 p_0 可用弧连接,于是 $\Delta \subset A$, A 是开集,如果 $p \in W-A$,则 p_0 与 p 不能用弧连接,由此推出,$\forall q \in \Delta$, q 与 p_0 也不能用弧连接,$\Delta \subset W-A$, $W-A$ 是开集,定理证完.

曲面称为**紧的或闭的**,如果它的任何开覆盖,总存在有限的子覆盖,非紧的曲面称为**开曲面**.

§2 Riemann 曲面的定义

Riemann **曲面**是指一个连通的 Hausdorff 空间 W,加上一族$\{(U_\alpha, z_\alpha)\}$,满足下列条件:

R1. 每一个 U_α 是 W 上开集,对应的 z_α 是 U_α 到复平面$\mathbb{C}$的开集 $z_\alpha(U_\alpha)$的拓扑映照;

R2. 所有的 U_α 组成 W 的开覆盖,即 $W=\bigcup\limits_{\alpha} U_\alpha$;

R3. 如果 $U_\alpha \cap U_\beta \neq \varnothing$,则映照

$$z_\beta \circ z_\alpha^{-1}: z_\alpha(U_\alpha \cap U_\beta) \to z_\beta(U_\alpha \cap U_\beta)$$

是一一解析的映照,即共形映照.

定义中的条件 R1 和 R2 说明 Riemann 曲面是一个曲面,但此曲面又附加了条件 R3.我们称族$\{(U_\alpha, z_\alpha)\}$为 Riemann 曲面的**复结构**.

U_α 也称为局部参数邻域,z_α 称为局部参数映照,$\forall p \in U_\alpha$,对应的 $z_\alpha(p)$,称为 p 的局部参数,或称为局部坐标和局部单值化参数,当 $p \in U_\alpha \cap U_\beta$ 时,$z_\beta \circ z_\alpha^{-1}$ 称为局部参数变换,它把 P 的局部参数 $z_\alpha(p)$变为局部参数 $z_\beta(p)$,即

$$z_\beta(p) = z_\beta \circ z_\alpha^{-1}(z_\alpha(p)).$$

Riemann 曲面 W 上的点 p,有时就用局部参数 $z=z_\alpha(p)$表示,或简单地用 z 表示.

根据 Riemann 曲面的定义,在每个局部参数邻域 U_α 内考虑时,U_α 中的点与$\mathbb{C}$内开集 $z_\alpha(U_\alpha)$的点(局部参数)一一对应,而不同的局部参数通过局部参数变换联系,局部参数变换是共形映照.因此,单复变函数论中的一些共形不变的概念,例如解析函数,调和函数,次调和函数及它们的极值原理,共形映照及拟共形映照,解析曲线与逐段解析曲线等,都可以通过局部参数邻域搬到 Riemann 曲面上.我们将逐步给予介绍.

现在,我们定义解析函数和共形映照.

Riemann 曲面 W 上的域 G,也是一个 Riemann 曲面,它的复结构由 W 诱导

出,定义为$\{(U_\alpha\cap G, z_\alpha|U_\alpha\cap G)\}$.通常为了方便,$U_\alpha\cap G$ 和 $z_\alpha|U_\alpha\cap G$ 也用 U_α 和 z_α 表示.这里,符号 $z_\alpha|U_\alpha\cap G$ 表示映照 z_α 在 $U_\alpha\cap G$ 上的限制.

定义 设 $G\subset W$ 为一个域,函数 $f:G\to\mathbb{C}$,$p\mapsto f(p)$称为在 G 内**解析**或**全纯的**,如果在任何局部参数邻域 U_α 内,在局部参数 $z=z_\alpha(p)$下,函数

$$f(p)=f(z_\alpha^{-1}(z))=f_\alpha(z)$$

对 z 在 $z_\alpha(U_\alpha)$内是解析的.

如果 $p\in U_\alpha\cap U_\beta$,$p$ 又有局部参数 $w=z_\beta(p)$,则

$$f(p)=f(z_\beta^{-1}(w))=f_\beta(w).$$

但 $w=z_\beta\circ z_\alpha^{-1}(z)$,$f_\beta(w)=f_\alpha(z_\alpha\circ z_\beta^{-1}(w))$.因此,如果 f_α 对 z 是解析的.$z_\alpha\circ z_\beta^{-1}$ 是共形映照,$f_\beta(w)$对 w 也是解析的,这就证明,在 Riemann 曲面上定义解析函数是合理的.对其它共形不变的概念也同样是合理的.

Riemann 曲面上解析函数的存在性是一个重要问题.

命题 设 W 为 Riemann 曲面,$\{(U_\alpha, z_\alpha)\}$是它的复结构,则每一个局部参数映照 $z_\alpha: U_\alpha\to z_\alpha(U_\alpha)\subset\mathbb{C}$ 就是定义于 U_α 内的一一解析函数(或称解析映照).

这命题是显然的,它说明,Riemann 曲面上局部解析函数总是存在的.反过来,如果 U 是 W 的开集,φ 是 U 到$\mathbb{C}$的开集的一一解析映照,则称 U 为 W 的可容许的局部参数邻域,φ 为可容许的局部参数映照.把所有可容许的(U,φ)并到 W 的原定义的复结构中去,得到 W 的扩充复结构,不难看出,它仍满足条件 R1,R2 和 R3.以后,对于 Riemann 曲面 W,局部参数邻域和局部参数映照,将取之于 W 的扩充复结构,这样将是很方便的.例如,对 $\forall p_0\in W$,我们可以取局部参数邻域 U,参数映照 $z=\varphi(p)$,使 $p_0\in U$,$\varphi(p_0)=0$.而且还可使 $\varphi(U)$包含圆 $D:|z|<1$,在 W 上存在 p_0 为心的局部参数圆 $\Delta=\varphi^{-1}(D)$.

定义 设 W 和 W'为 Riemann 曲面,映照 $f: W\to W'$称为**解析映照**,如果 f 是连续的,且对于 $\forall p_0\in W$,$q_0=f(p_0)$,对 p_0 和 q_0 的任何局部参数邻域 U 和 U',局部参数映照 $z=\varphi(p)$和 $w=\varphi'(q)$,$z_0=\varphi(p_0)$,$w_0=\varphi(q_0)$,在局部参数下

$$w=\varphi'\circ f\circ\varphi^{-1}(z)$$

在点 z_0 的邻域内是解析的.

如果 $f: W\to W'$是一一解析且在上的(即 $f(W)=W'$),则 f 称为 W 到 W'上的**共形映照**.这时,我们称 W 和 W'**共形等价**.

解析映照 $f: W\to\mathbb{C}$ 就是**全纯函数**,而 $f: W\to\overline{\mathbb{C}}=\mathbb{C}\cup\{\infty\}$则称为**亚纯函数**.

§3 Riemann 曲面的简单例子

1) 复平面$\mathbb{C}$ 在通常意义下是 Riemann 曲面,局部参数邻域是$\mathbb{C}$ 的开集,局部

参数映照是恒等映照.

2) 扩充复平面$\overline{\mathbb{C}}=\mathbb{C}\cup\{\infty\}$也是 Riemann 曲面,局部参数邻域及局部参数映照取为

$$U_0=\overline{\mathbb{C}}-\{\infty\},z_0=z,$$

$$U_1=\overline{\mathbb{C}}-\{0\},z_1=\begin{cases}1/z, & z\neq\infty,\\ 0, & z=\infty.\end{cases}$$

这里 $U_0\cap U_1=\mathbb{C}-\{0\}$,映照 $z_1\circ z_0^{-1}:\mathbb{C}-\{0\}\to\mathbb{C}-\{0\}$为 $z\longmapsto\frac{1}{z}$是一一解析的.

3) Riemann 球面 S. S 是$\mathbb{R}^3$中的单位球面:$x_1^2+x_2^2+x_3^2=1$. 设平面 $x_3=0$ 是复平面$\mathbb{C}$,取 S 到$\mathbb{C}$的球极投影. 在 S 上定义复结构,使 S 成为 Riemann 曲面,局部参数邻域和局部参数映照取为

$$U_0=S-\{(0,0,1)\},z_0=\frac{x_1+ix_2}{1-x_3},$$

$$U_1=S-\{(0,0,-1)\},z_1=\frac{x_1-ix_2}{1+x_3}.$$

显然,在 $U_0\cap U_1$ 内,$z_0\circ z_1=1$,$z_1\circ z_0^{-1}:\mathbb{C}-\{0\}\to\mathbb{C}-\{0\}$为 $z\longmapsto\frac{1}{z}$. 这就说明,局部参数变换是一一解析的. S 是 Riemann 曲面. 同时,球极投影是 S 到$\overline{\mathbb{C}}$的共形映照,S 共形等价于$\overline{\mathbb{C}}$.

4) 环面. 在拓扑上,把一个平行四边形对边上的点恒等(黏合)起来就成为环面. 现在,我们要在恒等对边的过程中,给出复结构,使环面成为 Riemann 曲面.

设 $w_1,w_2\in\mathbb{C}$,w_1/w_2 不是实数,这时点 O,w_1,w_1+w_2,w_2 组成平行四边形 R 的顶点. 现在,要恒等 R 对边的等价点,使之成为一个 Riemann 曲面,考虑$\mathbb{C}$到$\mathbb{C}$的线性变换 $S(z)=z+n_1w_1+n_2w_2$,$n_1,n_2\in\mathbf{Z}$(整数集),所有的 S 组成一个群Γ. 对$\mathbb{C}$的点定义一个等价关系"$\sim$":$z_1\sim z_2\Leftrightarrow\exists S\in\Gamma$,使 $z_2=S(z_1)$,即存在 $n_1,n_2\in\mathbf{Z}$,使 $z_2=z_1+n_1w_1+n_2w_2$,把$\mathbb{C}$的点按等价关系分类,$z_0\in\mathbb{C}$,则 z_0 所在的等价类用$[z_0]$表示之,即

$$\begin{aligned}[z_0]&=\{z\in\mathbb{C}:z=S(z_0),S\in\Gamma\}\\&=\{z_0+n_1w_1+n_2w_2:n_1,n_2\in\mathbf{Z}\}.\end{aligned}$$

通常称之为一个轨道.

令

$$T=\{[z]:z\in\mathbb{C}\}.$$

定义自然投影映照 $\pi:\mathbb{C}\to T$,使 $\pi(z)=[z]$. 现在定义 T 的邻域系使 T 成为拓扑空间,π 是局部拓扑映照.

对任意$[z_0]\in T$,在$\mathbb{C}$内一定存在以 z_0 为心,以充分小的 r 为半径的圆Δ,使

Δ 内任两点不等价. 因此, $\pi|\Delta:\Delta\to\pi(\Delta)$ 是一一映照, 定义 $[z_0]$ 的邻域为

$$V_{[z_0]}=\pi(\Delta).$$

应该注意到, 对 $\forall\, S\in\Gamma$, 所有的 $S(\Delta)$ 是互不相交的圆, 且 $\pi(S(\Delta))=V_{[z_0]}$, 在这样定义的邻域系 $V_{[z_0]}$ 下, T 成为拓扑空间, 由于 π 把 $\mathbb{C}$ 的充分小的圆邻域一一的映为 T 的邻域, π 是局部拓扑映照. 不难验证, T 是连通的 Hausdorff 空间.

T 是一个 Riemann 曲面. 局部参数邻域取为 $V_{[z_0]}$. 设 $\pi(\Delta)=V_{[z_0]}$, 因此, 对 $\forall\, s\in\Gamma$, $\pi(S(\Delta))=V_{[z_0]}$; 局部参数映照取为

$$(\pi|\Delta)^{-1}: V_{[z_0]}\to\Delta,$$

$$(\pi|S(\Delta))^{-1}: V_{[z_0]}\to S(\Delta).$$

考虑平行四边形 R, $\mathbb{C}$ 内每一点在 R 有一等价点, R 内部任两点不等价, R 的边上的点, 有且仅有一等价点在对边上, 因此 T 是 R 恒等对边的等价点而成的环面.

T 是一紧 Riemann 曲面, 因为 $T=\pi(R)$, π 是局部拓扑映照, 因此 T 是紧的, 这里, 我们用了连续映照的一个性质: 连续映照把紧集映为紧集.

应该注意, 这里我们用 $\mathbb{C}$ 的双周期群 Γ 构造 Riemann 曲面 T(环面), 以后我们将看到, 这一方法是具有一般性的.

证明的细节留作习题.

§4　带边界的 Riemann 曲面

类似于闭上半平面或闭单位圆, 可以定义带边界的 Riemann 曲面.

带边界的 Riemann 曲面是一个连通的 Hausdorff 空间 W, 加上一族 $\{(U_\alpha, z_\alpha)\}$ 满足下列条件:

$\bar{\text{R}}1$. 族中每一个 U_α 是 W 的开集, 对应的 z_α 是 U_α 到闭上半平面 $\text{Im}z\geqslant 0$ 的相对开集的拓扑映照;

$\bar{\text{R}}2$. 所有的 U_α 组成 W 的开覆盖, 即 $W=\bigcup U_\alpha$;

$\bar{\text{R}}3$. 如果 $U_\alpha\cap U_\beta\neq\varnothing$, 则映照

$$z_\beta\circ z_\alpha^{-1}: z_\alpha(U_\alpha\cap U_\beta)\to z_\beta(U_\alpha\cap U_\beta)$$

是闭上半平面的相对开集到另一相对开集的一一解析映照, 其中如果 $z_\alpha(U_\alpha\cap U_\beta)$ 与实轴相交, 则 $z_\beta\circ z_\alpha^{-1}$ 可以越过实轴对称开拓为实轴对称域的一一解析映照.

我们称 U_α 为局部参数邻域, 对应的 z_α 为局部参数映照.

仿照一般 Riemann 曲面,我们对带边 Riemann 曲面也可定义解析性的概念,根据条件 $\bar{\mathrm{R}}3$,局部参数映照 z_α 是 U_α 到闭上半平面相对开集的一一解析映照.

现在对带边界 Riemann 曲面 W 的点分类,对 $p_0 \in w$, $p_0 \in U_\alpha$,如果在局部参数映照 $z = z_\alpha(p)$ 下,$\mathrm{Im} z_\alpha(p_0) > 0$,则 p_0 称为 W 的**内点**;如果 $\mathrm{Im} z_\alpha(p_0) = 0$,则 p_0 称为 W 的**边界点**,容易验证,这样的分类是合理的.

W 的所有内点的集记为 W^0,W^0 是一个 Riemann 曲面.

W 的所有边界点的集记为 ∂W. 对任意 $p_0 \in \partial W$,按定义 $p_0 \in U_\alpha$,存在 p_0 的邻域 $U \subset U_\alpha$ 及参数映照 $\varphi = z_\alpha | U$,使得 $\varphi(p_0)$ 在实轴上,φ 是 U 到某一个闭半圆 $\{|z - \varphi(p_0)| < \delta, \mathrm{Im} z \geqslant 0\}$ 的一一解析映照. 同时,闭半圆的实直径在 φ^{-1} 下的象是包含在 ∂W 内的一段解析弧,p_0 在这段解析弧上. 这也就说明,∂W 的分支由一些解析曲线组成.

现在定义带边 Riemann 曲面的共轭 Riemann 曲面.

对于上面定义的带边 Riemann 曲面 W,复结构为 $\{(U_\alpha, z_\alpha)\}$,则 W 作为连通的 Hausdorff 空间,加上族 $\{(U_\alpha^* = U_\alpha, z_\alpha^* = -\bar{z}_\alpha)\}$,也成为一个带边 Riemann 曲面,记为 W^*,称为原 Riemann 曲面 W 的**共轭曲面**. 这里只需验证一下条件 $\bar{\mathrm{R}}3$:设 $U_\alpha^* \cap U_\beta^* \neq \varnothing$,令 $\varphi_{\beta\alpha} = z_\beta \circ z_\alpha^{-1}$,则 $z_\beta^* \circ z_\alpha^{*-1}$ 为 $-\overline{\psi_{\beta\alpha}(-\bar{z})}$ 也是一一解析的映照.

带边界的 Riemann 曲面 W 与共轭曲面 W^* 恒同边界的点,可作一个倍曲面如下:

令 $\hat{W} = W \cup W^*$,其中边界上的点看作是相同的. 定义 $\hat{W}$ 的局部参数邻域与参数映照如下.

对于 W 的局部参数邻域 U_α,如果 U_α 不包含 W 的边界点,则 U_α 取为 $\hat{W}$ 的局部参数邻域,局部参数映照取为 $\varphi_\alpha = z_\alpha$.

对于 W^* 的局部参数邻域 U_α^*,如果 U_α^* 不包含 W^* 的边界点,则 U_α^* 取为 $\hat{W}$ 的局部参数邻域,局部参数映照取为 $\varphi_\alpha = -z_\alpha^* = \bar{z}_\alpha$.

如果 W 中的 U_α 包含 W 的边界点,则 W^* 中对应的 U_α^* 包含相应边界点,这时,$\hat{W}$ 的局部参数邻域取为 $U_\alpha \cup U_\alpha^*$,局部参数映照取为

$$\varphi_\alpha = \begin{cases} z_\alpha & \text{在 } U_\alpha \text{ 内}, \\ -z_\alpha^* = \bar{z}_\alpha, & \text{在 } U_\alpha^* \text{ 内}. \end{cases}$$

φ_α 把 $U_\alpha \cup U_\alpha^*$ 拓扑地映为 $z_\alpha(U_\alpha)$ 与它关于实轴对称的域之和. 在这样定义下,$\hat{W}$ 成为一个 Riemann 曲面,称为 W 的**倍 Riemann 曲面**.

带边 Riemann 曲面 W 称为**紧的**,如果 W 作为拓扑空间是紧的,对于一个紧

带边 Riemann 曲面 W，它的倍曲面 $\hat{W}$是一个紧 Riemann 曲面.

最后，我们举一些带边 Riemann 曲面的例子.

最简单的例子是闭单位圆与闭上半平面.

一个 Riemann 曲面挖去一些局部参数圆后，便成为带边界的 Riemann 曲面.

一般 Riemann 曲面的相对紧域 G，即 $\bar{G}$ 是紧集者，如果 G 的边界∂G 由有限条解析曲线组成，则 $G\cup\partial G$ 是一个紧带边 Riemann 曲面. 对于这样的域 G，如果 G 的余集没有紧的分支集，则 G 称为**正则域**.

第二章　Weierstrass 意义下的解析函数与 Riemann 曲面

§1　完全解析函数

Weierstrass 意义下的解析函数,是用函数元素及其解析开拓定义的.

函数元素或称**正则函数元素**是指一个序对$(p(z),a)$,其中 $a\in\mathbb{C}$,$p(z)$具有幂级数展开式

$$p(z)=A_0+A_1(z-a)+\cdots+A_n(z-a)^n+\cdots,$$

它有收敛半径 $R_a>0$,$p(z)$即为收敛圆$\{|z-a|<R_a\}$内的全纯函数. a 称为$(p(z),a)$的**中心**,收敛圆记为 $K(a,R_a)$.

函数元素$(p(z),a)=(q(z),b)$,当且仅当 $a=b$,且在点 $a=b$ 的邻域内 $p(z)=q(z)$.

函数元素$(q(z),b)$称为$(p(z),a)$的**直接开拓**,如果 $b\in K(a,R_a)$,且在 b 的邻域内 $q(z)=p(z)$. 显然,对每一点 $b\in K(a,R_a)$,$(p(z),a)$有唯一的直接开拓$(q(z),b)$,我们用$(q(z),b)=(p(z),b)$表示之.

函数元素沿路径的解析开拓定义如下.

设给定函数元素$(p(z),a)$,路径 $\gamma:[0,1]\to\mathbb{C}$,$t\to\gamma(t)$,$\gamma(0)=a$,$\gamma(1)=b$,对 $t\in[0,1]$,对应有一函数元素$(p_t(z),\gamma(t))$. 对每一点 $t_0\in[0,1]$,对应有$(p_{t_0}(z),\gamma(t_0))$,任给充分小的 $\varepsilon>0$,存在 $\delta>0$,使得当$|t-t_0|<\delta$ 时,$|\gamma(t)-\gamma(t_0)|<\varepsilon$($\gamma(t)$的连续性),如果这时总有$(p_t(z),\gamma(t))$是$(p_{t_0}(z),\gamma(t_0))$的直接开拓,则称终点元素$(p_1(z),b)$是$(p_0(z),a)$沿路径 γ 的解析开拓或解析开拓得到的函数元素.

定理 1.1　函数元素沿同一路径解析开拓,得到的函数元素是唯一的.

证明　设函数元素(p_0,a)沿路径 $\gamma:[0,1]\to\mathbb{C}$ 有两个解析开拓,$t\longmapsto(p_t,\gamma(t))$,$t\longmapsto(q_t,\gamma(t))$,$(p_0,\gamma(0))=(q_0,\gamma(0))$,$\gamma(0)=a$. 我们要证,对于 $\forall\, t\in[0,1]$,$(p_t,\gamma(t))=(q_t,\gamma(t))$,特别有$(p_1,\gamma(1))=(q_1,\gamma(1))$.

设 $\tau^*=\sup\{\tau\in[0,1]$:当 $0\leqslant t\leqslant\tau$ 时$(p_t,\gamma(t))=(q_t,\gamma(t)\}$. 我们只要证明,$(p_\tau^*,\gamma(\tau^*))=(q_\tau^*,\gamma(\tau^*))$,且 $\tau^*=1$.

因为对于充分小的 $\varepsilon>0$,存在 $\delta>0$,使当$|\tau-\tau^*|<\delta$ 时,$|\gamma(t)-\gamma(t^*)|<\varepsilon$,$(p_\tau,\gamma(\tau))$是$(p_\tau^*,\gamma(\tau^*))$的直接开拓,$(q_\tau,\gamma(\tau))$是$(q_\tau^*,\gamma(\tau^*))$的直接开

拓,当 $\tau^*-\delta<\tau<\tau^*$ 时,$(p_\tau,\gamma(\tau))=(q_\tau,\gamma(\tau))$. 由此推出 $(p_\tau^*,\gamma(\tau^*))=(q_\tau^*,\gamma(\tau^*))$. 又如果 $\tau^*<1$,则当 $\tau^*<\tau<\tau^*+\delta$ 时,$(p_\tau,\gamma(\tau))=(p_\tau^*,\gamma(\tau))$,$(q_\tau,\gamma(\tau))=(q_\tau^*,\gamma(\tau))$,因此,$(p_\tau,\gamma(\tau))=(q_\tau,\gamma(\tau))$,$\tau>\tau^*$,这与 τ^* 的定义矛盾,故 $\tau^*=1$. 证完.

设所有正则函数元素组成的集为 A.

函数元素沿路径的解析开拓在 A 中定义一个等价关系 $\sim$:$(p_0,a)\sim(p_1,b)$ 当且仅当 (p_1,b) 是 (p_0,a) 沿某一路径的解析开拓. 用这等价关系 $\sim$ 把 A 的元素进行分类,每一个类记之为 F,称为 **Weierstrass 类**,或称为**完全解析函数**. 注意,任取一个函数元素 $(p_0,a_0)\in F$,则 F 的函数元素是由 (p_0,a_0) 沿所有可能的路径的解析开拓.

我们把 F 的函数元素看成一个点 $\widetilde{p}=(p(z),a)$,把这个点集记之为 $\widetilde{F}$,而用 F 表示函数,$F:\widetilde{F}\to\mathbb{C}$,$\widetilde{p}=(p(z),a)\mapsto F(\widetilde{p})=p(a)$(中心值). 这样 F 是一个函数,对于每一个函数元素即取中心值.

现在我们要把 F 的定义域 $\widetilde{F}$ 作成 Riemann 曲面,使 F 成为 Riemann 曲面 $\widetilde{F}$ 上的解析函数.

设 $\widetilde{p}\in\widetilde{F}$,$\widetilde{p}=(p(z),a)$,对于充分小的 r,定义 $\widetilde{p}$ 的邻域为

$V_p=\{\hat{q}=(q(z),b):b\in K(a,r)$,$(q(z),b)$ 是 $(p(z),a)$ 的直接开拓,即 $(q(z),b)=(p(z),b)\}$.

在这样定义的邻域下,$\widetilde{F}$ 是一个拓扑空间,且是一个 Hausdorff 空间. 这要证明,对 $\hat{p}_1\neq\hat{p}_2$,存在 $V_{\widetilde{p}_1}$ 和 V_{p_2},使 $V_{\widetilde{p}_1}\cap U_{\widetilde{p}_2}=\varnothing$. 这是容易得到的. 设 $\widetilde{p}_1=(p_1(z),a)$,$\widetilde{p}_2=(p_2(z),b)$,$\widetilde{p}_1\neq\widetilde{p}_2$,如果 $a\neq b$,则取 $K(a,r)\cap K(b,r)=\varnothing$,对应定义的邻域 $V_{\widetilde{p}_1}$ 和 $V_{\widetilde{p}_2}$,便有 $V_{\widetilde{p}_1}\cap V_{\widetilde{p}_2}=\varnothing$. 如果 $a=b$,则 $K(a,r)=K(b,r)$,在其内部 $p_1(z)\not\equiv p_2(z)$,因此对应的邻域 $V_{\widetilde{p}_1}$,$V_{\widetilde{p}_2}$,也有 $V_{\widetilde{p}_1}\cap V_{\widetilde{p}_2}=\varnothing$.

$\widetilde{F}$ 是路径连通的. 事实上,对 $\widetilde{F}$ 上两点,$\widetilde{p}_0=(p_0(z),a)$,$\widetilde{p}_1=(p_1(z),b)$,一定存在一路径 $\gamma:[0,1]\to\mathbb{C}$,使得 $\gamma(0)=a$,$\gamma(1)=b$,$(p_1(z),b)$ 是 $(p_0(z),a)$ 沿路径 γ 的解析开拓. 设解析开拓为 $t\mapsto\widetilde{p}_t=(p_t(z),\gamma(t))$,则映照 $\widetilde{\gamma}:[0,1]\to\widetilde{F}$,$t\mapsto\widetilde{p}_t$ 定义一条连续路径. 我们只要证明 $\widetilde{\gamma}(t)$ 的连续性. 对 $t_0\in[0,1]$,由解析开拓定义,对充分小的 $r>0$,存在 $\delta>0$,使当 $|t-t_0|<\delta$ 时,$(p_t(z),\gamma(t))$ 是 $(p_{t_0}(z),\gamma(t_0))$ 的直接开拓,即 $\widetilde{p}_t$ 在 $\widetilde{p}_{t_0}$ 的邻域 $V_{p_{t_0}}$ 内此即 $\widetilde{\gamma}$ 的连续性.

现在定义 $\widetilde{F}$ 的复结构,使 $\widetilde{F}$ 成为 Riemann 曲面.

首先定义投影映照 $\pi:\widetilde{F}\to\mathbb{C}$,使 $\widetilde{p}=(p(z),a)$,$\pi(\widetilde{p})=a$,π 也称为中心映照. 我们要注意到,如果 $V_{\widetilde{p}}$ 为对应于 $K(a,r)$ 定义的邻域,则 $\pi|V_{\widetilde{p}}:V_{\widetilde{p}}\to K(a,$

r)是一一的映照,由此推出是拓扑映照.

取 $V_{\widetilde{p}}$ 作为局部参数邻域,$\pi|V_{\widetilde{p}}$ 作为局部参数映照,$\widetilde{F}$ 就成为 Riemann 曲面.因为如果 $V_{\widetilde{p}_1}\cap V_{\widetilde{p}_2}\neq\varnothing$,设 $\pi(V_{\widetilde{p}_1})=K(a_1,r_1)$,$\pi(V_{\widetilde{p}_2})=K(a_2,r_2)$,则

$$\pi(V_{\widetilde{p}_1}\cap V_{\widetilde{p}_2})=K(a_1,r_1)\cap K(a_2,r_2).$$

局部参数变换

$$(\pi|V_{\widetilde{p}_2})\circ(\pi|V_{\widetilde{p}_1})^{-1}=\text{恒等映照}.$$

因而是一一解析映照.

直接看出,$\pi:\widetilde{F}\to\mathbb{C}$ 是全纯映照,又 $F:\widetilde{F}\to\mathbb{C}$ 是全纯函数.因为在 $\widetilde{p}=(p(z),a)$的局部参数邻域 $V_{\widetilde{p}}$ 内,在局部参数下,$F|V_{\widetilde{p}}=p(z)$是解析函数.

习题 1 讨论 $z^{\frac{1}{n}}$的 Riemann 曲面,并证明它共形等价于$\mathbb{C}-\{0\}$.

习题 2 讨论 $\log z$ 的 Riemann 曲面,并证明它共形等价于$\mathbb{C}$.

§2 解 析 图 象

现在我们要扩充 F 使之成为解析图象.

引理 2.1 设 G 为$\mathbb{C}$的单连通域,$a_0\in G$,给定函数元素$(p_0(z),a_0)$,如果$(p_0(z),a_0)$在 G 内沿任何路径可以解析开拓,则在 G 内存在唯一的解析函数 $f(z)$,使得在 a_0 的邻域内 $f(z)=p_0(z)$.

注意,这时$(p_0(t),a_0)$沿任何路径解析开拓得到的函数元素为$(q(z),b)=(f(z),b)$.

这一引理在研究解析函数的 Riemann 曲面时是很有用的.我们将在以后证明(参看第三章定理 5.2).

现扩充 F 的函数元素,对于 $a_0\in\mathbb{C}$(或 $a_0=\infty$):

假设 1.对于充分小的 $r>0$,在 $D_0=\{0<|z-a|<r\}$内 F 有一个正则函数元素 $\widetilde{p}_1=(p_1(z),a_1)$,$a_1\in D_0$,使得$(p_1(z),a_1)$在 D_0 内沿任何路径可以解析开拓.当然,开拓后的正则函数元素一定属于 F.

假设 2.作圆周 $C:|z-a_0|=|a_1-a_0|$,$(p_1(z),a_1)$沿路径C按反时针方向最少开拓 λ 次后,依次得到函数元素

$$\widetilde{p}_1=(p_1(z),a_1),\ \widetilde{p}_2=(p_2(z),a_1),\cdots,\ \widetilde{p}_\lambda=(p_\lambda(z),a_1),$$
$$\widetilde{p}_{\lambda+1}=(p_{\lambda+1}(z),a_1)=(p_1(z),a_1)=\widetilde{p}_1.$$

沿实轴方向的半径 l,割开 D_0 成为单连通域 D'_0.不妨设 $a_0\in D'_0$,根据引理 2.1,对于$1\leqslant j\leqslant\lambda$,$(p_j(z),a_1)$在 D'_0 内沿任何路径解析开拓后,得到 D'_0 内的解析函数 $f_j(z)$,使得$(p_j(z),a_1)=(f_j(z),a_1)$,$f_{\lambda+1}(z)=f_1(z)$.因此,$f_1(z)$依次越过边界解析开拓,我们有序列

$$f_1(z), f_2(z), \cdots, f_\lambda(z), f_1(z).$$

由此得到一个定义在 D_0 的 λ 叶覆盖圆上的解析函数 $q(z)$. 作变数变换 $z-a_0=t^\lambda$, D_0 变为 $\{0<|t|<r^{\frac{1}{\lambda}}\}$, 我们便得到定义于 $\{0<|t|<r^{\frac{1}{\lambda}}\}$ 内的解析函数 $f(t)$, 使得对于 $z-a_0=t^\lambda$, $f(t)=q(z)$.

假设 3. $t=0$ 是 $f(t)$ 的可去奇点或极点, 因此我们有展开式:

$$f(t) = \sum_{n=\mu}^{\infty} A_n t^n, \mu \text{ 为整数},$$

代入 $z-a_0=t^\lambda$ 后, 得到

$$q(z) = \sum_{n=\mu}^{\infty} A_n (z-a_0)^{\frac{n}{\lambda}}, |z-a_0|<r.$$

定义函数元素 $(q(z), a_0)$, 当 $\lambda=1$, 且有 $\mu<0$ 时, $(q(z), a_0)$ 称为**极元素**; $\lambda>1$, $\mu\geqslant0$ 时称为**正则代数函数元素**; $\lambda>1$, $\mu<0$ 时则称为**极代数函数元素**. $\lambda>1$ 时则通称为**代数函数元素**.

假如 $a_0=\infty$, 则取 $D_0=\left\{\frac{1}{r}<|z|<\infty\right\}$, 在同样假设下, 我们将得到函数元素 $(q(z), \infty)$, 其中

$$q(z) = \sum_{n=\mu}^{\infty} A_n z^{-\frac{n}{\lambda}}, |z|>\frac{1}{r}.$$

当 $\lambda=1$, $\mu\geqslant0$ 时, 则是正则函数元素, $\lambda>1$ 时, 是代数函数元素, 这时 $\mu\geqslant0$ 时称为正则代数函数元素, $\mu<0$ 时称为极代数函数元素.

注意, 由 $(q(z), a_0)$ 的定义, 初始元素 $(p_1(z), a_1)$ 在 $D_0: 0<|z-a_0|<r$ $\left(\text{当 } a_0=\infty \text{ 时}, D_0: \frac{1}{r}<|z|<\infty\right)$ 内, 沿任何路径解析开拓得到的正则函数元素为 $(q(z), b)$, 在以 b 为心的充分小的圆内, $q(z)$ 将有 λ 个单值分支 $q_1(z), \cdots, q_\lambda(z)$, 以 b 为中心有 λ 个正则函数元素 $(q_1(z), b), \cdots, (q_\lambda(z), b)$. $(q(z), b)$ 将表示这 λ 个正则函数元素之一.

假设 3 成立当且仅当, 存在整数 $K\geqslant0$, 使得对于充分小的 $\delta>0$, $(z-a_0)^k \cdot q(z)$ 在 $\{0<|z-a_0|<\delta\}$ 内有界, 这点, 我们将于本章后面用到.

对 $a_0\in\mathbf{C}$ 或 $a_0=\infty$, 在假设 1-3 成立下, 我们定义一个函数元素 $(q(z), a_0)$, 称为 F 的**奇异元素**, 其中包括极函数元素及代数函数元素. 当 $a_0=\infty$ 时还有正则函数元素.

奇异函数元素 $(q(z), a_0)=(p(z), a_0)$, 当且仅当存在充分小的 $\delta>0$, 对 $\{0<|z-a_0|<\delta\}$ 内的点 a 和 b, 正则函数元素 $(q(z), a)$ 总可以沿 $\{0<|z-a_0|<\delta\}$ 内的路径解析开拓到 $(p(z), b)$. 当然, 中心 a_0 不同的元素总认为不相等.

正则函数元素 $(p(z), b)$ 称为奇异函数元素 $(q(z), a_0)$ 的直接解析开拓, 如果

$0<|b-a_0|<r$,且在 b 的邻域内有 $p(z)=q(z)$. 精确地说,$p(z)$与 $q(z)$的 λ 个单值分支之一恒等. 这里要注意,对于 $0<|b-a_0|<r$,在 b 上有且仅有 λ 个正则函数元素$(q_1(z),b),\cdots,(q_\lambda(z),b)$是$(q(z),b)$的直接开拓.

对于奇异函数元素$(q(z),a_0)$,a_0 称为**中心**,$q(a_0)$称为**中心值**.

把完全解析函数 F 的所有奇异函数元素并入 F 得到的函数元素集,记为 $\dot{F}$,称为**解析图象**. $\dot{F}$ 的函数元素作为点 $\widetilde{p}=(p(z),a)$组成的点集记之为 $\widetilde{\dot{F}}$,其中奇异函数元素对应之点叫**奇点**. $\dot{F}$ 作函数考虑时,$\widetilde{\dot{F}}:\dot{F}\to\overline{\mathbb{C}}$,$\dot{F}(\widetilde{p})=p(a)$即是取中心值的函数.

现在我们要定义 $\widetilde{\dot{F}}$ 为 Riemann 曲面,使 $\dot{F}$ 是亚纯函数. 同样,我们也定义中心投影映照 $\pi:\widetilde{\dot{F}}\to\overline{\mathbb{C}}$ 使 $\pi(\widetilde{p})=a$.

首先,我们知道,$\widetilde{\dot{F}}$ 是由 $\widetilde{F}$ 加上对应奇异元素的点组成. 因此,我们只要对这种点定义局部参数邻域与局部参数映照. 奇异函数元素 $\widetilde{q}=(q(z),a)$的邻域 $V_{\widetilde{q}}$ 定义为,对于充分小的 $r>0$, $V_{\widetilde{q}}=\{\widetilde{p}=(p(z),b):0<|b-a|<r,(p(z),b)$是$(q(z),a)$的直接开拓$\}\cup\widetilde{q}$,其中 $q(z)=\sum\limits_{n=\mu}^{\infty}A_n(z-a)^{\frac{n}{\lambda}}$, $|z-a|<r$. 当 $a=\infty$ 时,$V_{\widetilde{q}}=\{\widetilde{p}=(p(z),b):\frac{1}{r}<|b|<\infty,(p(z),b)$是$(q(z),a)$的直接开拓$\}\cup\widetilde{q}$,其中 $q(z)=\sum\limits_{n=\mu}^{\infty}A_nz^{-\frac{n}{\lambda}}$, $\frac{1}{r}<|z|<\infty$.

在这样定义的邻域下,$\widetilde{\dot{F}}$ 是拓扑空间.

$\widetilde{\dot{F}}$ 是 Hausdorff 空间. 事实上,若对于两个奇异函数元素 $\widetilde{q}=(q(z),a)\neq\widetilde{p}=(p(z),a)$,当 r 充分小时,在$\{0<|z-a|<r\}$内不可能有相同的直接开拓,因此对应定义的邻域 $V_{\widetilde{q}}$和 $V_{\widetilde{p}}$有 $V_{\widetilde{q}}\cap V_{\widetilde{p}}=\varnothing$.

$\widetilde{\dot{F}}$ 是黎曼曲面. 我们只要对奇异元素定义局部参数邻域和局部参数映照.

设 $\widetilde{q}=(q(z),a)$,其中 $a\neq\infty$,且

$$q(z)=\sum_{n=\mu}^{\infty}A_n(z-a)^{\frac{n}{\lambda}},\ |z-a|<r.$$

取 $V_{\widetilde{q}}$为局部参数邻域. 我们知道,$\pi|V_{\widetilde{q}}-\{\widetilde{q}\}:V_{\widetilde{q}}-\{\widetilde{q}\}\to\{0<|z-a|<r\}$是 λ 对 1 的映照,作变换 $z-a=t^\lambda$, $|t|<r^{\frac{1}{\lambda}}$,取 $V_{\widetilde{q}}$的局部参数映照为$(\pi|V_{\widetilde{q}}-a)^{\frac{1}{\lambda}}=t$. 显然,

$$t:V_{\widetilde{q}}\to\{t:|t|<r^{\frac{1}{\lambda}}\},$$

这映照是一一的,且是拓扑映照.

对于 $\widetilde{q}=(q(z),\infty)$, $q(z)=\sum_{n=\mu}^{\infty}A_n z^{-\frac{n}{\lambda}}$, $\frac{1}{r}<|z|$,类似地取局部参数邻域为 $V_{\widetilde{q}}$,局部参数映照则取为

$$(\pi|V_{\widetilde{q}})^{\frac{1}{\lambda}}=\frac{1}{t}:V_{\widetilde{q}}\to\{t:|t|<r^{\frac{1}{\lambda}}\},$$

现在验证局部参数变换是一一解析的.设 $V_{\widetilde{q}}\cap V_{\widetilde{p}}\neq\varnothing$, $\widetilde{q}=(q(z),a)$为奇异元素,$\widetilde{p}=(p(z),b)$为正则函数元素,注意到 $\widetilde{q}\notin V_{\widetilde{q}}\cap V_p$,设 $V_{\widetilde{q}}$ 的局部参数映照为 $t=(\pi|V_{\widetilde{q}}-a)^{\frac{1}{\lambda}}$, $V_{\widetilde{p}}$的局部参数映照为$\pi|V_{\widetilde{p}}$.设 $\pi|V_{\tilde{q}}:V_{\widetilde{q}}\to\{|z-a|<r_1\}$, $\pi|V_{\widetilde{p}}:V_p\to\{|z-b|<r_2\}$.因此$(\pi|V_{\widetilde{q}})\circ(\pi|V_{\widetilde{p}})^{-1}$是 $K=\{|z-a|<r_1\}\cap\{|z-b|<r_2\}$上的恒等映照,局部参数变换

$$t=(\pi|V_{\widetilde{p}}-a)^{\frac{1}{\lambda}}\circ(\pi|V_{\widetilde{p}})^{-1}(z)=(z-a)^{\frac{1}{\lambda}}$$

是定义于 K 内的一一解析映照.因为 $a\notin K$, K 是单连通域,$(z-a)^{\frac{1}{\lambda}}$在$K$ 有单值解析分支.

因此,$\widetilde{\dot{F}}$ 是 Riemann 曲面.同时直接看出,$\pi:\widetilde{\dot{F}}\to\overline{\mathbb{C}}$ 和 $\dot{F}:\widetilde{\dot{F}}\to\mathbb{C}$ 都是亚纯函数.

对应于代数函数元素的点 $\widetilde{q}=(q(z),a)$称为 $\widetilde{\dot{F}}$ 的**代数分支点**,相应的正整数 $\lambda>1$,称为**分支点的级**.最后应指出,$\dot{F}$ 的连通性没被证明.

习题 证明 $\widetilde{\dot{F}}$ 是路径连通的空间.

§3 代数函数

设 $F(z,w)$为 z,w 的多项式,对 w 是m 次的,可表为:

$$F(z,w)=a_0(z)w^m+a_1(z)w^{m-1}+\cdots+a_m(z),$$

其中 $a_0(z),\cdots,a_m(z)$是 z 的多项式.假设 $F(z,w)$是不可约的,即不能有分解式 $F(z,w)=F_1(z,w)\cdot F_2(z,w)$使 F_1,F_2 都是非零次多项式.

考虑方程 $F(z,w)=0$,对于每一个 z,它具有 m 个根 $w_1(z),\cdots,w_m(z)$.我们要把它考虑为解析图象,并且用 $F(z,w)=0$ 定义代数函数.为此,我们要讨论正则函数元素.

正则函数元素$(w(z),a)$称为 $F(z,w)=0$ 的函数元素,如果在 $w(z)$的定义域 $K(a,r)$内 $F(z,w(z))=0$.

对于给定的 $a\in\mathbb{C}$, $F(a,w)=0$ 可能有重根,我们要证明有重根的 a 点只有有限多个,为此我们要用下面的定理.

定理 3.1　如果 $P(z,w)$ 和 $Q(z,w)$ 是互素的多项式,则仅存在有限个 z_0,使得 $P(z_0,w)=0$ 与 $Q(z_0,w)=0$ 具有公共根.

$P(z,w)$ 和 $Q(z,w)$ 称为**互素的**,如果它们没有非常数的公因子.

证明　设 $P(z,w)$,$Q(z,w)$ 对 w 的次数分别为 n 和 m,假定 $n\geqslant m$,

$$P(z,w)=a_0(z)w^n+\cdots+a_n(z),$$

$$Q(z,w)=b_0(z)w^m+\cdots+b_m(z).$$

应用辗转相除法,首先得 $P(z,w)=q(z,w)Q(z,w)+r(z,w)$ 其中 $q(z,w)$ 是 w 的多项式,其系数为 z 的有理函数,上式两边乘上 z 的最少次数的多项式 C_0,使得 $C_0P=q_0Q+R_1$(q_0 和 R_1 是 z 和 w 的多项式). 如此辗转相除得到

$$C_0P=q_0Q+R_1,$$

$$C_1Q=q_1R_1+R_2,$$

$$\cdots\cdots\cdots\cdots$$

$$C_{n-1}R_{n-2}=q_{n-1}R_{n-1}+R_n,$$

其中 q_k 和 R_k 是 z 和 w 的多项式,C_k 是 z 的多项式,但 R_n 是 z 的多项式. $R_n=R_n(z)$ 称为 P 与 Q 的**结式**.

设 z_0 使得存在 w_0,满足 $P(z_0,w_0)=0$ 和 $Q(z_0,w_0)=0$ 则代入上面辗转式后,得到 $R_n(z_0)=0$. 即 z_0 必是多项式 $R_n(z)$ 的零点,从而只有有限多个. 证完.

设点集

$$T_1=\{a\in\mathbf{C}:F(a,w)=0\text{ 和 }F_W(a,w)=0\text{ 具有公共根}\}$$

根据定理 3.1,T_1 是有限集. 又设

$$T_0=\{z\in\mathbf{C}:a_0(z)=0\},$$

$$T=T_1\cup T_0\cup\{\infty\}.$$

这些集都是有限集,T 的点称为**临界点**. 令

$$T_z=\overline{\mathbf{C}}-T,$$

则对于任一点 $a\in T_z$,$F(a,w)=0$ 有 m 个互不相同的根 $w_1(a),\cdots,w_m(a)$.

定理 3.2　设 $a\in T_z$,b 为 $F(a,w)=0$ 之一根,则存在唯一的正则函数元素 $(w(z),a)$,$w(a)=b$,在 $w(z)$ 的定义域 $K(a,r)$ 内,$F(z,w(z))=0$.

此定理称为 $F(z,w)=0$ 的函数元素存在性定理.

证明　由假设,$F(a,b)=0$,$\dfrac{\partial F}{\partial w}(a,b)\neq 0$.

$F(z,w)$ 按 $w-b$ 的展式为

$$F(z,w)=H_0(z,b)+H_1(z,b)(w-b)+\cdots+H_m(z,b)(w-b)^m,$$

其中

$$H_0(z,w)=F(z,w),H_0(a,b)=0;$$

$$H_1(z,w)=\frac{\partial F(z,w)}{\partial w},H_1(a,b)\neq 0;$$

$$H_2(z,w)=\frac{1}{2!}\frac{\partial^2 F(z,w)}{\partial w^2};$$

…………

$$H_m(z,w)=\frac{1}{m!}\frac{\partial^m F(z,w)}{\partial w^m};$$

对某一正数 M,取充分小的 $r>0,R>0,2R<1$,使得 $z\in K(a,r),w\in K(b,R)$ 时,总有

$$|H_0(z,w)|\leqslant\frac{M}{4}.$$

$$|H_1(z,w)|\geqslant M>0,$$

$$R(|H_2(z,w)|+\cdots+|H_m(z,w)|)\leqslant\frac{M}{4},$$

$$\left|\frac{H_0(z,b)}{R}\right|\leqslant\frac{M}{4}.$$

我们断言,对于任一固定的 $z\in K(a,r)$,在 $K(b,R)$内存在唯一的 w,使 $F(z,w)=0$,即 $F(z,w)$作为 w 的多项式,只有唯一的零点.

由 $F(z,w)$对 $w-b$ 的展开式,得到

$$F(z,w)=(w-b)H_1(z,b)\left\{1+\frac{1}{H_1(z,b)}\left[H_2(z,b)(w-b)+\cdots+H_m(z,b)(w-b)^{m-1}+\frac{H_0(z,b)}{w-b}\right]\right\}.$$

对 $z\in K(a,r)$,当$|w-b|=R$ 时我们有

$$\begin{aligned}&\left|\frac{1}{H_1(z,b)}\left[H_2(z,b)(w-b)+\cdots+H_m(z,b)(w-b)^{m-1}+\frac{H_0(z,b)}{w-b}\right]\right|\\ \leqslant&\frac{1}{|H_1(z,b)|}\left[R(|H_2(z,b)|+\cdots+|H_m(z,b)|)+\frac{|H_0(z,b)|}{R}\right]\leqslant\left(\frac{M}{4}+\frac{M}{4}\right)\Big/M=\frac{1}{2}.\end{aligned}$$

利用幅角原理,对固定的 $z\in K(a,r)$,$F(z,w)$在$\{|w-b|<R\}$内的零点个数,等于 $F(z,w)$的幅角在圆周 $\Gamma:|w-b|=R$ 上增量的$\frac{1}{2\pi}$倍,即

$$\frac{1}{2\pi}\Delta_\Gamma\arg F(z,w)$$

$$=\frac{1}{2\pi}\Delta_\Gamma\arg(w-b)+\frac{1}{2\pi}\Delta_\Gamma\arg H_1(z,b)$$
$$+\frac{1}{2\pi}\Delta_\Gamma\arg\left\{1+\frac{[\cdots]}{H_1(z,b)}\right\}=1,$$

其中$[\cdots]$为$[H_2(z,b)(w-b)+\cdots+H_m(z,b)(w-b)^{m-1}+H_0(z,b)(w-b)^{-1}]$.在上面的估计式中,第三项等于零,第二项是非零模,当然也等于零.只有第一项等于1.这就证明了断言正确.

由断言,我们得到定义于$K(a,r)$内的唯一函数$w(z)$,使得$F(z,w(z))=0$,且$w(z)\in K(b,R)$.

$w(z)$在$K(a,r)$内是连续的.其理由如下.

对任何$z_0\in K(a,r)$,$w(z_0)\in K(b,R)$,按$w(z)-w(z_0)$展开$F(z,w)$得到

$$F(z,w(z))=H_0(z,w(z_0))+H_1(z_1,w(z_0))(w(z)-w(z_0))+\cdots$$
$$+H_m(z,w(z_0))(w(z)-w(z_0))^m$$
$$=0.$$

因此有

$$w(z)-w(z_0)$$
$$=\frac{-H_0(z,w(z_0))}{H_1(z,w(z_0))+\cdots+H_m(z,w(z_0))(w(z)-w(z_0))^{m-1}}.$$

由假设,注意$|w(z)-w(z_0)|\leqslant 2R<1$,上式分母按模大于等于

$$|H_1(z,w(z_0))|-2R[|H_2(z,w(z_0))|+\cdots+|H_m(z,w(z_0))|]\geqslant M-\frac{M}{2}>0,$$

当$z\to z_0$时,$H_0(z,w(z_0))\to H_0(z_0,w(z_0))=0$.因此$|w(z)-w(z_0)|\to 0$,即$w(z)$在$z_0\in K(a,r)$连续.

最后,证明$w(z)$在$K(a,r)$内解析.对任何$z\in K(a,r)$,我们要证明,$w(z)$在z_0的导数存在.

我们有

$$\frac{w(z)-w(z_0)}{z-z_0}$$
$$=-\frac{H_0(z,w(z_0))/(z-z_0)}{H_1(z,w(z_0)+\cdots+H_m(z,w(z_0)(w(z)-w(z_0))^{m-1}}.$$

当$z\to z_0$时,$w(z)-w(z_0)\to 0$,上式分母的极限是$H_1(z_0,w(z_0))=F_w(z_0,w(z_0))\neq 0$,分子

$$\frac{H_0(z,w(z_0))}{z-z_0}=\frac{H_0(z,w(z_0))-H_0(z_0,w(z_0))}{z-z_0}$$
$$=\frac{F(z,w(z_0))-F(z_0,w(z_0))}{z-z_0}\to F_z(z_0,w(z_0)).$$

因此,当 $z \to z_0$ 时,

$$\frac{w(z)-w(z_0)}{z-z_0} \to -\frac{F_z(z_0,w(z_0))}{F_w(z_0,w(z_0))},$$

即 $w(z)$在 z_0 的导数存在,$w(z)$在 $K(a,r)$内解析.证完.

由存在性定理,直接可得到一个重要的推论如下.

推论 对每点 $a \in T_z$, $F(a,w)=0$ 恰好有 m 个不同的根 $w_1(a),\cdots,w_m(a)$, $F(z,w)=0$ 恰好有 m 个不同的正则函数元素$(w_1(z),a),\cdots,(w_m(z),a)$,使得对于 $1\leqslant j\leqslant m$, $w_j(z)$在 $K(a,r)$内定义,且 $F(z,w_j(z))=0$.

对于 $z_0 \in \overline{\mathbb{C}}-T_z$,存在性定理不一定成立.但这样的 z_0 仅有有限个.此时,总存在 $r>0$,使得对于 $0<|z-z_0|<r$,当 $z_0=\infty$时,对$\frac{1}{r}<|z|<\infty$, $F(z,w)=0$ 对于固定的 z,总有 m 个不同的根,都用 $w(z)$表示之.我们有下面的重要引理.

引理 3.3 对于 $z_0 \in \overline{\mathbb{C}}-T_z$.总存在 $r>0$,整数 $k\geqslant 0$,常数 $M>0$,使得当 $z_0\neq\infty$时,$F(z,w)=0$ 在$\{0<|z-z_0|<r\}$内的根 $w(z)$,都有$|(z-z_0)^k w(z)|\leqslant M$.

当 $z_0=\infty$ 时, $F(z,w)=0$ 在 $\left\{\frac{1}{r}<|z|<\infty\right\}$ 内的根 $w(z)$,都有 $|w(z)/z^k|\leqslant M$.

证明 当 $z_0\neq\infty$时,考虑

$$F(z,w)=a_0(z)w^m+a_1(z)w^{m-1}+\cdots+a_m(z)=0.$$

对 $a_0(z)$,总存在整数 $k\geqslant 0$,使得 $a_0(z)/(z-z_0)^k$ 在 $z=z_0$ 不等于零,因而存在 $0<r<1$,使得当 $0<|z-z_0|<r$ 时,有

$$|a_0(z)/(z-z_0)^k|\geqslant M_0>0,$$
$$|a_1(z)|+\cdots+|a_m(z)|\leqslant M_1.$$

其中 M_0 和 M_1 为常数.

对 $F(z,w)=0$ 在$\{0<|z-z_0|<r\}$内的根 $w(z)$,当$|w(z)|\geqslant 1$ 时,我们有.

$$a_0(z)w(z)+a_1(z)+\cdots+\frac{a_m(z)}{w(z)^{m-1}}=0,$$

$$\left|\frac{a_0(z)}{(z-z_0)^k}\right||(z-z_0)^k w(z)|\leqslant|a_1(z)|+\cdots+|a_m(z)|.$$

由此,我们得到

$$|(z-z_0)^k w(z)|\leqslant\frac{M_1}{M_0}.$$

当$|w(z)|<1$ 时,$|(z-z_0)^k w(z)|\leqslant r^k<1$.总之,令 $M=\frac{M_1}{M_0}+1$,则有

$$|(z-z_0)^k w(z)| \leqslant M.$$

对于 $z_0=\infty$ 的情况,设多项式 $a_0(z),\cdots,a_m(z)$ 的次数依次为 $k_0,\cdots,k_m$,令 $l=\mathrm{Max}\{k_0,\cdots,k_m\}$. 这时总存在 $0<r<1$,使得当 $\frac{1}{r}<|z|<\infty$ 时,

$$\left|\frac{a_0(z)}{z^{k_0}}\right| \geqslant M_0>0,$$

$$\left|\frac{a_1(z)}{z^l}\right|+\cdots+\left|\frac{a_m(z)}{z^l}\right| \leqslant M_1,$$

对于 $\frac{1}{r}<|z|<\infty$, $F(z,w)=0$ 的根 $w(z)$,当 $|w(z)|\geqslant 1$ 时,我们有

$$\frac{a_0(z)}{z^l}w(z)+\frac{a_1(z)}{z^l}+\frac{a_2(z)}{z^l}\cdot\frac{1}{w(z)}+\cdots+\frac{a_m(z)}{z^l}\cdot\frac{1}{w(z)^{m-1}}=0.$$

令 $k=l-k_0$,则有

$$\left|\frac{a_0(z)}{z^{k_0}}\right|\left|\frac{w(z)}{z^k}\right| \leqslant \left|\frac{a_1(z)}{z^l}\right|+\cdots+\left|\frac{a_m(z)}{z^l}\right|.$$

因此得到

$$|w(z)/z^k| \leqslant M_1/M_0.$$

当 $|w(z)|<1$ 时, $|w(z)/z^k|\leqslant r^k<1$. 总之,我们有

$$|w(z)/z^k| \leqslant \frac{M_1}{M_0}+1=M.$$

至此引理证完.

下面研究 $F(z,w)=0$ 的正则函数元素的解析开拓.

根据存在唯一性定理,对任意 $a\in T_z$, $F(a,w)=0$ 总有相互不同的 m 个根 $w_1(a),\cdots,w_m(a)$,使对于 $1\leqslant j\leqslant m$, $F(a,w_j(a))=0$,对应有 m 个函数元素 $(w_1(z),a),\cdots,(w_m(z),a)$,在 $K(a,r)$ 内 $F(z,w_j(z))=0$. 把所有这样的元素组成的集记为 $\widetilde{T}_z$,即

$$\widetilde{T}_z=\{(w_1(z),a),\cdots,(w_m(z),a):a\in T_z\}.$$

我们要证明 $\widetilde{T}_z$ 中任何两个函数元素,总可以沿 T_z 内的路径解析开拓.

定理 3.4　对 $\widetilde{T}_z$ 的任一函数元素 $(w_0(z),a)$,及 T_z 中路径 γ, γ 的起点为 a, $(w_0(z),a)$ 沿 γ 可解析开拓,且开拓后得到的正则函数元素也属于 $\widetilde{T}_z$.

证明　设 $\gamma:[0,1]\to T_z$, $\gamma(0)=a$, $\gamma(1)=b$, $t\to\gamma(t)$. 对于 $0<\tau<1$,令路径 $\gamma_\tau:[0,\tau]\to T_z$, $\gamma_\tau(t)=\gamma(t)$,设

$$\tau^*=\sup\{\tau:0<\tau<1,(w_0(z),a)\text{沿 }\gamma_\tau\text{ 可解析开拓得到 }(w_\tau(z),\gamma(\tau)),F(z,w_\tau(z))=0\}.$$

我们只要证明: $(w_0(z),a)$ 沿 γ_τ^* 可解析开拓,得到的 $(w_\tau^*(z),\gamma(\tau^*))$ 满足

$F(z,w_{\tau}^{*}(z))=0$,并且 $\tau^{*}=1$.事实上,对于 τ^{*},在点 $\gamma(\tau^{*})$上,$F(z,w)=0$ 恰好有 m 个函数元素$(w_1(z),\gamma(\tau^{*})),\cdots,(w_m(z),\gamma(\tau^{*}))$,其中 $w_1(z),\cdots,w_m(z)$在 $K(\gamma(\tau^{*}),r)$内有定义.由 $\gamma(t)$的连续性,存在 $\delta>0$,使得当$|\tau-\tau^{*}|<\delta$ 时,$|\gamma(\tau)-\gamma(\tau^{*})|<r$.取其中一个 $\tau<\tau^{*}$,使$(w_0(z),a)$沿 γ_{τ} 可解析开拓得到$F(z,w)=0$ 的正则函数元素$(w_{\tau}(z),\gamma(\tau))$.这时,$(w_1(z),\gamma(\tau^{*})),\cdots,(w_m(z),\gamma(\tau^{*}))$在点 $\gamma(\tau)$分别直接开拓,得到 m 个函数元素,则其中必有一个,记之为$(w_{\tau^{*}}(z),\gamma(\tau^{*}))$,它的直接开拓是$(w_{\tau}(z),\gamma(\tau))$,即$(w_{\tau^{*}}(z),\gamma(\tau))=(w_{\tau}(z),\gamma(\tau))$.由此推出$(w_0(z),a)$沿 $\gamma_{\tau^{*}}$ 可解析开拓到$(w_{\tau^{*}}(z),\gamma(\tau^{*}))$.现在证明 $\tau^{*}=1$.如果 $\tau^{*}<1$,则存在 $\tau_1>\tau^{*}$,$|\tau_1-\tau^{*}|<\delta$,$|\gamma(\tau_1)-\gamma(\tau^{*})|<r$,这时通过$(w_{\tau^{*}}(z),\gamma(\tau^{*}))$,$(w_0(z),a)$可沿 γ_{τ} 解析开拓到$(w_{\tau_1}(z),\gamma(\tau_1))$,其中$(w_{\tau_1}(z),\gamma(\tau_1))=(w_{\tau^{*}}(z),\gamma(\tau_1))$是直接开拓.这样便与 τ^{*} 是极大值矛盾,因此 $\tau^{*}=1$.定理得证.

定理 3.5 $\widetilde{T}_z$ 中的任两个函数元素,在 T_z 内可以沿某一路径解析开拓.

证明 固定一点 $a\in T_z$,我们只要证明点 a 上的 m 个函数元素$(w_1(z),a),\cdots,(w_m(z),a)$在 T_z 内沿路径可以相互解析开拓就足够了.因为由此便可推出,对任何 $b\in T_z$,及 T_z 内连接a 和b 的路径γ,根据上面的定理及解析开拓唯一性,点 a 上的m 个函数元素,分别沿 γ 开拓,便得到点 b 上的m 个函数元素,这样,$\widetilde{T}_z$ 中的任何两个函数元素就可以通过点a 上的m 个函数元素,相互沿路径解析开拓.

对于点 a 上的m 个函数元素$(w_1(z),a),\cdots,(w_m(z),a)$,总存在一个最大的 $n\leqslant m$,使得其中 n 个元素(设为$(w_1(z),a),\cdots,(w_n(z),a)$)在 T_z 内沿路径可以相互解析开拓,如果我们证明了 $n=m$,则定理得证.

对于点$(w_1(z),a),\cdots,(w_n(z),a)$,设 $w_1(z),\cdots,w_n(z)$定义在$\{z:|z-a|<r\}$内,作 w 的n 次多项式

$$(w-w_1(z))(w-w_2(z))\cdots(w-w_n(z))$$
$$=w^n+B_1(z)w^{n-1}+\cdots+B_n(z),$$

其中 $B_1(z),\cdots,B_n(z)$是定义在$\{z:|z-a|<r\}$内的全纯函数,由下列基本对称多项式定义.

$$B_1(z)=-[w_1(z)+\cdots+w_n(z)],$$
$$B_2(z)=(-1)^2\sum_{1\leqslant i<j\leqslant n}w_i(z)w_j(z),$$
$$\vdots$$
$$B_n(z)=(-1)^n w_1(z)w_2(z)\cdots w_n(z).$$

现在,我们要把 $B_1(z),\cdots,B_n(z)$开拓为 T_z 内的全纯函数,然后开拓为有理函数.

对于任何 $b \in T_z$，$(w_1(z), a), \cdots, (w_n(z), a)$沿 T_z 内连接a 到b 的路径分别解析开拓，得到点 b 上的n 个函数元素，依次排为$(w_1(z), b), \cdots, (w_n(z), b)$. 沿不同的路径解析开拓，依次得到的 n 个函数元素，是这些函数元素的重排列. 因此，在$\{|z-b|<r_1\}$内用 b 上这些函数元素定义全纯函数$B_1(z), \cdots, B_n(z)$. 这样，我们便把原来定义于$\{|z-a|<r\}$内的 $B_1(z), \cdots, B_n(z)$沿任何连接 a 到b 的路径解析开拓到$\{|z-b|<r_1\}$. 因此，$B_1(z), \cdots, B_n(z)$被解析开拓为定义于 T_z 内的全纯函数.

对于 $z_0 \in \overline{\mathbb{C}} - T_z$，$z_0$ 是 $B_1(z), \cdots, B_n(z)$的孤立奇点. 现在我们证明，z_0 最多是极点，由此推出 $B_1(z), \cdots, B_n(z)$是定义于$\overline{\mathbb{C}}$上的有理函数. 我们知道，由上面引理，总存在整数 $k \geqslant 0$ 及 $M>0$，当 $z_0 \neq \infty$时，在$\{0<|z-z_0|<r\}$内，$F(z, w)=0$ 的根 $w_1(z), \cdots, w_m(z)$满足

$$|(z-z_0)^k w_i(z)| \leqslant M, 1 \leqslant i \leqslant m.$$

当 $z_0=\infty$时，在$\left\{\frac{1}{r}<|z|<\infty\right\}$内，$F(z, w)=0$ 的根 $w_1(z), \cdots, w_m(z)$满足

$$|w_i(z)/z^k| \leqslant M, 1 \leqslant i \leqslant m.$$

由于 $B_1(z), \cdots, B_m(z)$是 $F(z, w)=0$ 的根的对称多项式，不难看出，$B_1(z), \cdots, B_n(z)$最多以 z_0 为极点，因此是有理函数. 对于 $1 \leqslant i \leqslant n$，设 $B_i(z)=b_i(z)/b_0(z)$，其中 $b_i(z), b_0(z)$是 z 的多项式，作 z 和 w 的多项式

$$\begin{aligned} F_1(z, w) &= b_0(z) w^n + b_1(z) w^{n-1} + \cdots + b_n(z) \\ &= b_0(z)[w^n + B_1(z) w^{n-1} + \cdots + B_n(z)]. \end{aligned}$$

注意对于给定的$(w_1(z), a), \cdots, (w_n(z), a)$在$\{|z-a|<r\}$内总有，对 $1 \leqslant i \leqslant n$，

$$F(z, w_i(z))=0,$$
$$F_1(z, w_i(z))=0.$$

故 $z \in \{|z-a|<r\}$时，$F(z, w)=0$，$F_1(z, w)=0$ 具有公共根. 根据本节开头定理，F 和F_1 不是互素的，因为否则只有有限多个 z，使 $F(z, w)=0$ 和 $F_1(z, w)=0$ 具有公共根. 这时 F 和F_1 必有非常数公因子，由于 F 是不可约的，公因子对 w 的次数不小于m. 另一方面，公因子对 w 的次数小于等于F_1 的次数 n，因此 $n=m$，这就是我们所要证的. 定理证完.

定理 3.6 设$(w_0(z), a)$为 $F(z, w)=0$ 的正则函数元素，$\gamma: [0,1] \to \mathbb{C}$ 为一路径，$\gamma(0)=a$，$\gamma(1)=b$. 如果$(w_0(z), a)$沿 γ 可解析开拓得到$(w_1(z), b)$，则$(w_1(z), b)$也是 $F(z, w)=0$ 的正则函数元素.

该定理有时称为代数方程的函数元素解析开拓的永恒性定理.

证明 由假设 $\gamma: [0,1] \to \mathbb{C}$，$t \mapsto \gamma(t)$，存在解析开拓 $t \to (w_t(z), \gamma(t))$.

我们要证明,对$\forall t\in[0,1]$,$(w_t(z),\gamma(t))$是$F(z,w)=0$的函数元素,为此设:

$\tau^*=\sup\{0<\tau<1:0\leqslant t\leqslant\tau$ 时$(w_t(z),\gamma(t))$是$F(z,w)=0$的函数元素$\}$

我们要证明,$(w_{\tau^*}(z),\gamma(\tau^*))$也是$F(z,w)=0$的函数元素且$\tau^*=1$.事实上,对于$(w_{\tau^*}(z),\gamma(\tau^*))$,按解析开拓定义,如果$w_{\tau^*}(z)$在$\{|z-\gamma(\tau^*)|<r\}$内定义,则存在$\delta>0$,使当$|\tau-\tau^*|<\delta$时,$|\gamma(\tau)-\gamma(\tau^*)|<r$,$(w_\tau(z),\gamma(\tau))=(w_{\tau^*}(z),\gamma(\tau))$.考虑解析函数$F(z,w_{\tau^*}(z))$,取$\tau$使$F(z,w_\tau(z))=0$,即在$\gamma(\tau)$的邻域内,$F(z,w_{\tau^*}(z))=F(z,w_\tau(z))=0$.因而在$\{|z-\gamma(\tau^*)|<r\}$内,$F(z,w_{\tau^*}(z))=0$.这就是说,$(w_{\tau^*}(z),\gamma(\tau^*))$是$F(z,w)=0$的函数元素,当$\tau^*<1$时,取任何$\tau>\tau^*$,$|\tau-\tau^*|<\delta$,在$\gamma(\tau)$的邻域内,$F(z,w_\tau(z))=F(z,w_{\tau^*}(z))=0$,这就与$\tau^*$是上确界矛盾.因此$\tau^*=1$.证完.

考虑

$\widetilde{T}_z=\{(w_1(z),a),\cdots,(w_m(z),a):a\in T_z,i=1,2,\cdots,m,(w_i(z),a)$是$F(z,w)=0$的正则函数元素$\}$.

由上面已证的关于正则函数元素的解析开拓的定理,我们有下列结论:

1° $\widetilde{T}_z$的正则函数元素,沿T_z内的任何路径可解析开拓,得到的正则函数元素是$F(z,w)=0$的正则函数元素,且属于$\widetilde{T}_z$;

2° $\widetilde{T}_z$的两个正则函数元素在T_z内可相互沿路径解析开拓.

$\widetilde{T}_z$的正则函数元素在$\mathbb{C}$内经所有可能的路径解析开拓后,得到一个完全解析函数F,当然包含$\widetilde{T}_z$,它由$F(z,w)=0$的所有正则函数元素组成.特别,其中包含以$z_0\in\mathbb{C}-T_z$为中心的正则函数元素.

现在扩充F成解析图象.

对于$z_0\in\hat{\mathbb{C}}-T_z$,即$z_0\in T_0\cup T_1\cup\{\infty\}$,一定存在$r>0$,使得在$\{0<|z-z_0|<r\}$内,当$z_0=\infty$时,在$\left\{\frac{1}{r}<|z|<\infty\right\}$内,下面1)至3)成立.

1) F的任何正则函数元素,即$F(z,w)=0$的正则函数元素$(w_1(z),a)$可以任意解析开拓.

2) $(w_1(z),a)$沿路径$C:|z-z_0|=|a-z_0|$解析开拓$\lambda(\lambda\leqslant m)$次后一定解析开拓到原来的$(w_1(z),a)$,当$z_0=\infty$时,$C$应换为$C:|z|=|a|$.

3) 根据引理3.3,在$\{0<|z-z_0|<r\}$内,解析开拓后得到的$F(z,w)=0$的正则函数元素$(w(z),a)$总有

$$|(z-z_0)^k w(z)|\leqslant M;$$

当$z_0=\infty$时,在$\left\{\frac{1}{r}<|z|<\infty\right\}$内,解析开拓得到的函数元素$(w(z),a)$总有

$$|w(z)/z^k|\leqslant M,$$

其中 k 为正整数,M 为正常数.

因此,解析图象的关于代数元素的假设 1—3 成立,以 z_0 为中心我们得到代数函数元素$(w(z),z_0)$,而

$$w(z)=\sum_{n=\mu}^{\infty}A_n(z-z_0)^{\frac{n}{\lambda}},|z-z_0|<r,$$

其中 $1\leqslant\lambda\leqslant m$,且有

$$F(z_0,w(z_0))=0;$$

当 $z_0=\infty$时,我们有$(w(z),\infty)$,而

$$w(z)=\sum_{n=\mu}^{\infty}A_nz^{-\frac{n}{\lambda}},|z|>\frac{1}{r},$$

其中 $1\leqslant\lambda\leqslant m$,且有

$$F(\infty,w(\infty))=0.$$

因此对 $z_0\in\overline{\mathbb{C}}-T_z$,一定存在正整数序列

$$1\leqslant\lambda_1,\lambda_2,\cdots,\lambda_k\leqslant m,$$
$$\lambda_1+\lambda_2+\cdots+\lambda_k=m,$$

使得以 z_0 为心,$F(z,w)=0$ 有 K 个代数函数元素$(w_1(z),z_0),\cdots,(w_k(z),z_0)$,使得对 $1\leqslant i\leqslant K$ 有

$$F(z_0,w_i(z_0))=0,$$

$$w_i(z)=\sum_{n=\mu_i}^{\infty}A_n^i(z-z_0)^{\frac{n}{\lambda_i}},|z-z_0|<r.$$

这样,把 F 扩充为解析图象$\dot{F}$,称为 $F(z,w)=0$ 的解析图象.

现在讨论 $F(z,w)=0$ 的解析图象的黎曼曲面 $\widetilde{\dot{F}}$. 对 $\forall\ \widetilde{p}\in\widetilde{\dot{F}}$,设 $\widetilde{p}=(w(z),z_0)$,则我们有:

中心值函数 $\dot{F}:\widetilde{\dot{F}}\to\overline{\mathbb{C}}$,$\dot{F}(\widetilde{p})=w(z_0)$;

中心投影函数 $\pi:\widetilde{\dot{F}}\to\overline{\mathbb{C}}$,$\pi(\widetilde{p})=z_0$.

对于 $z_0\in T_z$,则 $\widetilde{\dot{F}}$ 有 m 个点 $\widetilde{p}_1=(w_1(z),z_0),\cdots,\widetilde{p}_m=(w_m(z),z_0)$,对于充分小的 $r>0$,有 m 个局部参数邻域 $V_{\widetilde{p}_i}(1\leqslant i\leqslant m)$,局部参数映照 $\pi|V_{\widetilde{p}_i}:V_{\widetilde{p}_i}\to\{|z-z_0|<r\}$是一对一的,且是拓扑映照. 以于 $z_0\notin T_z$. 则 z_0 是所谓临界点,这时 $\widetilde{\dot{F}}$ 有 $1\leqslant k\leqslant m$ 个代数函数元素 $\widetilde{p}_1=(w_1(z),z_0),\cdots,\widetilde{p}_k(w_k(z),z_0)$. 对 $1\leqslant i\leqslant k$,

$$w_i(z)=\sum_{n=\mu}^{\infty}A_n^i(z-z_0)^{\frac{n}{\lambda_i}},|z-z_0|<r,$$

其中 $1\leqslant i\leqslant m$. 当 $\lambda_i>1$ 时, $\widetilde{p}_i$ 称为分支点, λ_i 称为分支的级. 这时, 存在 k 个局部参数邻域 $V_{\widetilde{p}_i}$, 而

$$\pi\,|\,V_{\widetilde{p}_i}: V_{\widetilde{p}_i}\to\{z: |z-z_0|<r\}$$

是 λ_i 对 1 的映照; 局部参数映照取为

$$t=(\pi\,|\,V_{\widetilde{p}_i}-z_0)^{\frac{1}{\lambda_i}}: V_{\widetilde{p}_i}\to\{t: |t|<r^{\frac{1}{\lambda_i}}\},$$

它是一对一的拓扑映照.

当 $z_0=\infty$ 时同样定义之.

现在证明 $\widetilde{\dot{F}}$ 是 Riemann 曲面.

我们已经知道, 对 $z_0\in\overline{\mathbb{C}}$, 对于充分小的 $K(z_0,r)$, 在 $\widetilde{\dot{F}}$ 上最多对应 m 个局部参数邻域 $V_{\widetilde{p}_1},\cdots,V_{\widetilde{p}_m}$, 使得 $\pi\,|\,V_{\widetilde{p}_i}: V_{\widetilde{p}_i}\to K(z_0,r)$. 由于 $\overline{\mathbb{C}}$ 是紧的, 因此存在有限个这样的开覆盖, 由有限个 $K(z_0,r)$ 作成. 这时对应每一个 $K(z_0,r)$ 的 m 个局部参数邻域, 作成 $\widetilde{\dot{F}}$ 的开覆盖, $\widetilde{\dot{F}}$ 是紧曲面.

中心值函数 $\dot{F}$ 和中心投影函数 π 是定义于紧 Riemann 曲面 $\widetilde{\dot{F}}$ 上的亚纯函数, 我们有:

$$F(\pi(\widetilde{p}),\dot{F}(\widetilde{p}))=0.$$

按定义, 我们把 $F(z,w)=0$ 的解析图象上定义的函数称为 $F(z,w)=0$ 定义的代数函数, 即 $\dot{F}(\widetilde{p})$. 一般记 $\pi(\widetilde{p})=z$, $\dot{F}(\widetilde{p})=w(z)$. 代数函数是定义于紧 Riemann 曲面的亚纯函数.

第三章　覆 盖 曲 面

§1　光滑覆盖曲面

设 W 和 $\widetilde{W}$ 为两个曲面,映照 $\pi:\widetilde{W}\to W$ 称为局部拓扑映照,如果对 $\forall\ \widetilde{p}\in\widetilde{W}$,存在 $\widetilde{p}$ 的局部参数邻域 $V_{\widetilde{p}}$,使得 $\pi|V_{\widetilde{p}}$ 把 $V_{\widetilde{p}}$ 拓扑地映为 $\pi(\widetilde{p})=p$ 的局部参数邻域 V_p.

定义　曲面 W 和 $\widetilde{W}$ 附加上局部拓扑映照 $\pi:\widetilde{W}\to W$ 称为 W 的**光滑覆盖曲面**,用记号$(\widetilde{W},\pi,W)$或者简单地用$(\widetilde{W},\pi)$记之. π 称为**投影映照**, $p=\pi(\widetilde{p})$. 对于 $p\in W$,点 $\widetilde{p}\in\pi^{-1}(p)$称为**在 p 上**.

对于投影映照 π, $p=\pi(\widetilde{p})$,我们总可以选取 $\widetilde{p}$ 和 p 的局部参数邻域 $V_{\widetilde{p}}$ 和 V_p,使得 $\pi|V_{\widetilde{p}}:V_{\widetilde{p}}\to V_p$ 是拓扑映照,即是同胚.

当 $\widetilde{W}$ 和 W 是 Riemann 曲面时,则在光滑覆盖曲面$(\widetilde{W},\pi,W)$的定义中,我们要附加要求 π 是解析映照.

定理 1.1　设$(\widetilde{W},\pi)$是 W 的光滑覆盖曲面, W 是 Riemann 曲面,则映照 π 在 $\widetilde{W}$ 上诱导唯一的复结构,使得 $\widetilde{W}$ 成为 Riemann 曲面, $\pi:\widetilde{W}\to W$ 是解析映照.

证明　$\forall\ \widetilde{p}\in\widetilde{W}$, $p=\pi(\widetilde{p})$,我们选取 $\widetilde{p}$ 和 p 的局部参数邻域 $V_{\widetilde{p}}$ 和 V_p,使得 $\pi|V_{\widetilde{p}}:V_{\widetilde{p}}\to V_p$ 是拓扑映照,由于 W 是 Riemann 曲面,对于局部参数邻域 V_p,设局部参数映照为 φ_p,当 $V_{p_1}\cap V_{p_2}\neq\varnothing$时, $\varphi_{p_2}\circ\varphi_{p_1}^{-1}$是一一解析映照. 这时,对局部参数邻域 $V_{\widetilde{p}}$,定义局部参数映照为 $\varphi_p\circ\pi|V_{\widetilde{p}}$,则

$$(\varphi_{\widetilde{p}_2}\circ\pi|V_{\widetilde{p}_2})\circ(\varphi_{\widetilde{p}_1}\circ\pi|V_{\widetilde{p}_1})^{-1}=\varphi_{p_2}\circ\varphi_{p_1}^{-1}$$

是一一解析映照. 因此, $\widetilde{W}$ 在所取的局部参数邻域及局部参数映照下成为 Riemann 曲面, $\pi:\widetilde{W}\to W$ 是解析映照. 这是因为 π 在 $V_{\widetilde{p}}$ 内,用局部参数表示时为 $\pi\circ(\varphi_p\circ\pi|V_{\widetilde{p}})^{-1}=\varphi_p^{-1}$ 是解析函数. 由于 π 是局部拓扑的解析映照, $\widetilde{W}$ 上的复结构由它唯一确定,由此便得到 $\widetilde{W}$ 上的复结构是唯一的.

我们这里只讨论光滑覆盖曲面,以后称为覆盖曲面. 但应提到,如果 $\widetilde{W}$ 和 W 是 Riemann 曲面, $\pi:\widetilde{W}\to W$ 是解析映照,则称$(\widetilde{W},\pi,W)$为分支覆盖曲面.

§2　弧的提升与正则覆盖曲面

设$(\widetilde{W},\pi)$为 W 的覆盖曲面, $\widetilde{r}$ 为 $\widetilde{W}$ 的弧,曲线 $\widetilde{r}:[0,1]\to\widetilde{W}$,由 $t\to\widetilde{r}(t)$

定义,则 W 上的弧 r 定义为 $r:[0,1]\to W, t\to\pi(\tilde{r}(t))$,称为 $\tilde{r}$ 的**投影**,用记号 $r=\pi(\tilde{r})$表示.反之,对 W 上的弧 r,其起点 $r(0)=p_0$,如果 $\widetilde{W}$ 上有一弧 $\tilde{r}$,起点 $\tilde{r}(0)=\tilde{p}_0$,使得 $\pi(\tilde{r})=r$,则称 $\tilde{r}$ 是 r 的以 $\tilde{p}_0$ 为起点的**开拓**或**提升**.

定义　W 的(光滑)覆盖曲面($\widetilde{W},\pi$)称为**正则的**,如果对于 W 上的任何弧 r,起点 $r(0)=p_0$,以及任何在 p_0 上的点 $\tilde{p}_0$,总存在 r 以 $\tilde{p}_0$ 为起点的提升.

定理 2.1　设($\widetilde{W},\pi$)为 W 的光滑覆盖曲面,r 为 W 上的弧,起点为 p_0,$\tilde{p}_0$ 为在 p_0 上的点,如果 r 以 $\tilde{p}_0$ 为起点的提升 $\tilde{r}$ 存在,则 $\tilde{r}$ 是唯一的.

证明　设 $r:[0,1]\to W, t\to r(t), r(0)=p_0$,又设 r 的提升 $\tilde{r}:[0,1]\to\widetilde{W}, t\to\tilde{r}(t), \tilde{r}(0)=\tilde{p}_0, \pi(\tilde{r}(t))=r(t)$.要证明 $\tilde{r}$ 是唯一的提升,即,如果存在另一提升 $\tilde{r}_1:[0,1]\to\widetilde{W}, t\to\tilde{r}_1(t), \tilde{r}_1(0)=\tilde{p}_0, \pi(\tilde{r}_1(t))=r(t)$,则必有 $\tilde{r}(t)=\tilde{r}_1(t), t\in[0,1]$.为此设

$$E=\{t\in[0,1]:\tilde{r}(t)=\tilde{r}_1(t)\}.$$

只要证明 $E=[0,1]$.根据$[0,1]$的连通性,如果证明了 E 是开集,同时$[0,1]-E$ 也是开集,则这两个集必有一是空集,但由假设 $0\in E$,因此 E 非空,$E=[0,1]$.定理即可得证.

首先证 E 是开集,对于任意的 $t_0\in E$,有 $\tilde{r}(t_0)=\tilde{r}_1(t_0)$,选取 $\tilde{r}(t_0)$和 $r(t_0)$的局部参数圆 $\widetilde{V}$ 和 V,使得 $\pi|\widetilde{V}:\widetilde{V}\to V$ 是拓扑映照,根据弧的连续性,存在 $\delta>0$,使得当$|t-t_0|<\delta$ 时,$\tilde{r}(t), \tilde{r}_1(t)\in\widetilde{V}, r(t)\in V$.但这时 $\pi(\tilde{r}(t))=\pi(\tilde{r}_1(t))=r(t)$.因此,当$|t-t_0|<\delta$ 时,$\tilde{r}(t)=\tilde{r}_1(t)=\pi^{-1}(r(t))$,即 E 是开集.

同理,对任意的 $t_0\in[0,1]-E$,有 $\tilde{r}(t_0)\neq\tilde{r}_1(t_0)$,分别取 $\tilde{r}(t_0)$, $\tilde{r}_1(t_0)$ 和 $r(t_0)$的局部参数圆 $\widetilde{V}, \widetilde{V}_1$ 和 V,使得 $\widetilde{V}\cap\widetilde{V}_1=\varnothing, \pi(\widetilde{V})=V, \pi(\widetilde{V}_1)=V$.根据弧的连续性,存在 $\delta>0$,使得当$|t-t_0|<\delta$ 时,$\tilde{r}(t)\in\widetilde{V}, \tilde{r}_1(t)\in\widetilde{V}_1, r(t)\in V$.这时 $\tilde{r}(t)\neq\tilde{r}_1(t)$,即 $t\in[0,1]-E$,因此$[0,1]-E$ 是开集,定理证完.

定理 2.2　光滑正则覆盖曲面覆盖每一点的次数相同.

证明　设($\widetilde{W},\pi$)是 W 的光滑正则曲面,要证明对 $\forall p\in W, \pi^{-1}(p)$由相同个数的点组成.

对正整数 n,设

$$E_n=\{p\in W, \pi^{-1}(p)\text{的点数}\geqslant n\},$$

则 E_n 是开集.事实上,对任意 $p_0\in E_n, \pi^{-1}(p_0)$至少有 n 个点 $\tilde{p}_i, 1\leqslant i\leqslant n$.对每一个 $\tilde{p}_i$,选取局部参数圆 $\widetilde{V}_i$,使得 $\widetilde{V}_i(1\leqslant i\leqslant n)$两两不相交,再选取 p_0 的局部参数圆 V_0,使得 $\pi(\widetilde{V}_i)=V_0(1\leqslant i\leqslant n)$,且 $\pi|\widetilde{V}_i:\widetilde{V}_i\to V_0$ 是拓扑映照.于是,对于 $\forall p\in V_0, \pi^{-1}(p)$至少有 n 个点,因此 E_n 是开集.

现在证明 $W-E_n$ 也是开集,对于 $\forall\, p_0\in W-E_n$,$\pi^{-1}(p_0)$最多有 $n-1$ 个点 $\widetilde{p}_i$,$1\leqslant i\leqslant n-1$. 选取 $\widetilde{p}_i$ 和 p_0 的局部参数圆 $\widetilde{V}_i$ 和 V_0,使得 $\pi(\widetilde{V}_i)=V_0$,且 $\pi|\widetilde{V}_i:\widetilde{V}_i\to V_0(1\leqslant i\leqslant n-1)$是拓扑映照. 这时,对 $\forall\, p\in V_0$,$\pi^{-1}(p)$的点必定在某个 $\widetilde{V}_i$ 内. 事实上,对 $\forall\, \widetilde{p}\in\pi^{-1}(p)$,设 r 是以 p 为起点、p_0 为终点的弧,由覆盖的正则性,存在以 $\widetilde{p}$ 为起点的提升 $\widetilde{r}$,$\widetilde{r}$ 的终点必定是$\pi^{-1}(p_0)$的某个点 $\widetilde{p}_i$,因此$(\pi|\widetilde{V}_i)(\widetilde{r})=r$,$\widetilde{r}$ 在$\widetilde{V}_i$ 内,由此推出 $\pi^{-1}(p)$最多有 $n-1$ 个点. 即 $W-E_n$ 是开集.

根据 W 的连通性,E_n 和 $W-E_n$ 之中必有一个是空集. 假如存在 n,使得 $E_n\neq\varnothing$,$E_{n+1}=\varnothing$,则 $W=E_n$,这时覆盖次数等于 n. 否则,我们认为覆盖次数是无穷.(注意,现在还不知道覆盖次数是可数的)定理证完.

下面的定理是光滑覆盖曲面的一个特征性定理.

定理 2.3 W 的光滑覆盖曲面$(\widetilde{W},\pi)$是正则的,当且仅当对 $\forall\, p_0\in W$,存在 p_0 的局部参数邻域 V,使得映照 π 把$\pi^{-1}(V)$的每一个分支 $\widetilde{V}$ 拓扑映照到 V 上.

附注 这样的 V 称为 p_0 的特征邻域,$\widetilde{V}$ 为$\pi^{-1}(p_0)$上点的局部参数邻域.

证明 这里我们先证明充分性,必要性在证明了单值性定理以后再证.

设 $r:[0,1]\to W$ 为任一弧,$r(0)=p_0$,要证明对任意 $\widetilde{p}_0\in\pi^{-1}(p_0)$,存在 r 的提升 $\widetilde{r}$,使得 $\widetilde{r}(0)=\widetilde{p}_0$.

由定理假设,对 $\forall\, t\in[0,1]$,存在 $r(t)$ 的局部参数邻域 V_t,映照 π 把 $\pi^{-1}(V_t)$的每一个分支 $\widetilde{V}_t$ 拓扑映照到 V_t 上. 根据 $r(t)$的连续性,存在包含 t 的区间Δ_t 使得$r(\overline{\Delta}_t)\subset V_t$,这样的 Δ_t 的全体作成$[0,1]$的开覆盖,因此存在有限多个区间 Δ_i,$0\leqslant i\leqslant n$ 覆盖$[0,1]$. 设对应的局部参数邻域 V_i,使得 $r(\overline{\Delta}_i)\subset V_i$. 进一步,我们可以假设 $\overline{\Delta}_i=[t_i,t_{i+1}]$,$0=t_0<t_1<\cdots<t_i<t_{i+1}<\cdots<t_{n+1}=1$,设 $r_i:[t_i,t_{i+1}]\to W$,$r_i(t)=r(t)$,则 r_i 在 V_i 内. 对于 $r_0\subset V_0$,$r_0(0)=r(0)=p_0$,取 $\widetilde{V}_0$ 为 $\pi^{-1}(V_0)$的包含 $\widetilde{p}_0$ 的分支,将 π 限制在$\widetilde{V}_0$ 上,定义 $\widetilde{r}_0:[t_0,t_1]\to\widetilde{V}_0$,$\widetilde{r}_0(t)=\pi^{-1}(r_0(t))$,则 $\pi(\widetilde{r}_0)=r_0$. 对于 $r_1\subset V_1$,同样取 $\widetilde{V}_1$ 为 $\pi^{-1}(V_1)$包含 $\widetilde{r}_0(t_1)$的分支,将 π 限制在$\widetilde{V}_1$ 上,定义 $\widetilde{r}_1:[t_1,t_2]\to\widetilde{V}_1$,$\widetilde{r}_1(t)=\pi^{-1}(r_1(t))$,则 $\pi(\widetilde{r}_1)=r_1$. 如此继续 n 次后,我们便得到 $\widetilde{r}_0,\widetilde{r}_1,\cdots,\widetilde{r}_n$,使得 $\pi(\widetilde{r}_i)=r_i(0\leqslant i\leqslant n)$,并且 $\widetilde{r}_i$ 的终点应与 $\widetilde{r}_{i+1}$起点相同. 因此,令

$$\widetilde{r}(t)=\begin{cases}\widetilde{r}_0(t),t\in[t_0,t_1],\\ \widetilde{r}_1(t),t\in[t_1,t_2],\\ \quad\vdots\\ \widetilde{r}_n(t),t\in[t_n,t_{n+1}],\end{cases}$$

则 $\pi(\widetilde{r})=r$,且 $\widetilde{r}$ 的起点 $\widetilde{r}(0)=\widetilde{p}_0$. 这就是所求的 r 的提升. 定理充分性

证完.

§3 曲线的同伦与基本群

我们要对曲面 W 上具有公共端点的曲线族定义同伦关系.

给定 W 上的两条弧 $r_1:[0,1]\to W$, $r_2:[0,1]\to W$, $r_1(0)=r_2(0)$, $r_1(1)=r_2(1)$. 连续映照 $r:[0,1]\times[0,1]\to W$, $(t,u)\to r(t,u)$ 称为 r_1 到 r_2 的**形变**,如果

$$r(0,u)=r_1(0)=r_2(0), 0\leqslant u\leqslant 1,$$
$$r(1,u)=r_1(1)=r_2(1), 0\leqslant u\leqslant 1,$$
$$r(t,0)=r_1(t), r(t,1)=r_2(t), 0\leqslant t\leqslant 1.$$

定义 如果存在 r_1 到 r_2 的一个形变,则称 r_1 同伦于 r_2,记为 $r_1\approx r_2$.

作为特例,如果 W 是平面凸域,则 W 上任何两条具有公共端点的弧 r_1 和 r_2 总是同伦的. 因为这时可定义形变为 $r(t,u)=(1-u)r_1(t)+ur_2(t)$.

定理 3.1 对于弧 $r:[0,1]\to W$,如果 $\tau:[0,1]\to[0,1]$, $\tau=\tau(t)$ 是单调增的连续函数,且 $\tau(0)=0$, $\tau(1)=1$,则经过参数变换后,$r(t)$ 和 $r(\tau(t))$ 定义的弧同伦.

证明 因为存在形变 $r(t,u)=r((1-u)t+u\tau(t))$. 证完.

同伦关系是一个等价关系. 事实上,$r\approx r$,如果 $r_1\approx r_2$,则 $r_2\approx r_1$,这两个性质是明显的. 我们证明,如果 $r_1\approx r_2$, $r_2\approx r_3$,则 $r_1\approx r_3$. 为此,设 r_1 到 r_2 的形变为 r_{12}, r_2 到 r_3 的形变为 r_{23},则 r_1 到 r_3 的形变可定义为

$$r_{13}(t,u)=\begin{cases} r_{12}(t,2u), 0\leqslant u\leqslant \dfrac{1}{2}, \\ r_{23}(t,2u-1), \dfrac{1}{2}\leqslant u\leqslant 1. \end{cases}$$

将起点和终点固定的弧按同伦关系进行分类,弧 r 所属的同伦类记为 $[r]$. 定理 3.1 指出,弧 r 经单调增的、在上的、连续的参数变换后属于同一同伦类.

弧的积:如果 r_1 的终点等于 r_2 的起点,则定义 r_1 和 r_2 的积 $r_1\cdot r_2$ 为

$$r(t)=\begin{cases} r_1(2t), 0\leqslant t\leqslant \dfrac{1}{2}, \\ r_2(2t-1), \dfrac{1}{2}\leqslant t\leqslant 1. \end{cases}$$

弧的积具有性质:如果 $r_1\approx r'_1$, $r_2\approx r'_2$,则 $r_1\cdot r_2\approx r'_1\cdot r'_2$. 这是因为如果设 r_1 到 r'_1 的形变为 $r_1(t,u)$, r_2 到 r'_2 的形变为 $r_2(t,u)$,则存在 $r_1\cdot r_2$ 到 $r'_1\cdot r'_2$ 的形变

$$r(t)=\begin{cases} r_1(2t,u), 0\leqslant t\leqslant \dfrac{1}{2}, \\ r_2(2t-1,u), \dfrac{1}{2}\leqslant t\leqslant 1. \end{cases}$$

根据这一性质,我们定义$[r_1][r_2]=[r_1\cdot r_2]$.

弧的逆 r^{-1}定义为 $r^{-1}(t)=r(1-t), t\in[0,1]$.

弧的逆具有性质:如果 $r_1\approx r_2$,则 $r_1^{-1}\approx r_2^{-1}$. 因为如果 r_1 到 r_2 的形变为 $r(t,u)$,则存在 r_1^{-1} 到 r_2^{-1} 的形变 $r^{-1}(t,u)=r(1-t,u)$.

根据逆的性质,我们定义$[r]^{-1}=[r^{-1}]$.

同伦关系在连续映照下不变. 设 W 和 W_1 为两个曲面,$f: W\to W_1$ 为连续映照,对于 W 上的弧$r:[0,1]\to W, t\to r(t)$,在 W_1 上对应有一弧 $f(r):[0,1]\mapsto W_1$,定义为 $t\mapsto f(r(t))$. 如果 $r_1\approx r'_2$,则 $f(r_1)\approx f(r'_1)$. 这是因为,如果设 r_1 到 r'_1 的形变为 $r(t,u)$,则 $f(r_1)$到 $f(r'_1)$的形变可定义为 $f(r(t,u))$.

明显地,关系式

$$f(r_1\cdot r_2)=f(r_1)\cdot f(r_2), (f(r))^{-1}=f(r^{-1})$$

成立.

现在我们定义曲面基本群.

在曲面 W 上取定点p_0,考虑所有起点和终点在 p_0 的闭曲线的同伦类的集,按上面定义的乘法和逆,这个集成为群,记之为 $\pi_1(W,p_0)$,称为**曲面 W 对 p_0 的基本群**. $\pi_1(W,p_0)$的元素是起点和终点在 p_0 的闭曲线 r 的同伦类$[r]$,单位元素是同伦于点 p_0(一点 p_0 作成的曲线)的曲线的同伦类.

对于曲面 W 上任意两点p_0 和 p_1,有 $\pi_1(W,p_0)\cong\pi_1(W,p_1)$即曲面 W 对 p_0 和 p_1 的基本群同构.

事实上,根据 W 的弧连通性,在 W 内存在连接p_0 到 p_1 的弧 σ,对任一过 p_0 的闭曲线 r,对应有一过 p_1 的闭曲线 $r'=\sigma^{-1}\cdot r\cdot\sigma$,当 $r\approx r_1$ 时有 $r'\approx r'_1$,因此,我们可定义 $\pi_1(W,p_0)$到 $\pi_1(W,p_1)$的一个对应$[r]\to[\sigma^{-1}\cdot r\sigma]$. 这个对应保持乘积和逆运算,且是一一在上的,所以是 $\pi_1(W,p_0)$到 $\pi_1(W,p_1)$的同构. 对于取定的 σ,我们有表示式

$$\pi_1(W,p_1)=\sigma^{-1}\pi_1(W,p_0)\sigma.$$

由于对任意 $p_0\in W$,群 $\pi_1(W,p_0)$相互同构,因此,在同构的观点下,把所有 $\pi_1(W,p_0)$看作同一个群,记为 $\pi_1(W)$,称之为**曲面 W 的基本群**. $\pi_1(W)$对于每点 p_0 就是 $\pi_1(W,p_0)$.

特别地,如果基本群 $\pi_1(W)=1$(单位元素),则称曲面 W 为**单连通的**. 这就是说,W 是单连通的当且仅当过p_0 点的所有闭曲线同伦于点 p_0.

最后,我们再说明一点,基本群在拓扑映照下不变.

设 W 和 W_1 是两个曲面,$f: W_1 \to W_1$ 是从 W 到 W_1 的一个连续映照,则对任意 $p \in W$,$f(p) \in W_1$. f 诱导一个同态 $f_p: \pi_1(W,p) \to \pi_1(W_1, f(p))$,使得对于 $\forall [r] \in \pi_1(W,p)$ 对应 $[f(r)] \in \pi_1(W_1, f(p))$. 进一步,如果 $f: W \to W_1$ 是拓扑映照,则 $f_p: \pi_1(W,p) \to \pi_1(W_1, f(p))$ 是同构. 这就是说,基本群在拓扑映照下不变,即同胚曲面的基本群同构.

§4 单值性定理及其应用

定理 4.1 设 $(\widetilde{W},\pi)$ 是 W 的正则覆盖曲面,如果 W 上的弧 $r_0 \approx r_1$,r_0 和 r_1 的公共起点为 a,终点为 b,$\tilde{a} \in \pi^{-1}(a)$,$\widetilde{r}_0$ 和 $\widetilde{r}_1$ 分别是 r_0 和 r_1 以 $\tilde{a}$ 为起点的提升,则 $\widetilde{r}_0$ 和 $\widetilde{r}_1$ 具有公共终点 $\hat{b} \in \pi^{-1}(b)$,并且 $\widetilde{r}_0 \approx \widetilde{r}_1$.

证明 设 r_0 到 r_1 的形变为 $\varphi(t,u):[0,1]\times[0,1] \to W$,$\varphi(t,0)=r_0(t)$,$\varphi(t,1)=r_1(t)$,$\varphi(0,u)=a$,$\varphi(1,u)=b$. 对任意 $u \in [0,1]$,定义弧 r_u,使得 $r_u(t)=\varphi(t,u)$. 根据覆盖正则性,存在 r_u 的以 $\tilde{a}$ 为起点的提升 $\widetilde{r}_u$,使得 $t \to \widetilde{r}_u(t)$. 定义 $\tilde{\varphi}(t,u):[0,1]\times[0,1] \to \widetilde{W}$,使得 $\tilde{\varphi}(t,u)=\widetilde{r}_u(t)$. 明显地 $\pi(\tilde{\varphi}(t,u))=\varphi(t,u)$,我们还要证明 $\tilde{\varphi}(t,u)$ 是连连映照.

我们断言,对任何固定的 $u_0 \in [0,1]$,存在 $\delta>0$,使得 $\tilde{\varphi}(t,u)$ 在矩形 $[0,1]\times[u_0-\delta, u_0+\delta]$ 内连续. 事实上,对给定的 u_0,对应弧 $r_{u_0}: r_{u_0}(t)=\varphi(t,u_0)$,及 $\widetilde{r}_{u_0}: \widetilde{r}_{u_0}(t)=\tilde{\varphi}(t,u_0)$,使得 $\pi(\tilde{\varphi}(t,u_0))=\varphi(t,u_0)$. 这时,对 $\forall t \in [0,1]$,取 $\tilde{\varphi}(t,u_0)$ 和 $\varphi(t,u_0)$ 的局部参数邻域 $\widetilde{V}_t$ 和 V_t,使得 $\pi|\widetilde{V}_t: \widetilde{V}_t \to V_t$ 是拓扑的. 再根据 $\varphi(t,u)$ 的连续性,对于点 (t,u_0),存在一个矩形域 $\Delta_t=(t-\delta_1, t+\delta_1)\times(u_0-\delta_2, u_0+\delta_2)$ 使得 $\varphi(\widetilde{\Delta_t}) \subset V_t$,其中 δ_1 和 δ_2 依赖于 (t,u_0). 所有这样的 Δt 组成 $[0,1]\times\{u_0\}$ 的开覆盖,由有限覆盖定理,存在有限多个矩形 $\Delta_0,\Delta_1,\cdots,\Delta_n$ 覆盖 $[0,1]\times\{u_0\}$. 相应的局部参数邻域 $V_0,V_1,\cdots,V_n$ 覆盖 r_{u_0},及局部参数邻域 $\widetilde{V}_0,\widetilde{V}_1,\cdots,\widetilde{V}_n$ 覆盖 $\widetilde{r}_{u_0}$,使得 $\varphi(\widetilde{\Delta_i}) \subset V_i$,$\pi|\widetilde{V}_i: \widetilde{V}_i \to V_i (0 \leqslant i \leqslant n)$ 是拓扑映照. 进一步,我们可以假定 $\Delta_i=[t_i, t_{i+1}]\times[u_0-\delta, u_0+\delta]$ (δ 是有限个正数的最小者),$t_0=0$,$t_i<t_{i+1}$,$t_{n+1}=1$. 因此,$\bigcup\limits_{i=0}^{n}\Delta_i$ 组成一个矩形 $\Delta=[0,1]\times[u_0-\delta, u_0+\delta]$. 现在,我们证明 $\tilde{\varphi}(t,u)$ 在 Δ 内连续.

首先在 Δ_0 上,对于任何固定的 u,$u_0-\delta \leqslant u \leqslant u_0+\delta$ 使得,当 $t_0 \leqslant t \leqslant t_1$ 时,由 $\varphi(0,u)=a$ 及 $\tilde{\varphi}(0,u)=\tilde{a}$,根据过 $\tilde{a}$ 点的提升的唯一性,$\tilde{\varphi}(t,u)=(\pi|\widetilde{V}_0)^{-1}\circ\varphi(t,u)$,因此 $\tilde{\varphi}(t,u)$ 在 Δ_0 内连续,其次考虑在 Δ_1 上,令 $\tilde{\varphi}(t,u)=(\pi|\widetilde{V}_1)^{-1}\circ\varphi(t,u)$,可以证明 $\tilde{\varphi}_1(t,u)=\tilde{\varphi}(t,u)$. 这是因为在 $\Delta_0 \cap \Delta_1=\{t_1\}\times$

$[u_0-\delta, u_0+\delta]$上,$\tilde{\varphi}_1(t_1, u_0)=\tilde{\varphi}(t_1, u_0)$,$\varphi(t_1, u)$作为以 u 为参数的曲线,由提升的唯一性,$\varphi(t_1, u)$过 $\tilde{\varphi}(\tilde{t}_1, u_0)$的提升 $\tilde{\varphi}(t_1, u)=\tilde{\varphi}_1(t_1, u)$. 在 Δ_1 上,$\varphi(t, u)$作为参数 t 的曲线,由提升的唯一性,$\varphi(t, u)$过 $\tilde{\varphi}(t_1, u)=\tilde{\varphi}_1(t_1, u)$的提升 $\tilde{\varphi}(t, u)=\tilde{\varphi}_1(t, u)$. 因此 $\tilde{\varphi}(t, u)$在 Δ_1 上连续,且在 $\Delta_0\cup\Delta_1$ 上连续. 如此继续,我们便可证明 $\tilde{\varphi}(t, u)$在 $\Delta_0\cup\Delta_1\cup\cdots\cup\Delta_n=\Delta$ 上连续,这就证明了断言的正确性.

根据所证断言,$\tilde{\varphi}(t, u)$在$[0,1]\times[0,1]$上连续. 特别地 $\tilde{\varphi}(1, u)$是在$[0,1]$上的连续函数,但是 $\tilde{\varphi}(1, u)\in\pi^{-1}(b)$,而 $\pi^{-1}(b)$由孤立点组成,因此 $\tilde{\varphi}(1, u)$一定恒等于某个点 $\tilde{b}\in\pi^{-1}(b)$,同时 $\tilde{\varphi}(t, u)$是从 $\tilde{r}_0$ 到 $\tilde{r}_1$ 的形变. 定理证完.

作为单值性定理的应用,我们证明下面定理.

定理 4.2 设$(\widetilde{W}, \pi)$是 W 的正则覆盖曲面. 如果 W 是单连通的,则 π: $\widetilde{W}\to W$是拓扑映照. 因此 $\widetilde{W}$ 也是单连通的.

证明 由于 $\pi: \widetilde{W}\to W$ 是局部拓扑的,要证明 π 是拓扑的,只要证明 π 是一一的.

对任意 $p_0\in W$,我们要证 $\pi^{-1}(p_0)$仅由一点组成. 反证之,如果存在两点 $\tilde{p}_1, \tilde{p}_2\in\pi^{-1}(p_0)$,$\tilde{p}_1\neq\tilde{p}_2$,取连接 $\tilde{p}_1$ 和 $\tilde{p}_2$ 的曲线 $\tilde{r}$,r 为 $\tilde{r}$ 的投影,r 是 W 上的以 p_0 为起点和终点的闭曲线. 由于 W 是单连通的,因此 $r\approx p_0$(即点 p_0 所作成的曲线),根据单值性定理,$\tilde{r}\approx\tilde{p}_1$,$\tilde{p}_2\approx\tilde{p}_1$. 这一矛盾说明 $\pi^{-1}(p_0)$仅由一点组成,定理证毕.

现在证明正则性的必要条件(即完成定理 2.3 的证明).

证明 设$(\widetilde{W}, \pi)$是 W 的正则覆盖曲面,对于任意 $p_0\in W$,取 Δ 为以 p_0 为心的局部参数圆,$\tilde{\Delta}$ 是$\pi^{-1}(\Delta)$的任一分支,我们要证明 $\pi|\tilde{\Delta}: \tilde{\Delta}\to\Delta$ 是拓扑映照. 事实上,这时$(\tilde{\Delta}, \pi|\tilde{\Delta})$是 Δ 的正则覆盖曲面,但 Δ 是单连通的,因而由定理 4.2,$\pi|\tilde{\Delta}$是拓扑映照.

§5 单连通 Riemann 曲面解析开拓的连贯性定理

定理 5.1 设 W 为单连通 Riemann 曲面,$\{U_\alpha\}$为 W 的一个开覆盖,其中 U_α 是 W 上的域. 并且对任意 U_α,对应一族解析函数 $\Phi_\alpha=\{\varphi_\alpha\}$,满足条件:对任意 U_α 及 $\varphi_\alpha\in\Phi_\alpha$,如果 $U_\alpha\cap U_\beta\neq\varnothing$,则对 $\forall p\in U_\alpha\cap U_\beta$,存在 $\varphi_\beta\in\Phi_\beta$,使得在 p 的邻域内 $\varphi_\beta=\varphi_\alpha$.

在上述条件下,W 上存在(单值)解析函数 φ,使得对任意 U_α,$\varphi|U_\alpha\in\Phi_\alpha$. 此外,如果给定一个 U_α 及 $\varphi_\alpha\in\Phi_\alpha$,则 φ 由 $\varphi|U_\alpha=\varphi_\alpha$ 唯一确定.

证明 首先构造 W 的一个覆盖曲面.

考虑所有序对(φ_α, p),其中 $p\in U_\alpha$,$\varphi_\alpha\in\Phi_\alpha$. 定义等价关系$\sim$,$(\varphi_\alpha p_1)\sim(\varphi_\beta,$

p_2)当且仅当 $p_1=p_2$,且在 $p_1=p_2$ 的邻域内 $\varphi_\alpha=\varphi_\beta$.将所有序对($\varphi_\alpha,p$)进行等价分类,($\varphi_\alpha,p$)所在的等价类记为[$\varphi_\alpha,p$],所有等价类的集记为 $\widetilde{W}$.定义投影映照 $\pi:\widetilde{W}\to W$,使得 $\pi([\varphi_\alpha,p])=p$.现在我们要定义 $\widetilde{W}$ 的拓扑使得π 成为局部拓扑映照.

对任意[φ_α,p_0]$\in\widetilde{W}$,定义邻域

$$\widetilde{V}=\{[\varphi_\alpha,p]:p\in V,p_0\in V,V\subset U_\alpha\text{ 是开集}\}.$$

这样,$\widetilde{W}$ 成为拓扑空间,并且 $\widetilde{W}$ 是 Hausdorff 空间.事实上,对于 $\widetilde{W}$ 上任意两点[φ_α,p_1]$\neq$[φ_β,p_2],当 $p_1\neq p_2$ 时,存在 p_1 的邻域 $V_1\subset U_\alpha$,p_2 的邻域 $V_2\subset U_\beta$,使得 $V_1\cap V_2=\varnothing$,因此[φ_α,p_1]和[φ_β,p_2]存在不相交的邻域 $\widetilde{V}_1=\{[\varphi_\alpha,p]:p\in V_1\}$和 $\widetilde{V}_2=\{[\varphi_\beta,p]:p\in V_2\}$.当 $p_1=p_2$ 时,存在 $p_1=p_2$ 的一个邻域 V,使得在 V 内 $\varphi_\alpha\neq\varphi_\beta$.因此[$\varphi_\alpha,p_1$]和[$\varphi_\beta,p_2$]存在不相交的邻域 $\widetilde{V}_1=\{[\varphi_\alpha,p]:p\in V\}$,$\widetilde{V}_2=\{[\varphi_\beta,p],p\in V\}$.即 $\widetilde{W}$ 是 Hausdorff 空间.

π 是局部拓扑映照.这是因为在点[φ_α,p_0]的邻域 $\widetilde{V}=\{[\varphi_\alpha,p]:p\in V,p_0\in V,V\subset U_\alpha\}$内,$\pi$ 是一一的,即 π 把邻域一一地映为邻域,于是 $\pi|\widetilde{V}:\widetilde{V}\to V$ 是拓扑映照,$\pi:\widetilde{W}\to W$ 是局部拓扑映照.但应注意,$\widetilde{W}$ 不一定是连通的.设 $\widetilde{W}$ 的任一连通分支为 $\widetilde{W}_0$,则($\widetilde{W}_0,\pi$)是 W 的光滑覆盖曲面.

($\widetilde{W}_0,\pi$)是 W 的正则覆盖曲面.我们要证明,对 W 上的任何弧 $r:[0,1]\to W,t\mapsto r(t),p_0=r(0)$,及 $\pi^{-1}(p_0)$上的点[φ_0,p_0],总存在 r 的以[φ_0,p_0]为起点的提升 $\widetilde{r}:[0,1]\to\widetilde{W}_0,\widetilde{r}(0)=[\varphi_0,p_0]$.

对任意 $t\in[0,1],r(t)\in U_\alpha\in\{U_\alpha\}$,由有限覆盖定理,存在有限多个域 $U_0,U_1,\cdots,U_n$ 覆盖 r,对应地存在区间 $\Delta_0,\Delta_1,\cdots,\Delta_n$ 覆盖[0,1],使得 $r(\overline{\Delta_i})\subset U_i(0\leqslant i\leqslant n)$.进一步,我们假定 $\Delta_i=[t_i,t_{i+1}],t_0=0,t_i<t_{i+1},t_{n+1}=1$.现在,对每个 Δ_i,令 $r_i:\Delta_i\to W,r_i(t)=r(t)$,逐段提升 r_i.由于 $p_0\in U_0,\varphi_0\in\Phi_0$,作[$\varphi_0,p_0$]的邻域 $\widetilde{U}_0=\{[\varphi_0,p]:p\in U_0\}$,则 $\pi|\widetilde{U}_0:\widetilde{U}_0\to U_0$ 是拓扑映照,因此定义 $\widetilde{r}_0:[t_0,t_1]\to\widetilde{W}_0,\widetilde{r}_0(t)=(\pi|U_0)^{-1}\circ r_0(t)$,显然 $\widetilde{r}_0(0)=[\varphi_0,p_0]$.其次对于 $\Delta_1=[t_1,t_2]$,由 $r(\Delta_1)\subset U_1,r(t_1)\in U_0\cap U_1$,根据定理假设,存在 $\varphi_1\in\Phi_1$,使得在 $r(t_1)$的邻域内 $\varphi_0=\varphi_1$,即[$\varphi_0,r(t_1)$]=[$\varphi_1,r(t_1)$],取[$\varphi_1,r(t_1)$]的邻域 $\widetilde{U}_1=\{[\varphi_1,p]:p\in U_1\}$,定义 $\widetilde{r}_1:[t_1,t_2]\to\widetilde{W}_0,\widetilde{r}_1(t)=(\pi|U_1)^{-1}\circ r_1(t)$,则有 $\widetilde{r}_0(t_1)=\widetilde{r}_1(t_1)$.对 $\Delta_2,\cdots,\Delta_n$ 继续作下去,我们便得到 $\widetilde{r}_0,\widetilde{r}_1,\cdots,\widetilde{r}_n$,使得 $\widetilde{r}_i:[t_i,t_{i+1}]\to\widetilde{W}_0,\widetilde{r}_i(t_{i+1})=\widetilde{r}_{i+1}(t_{i+1})(0\leqslant i\leqslant n)$.定义 $\widetilde{r}=\widetilde{r}_0\cdot\widetilde{r}_1\cdot\cdots\cdot\widetilde{r}_n$,则有 $\pi(\widetilde{r}(t))=r(t)$,$\widetilde{r}(t)$即是 $r(t)$的以[φ_0,p_0]为起点的提升.

($\widetilde{W}_0,\pi$)是 W 的光滑正则覆盖曲面.由定理 1.1,π 诱导一个复结构使 $\widetilde{W}_0$ 成为 Riemann 曲面.又由定理 4.2,$\widetilde{W}_0$ 也是单连通 Riemann 曲面,$\pi:\widetilde{W}_0\to W$ 是解析映照且是拓扑映照.定义函数 $\varphi:W\to\mathbb{C}$,对 $p\in W$,对应唯一的 $\pi^{-1}(p)=[\varphi_\alpha,$

$p]$,令 $\varphi(p)=\varphi_\alpha(p)$.则在 U_α 内 φ 由 $\varphi|U_\alpha=\varphi_\alpha$ 唯一确定.定理证完.

由这定理可直接得到单连通域解析开拓的一个定理.

定理 5.2　设 G 为$\mathbf{C}$的单连通域,$a\in G$.给定正则函数元素$(p(z),a)$,如果$(p(z),a)$在 G 内沿任何路径可以解析开拓,则解析开拓后,得到唯一定义于 G 内的解析函数 f,使得$(f,a)=(p,a)$,即在 a 的邻域内 $f(z)=p(z)$.

§6　基本群的子群与覆盖曲面

本节我们只讨论光滑正则覆盖曲面,研究基本群的子群与覆盖曲面的关系.

设$(\widetilde{W}_1,\pi_1)$和$(\widetilde{W}_2,\pi_2)$为 W 的覆盖曲面,如果存在映照 $\pi_{21}:\widetilde{W}_2\to\widetilde{W}_1$ 使得$(\widetilde{W}_2,\pi_{21})$成为 $\widetilde{W}_1$ 的覆盖曲面,且 $\pi_2=\pi_1\circ\pi_{21}$,则称$(\widetilde{W}_2,\pi_2)$**强于**$(\widetilde{W}_1,\pi_1)$.如果$(\widetilde{W}_2,\pi_2)$强于$(\widetilde{W}_1,\pi_1)$,并且$(\widetilde{W}_1,\pi_1)$强于$(\widetilde{W}_2,\pi_2)$,则称$(\widetilde{W}_2,\pi_2)$**等价于**$(\widetilde{W}_1,\pi_1)$,等价的覆盖曲面我们将看作是相同的.

设$(\widetilde{W},\pi)$是 W 的覆盖曲面,取定 $p_0\in W$ 及 $\widetilde{p}_0\in\pi^{-1}(p_0)$,设 r 是以 p_0 为端点的闭曲线,$\widetilde{r}$ 为过 $\widetilde{p}_0$ 的提升,根据单值性定理,如果 $r_1\approx r_2$,则有 $\widetilde{r}_1\approx r_2$,这就指出 $\widetilde{r}_1$ 和 $\widetilde{r}_2$ 同时是闭的或非闭的曲线,r 的同伦类提升为 $\widetilde{r}$ 的同伦类.

设

$$D=\{[r]\in\pi_1(W,p_0):r\text{ 以 }\widetilde{p}_0\text{ 为起点的提升是闭曲线}\}.$$

明显地,D 是$\pi_1(W,p_0)$的子群,它依赖于 $\widetilde{p}_0\in\pi^{-1}(p_0)$.

设 $\widetilde{p}_1\in\pi^{-1}(p_0)$,同样定义子群 D_1,讨论 D 和D_1 的关系.在 $\widetilde{W}$ 上取连接 $\widetilde{p}_0$ 到 $\widetilde{p}_1$ 的弧 $\tilde{\sigma}$,$\tilde{\sigma}$ 的投影$\pi(\tilde{\sigma})=\sigma$ 是以 p_0 为端点的闭曲线.对于$[r]\in D$,按定义不难验证$[\sigma^{-1}r\sigma]=[\sigma]^{-1}[r]\times[\sigma]\in D_1$.反之,对于$[r_1]\in D_1$,则存在$[r]=[\sigma][r_1][\sigma]^{-1}\in D$,使得$[r_1]=[\sigma]^{-1}[r][\sigma]$.因此 D_1 是与 D 共轭的子群.写成

$$D_1=[\sigma]^{-1}D[\sigma].$$

反之,对于每一个与 D 共轭的子群$D_1=[\sigma]^{-1}D[\sigma]$,设 $\widetilde{p}_1$ 是 σ 的以 $\widetilde{p}_0$ 为起点的提升的终点,则 D_1 是对于 $\widetilde{p}_1$ 所定义的子群.

定理 6.1　$\pi_1(\widetilde{W},\widetilde{p}_0)\cong D$,因而 $\pi_1(\widetilde{W})\cong D$.

证明　投影映照 π 诱导$\pi_1(\widetilde{W},\widetilde{p}_0)$到 D 上的一个同态,使得 $\pi(\widetilde{r})=r$,且 $r\approx 1$,则 r 的提升 $\widetilde{r}\approx 1$.即此同态的核是 1,因此 $\pi_1(\widetilde{W},\widetilde{p}_0)\cong D$.

定理 6.2　设 W 为曲面,D 为基本群$\pi_1(W,p_0)$的一个子群,则可构造 W 的一个正则覆盖曲面$(\widetilde{W},\pi)$,使得 $\pi_1(\widetilde{W})\cong D$.

证明　考虑 W 上所有的以 p_0 为起点,p_1 为终点的弧 $\sigma_{p_0p_1}$组成的集 Ω.在 Ω 上定义等价关系$\sim$,使得 $\sigma_{p_0p_1}\sim\sigma_{p_0p_2}\Leftrightarrow p_1=p_2$,且 $\sigma_{p_0p_1}\cdot\sigma_{p_0p_2}^{-1}\in D$(这里$[r]\in D$,简单地用 r 表示$[r]$),应用这一等价关系$\sim$,对 Ω 中的$\sigma_{p_0p_1}$进行分类,$\sigma_{p_0p_1}$所在的

等价类用$[\sigma_{p_0p_1}]$表示，令

$$\widetilde{W}=\{\widetilde{p}=[\sigma_{p_0p}]:\sigma_{p_0p}\in\Omega\}.$$

定义自然投影映照 $\pi:\widetilde{W}\to W,\pi([\sigma_{p_0p}])=p$，我们首先要在 $\widetilde{W}$ 上引入邻域系使得 $\widetilde{W}$ 成为曲面.

对任何 $\widetilde{p}=[\sigma_{p_0p}]\in\widetilde{W}$ 及任何以 p 为心的局部参数圆 Δ_p，定义

$\widetilde{\Delta}_{\widetilde{p}}=\{[\sigma_{p_0p}\cdot\sigma_{pq}]:q\in\Delta_p,\sigma_{pq}$是$\Delta_p$ 内连接p 到q 的弧$\}$为 $\widetilde{p}$ 的邻域. 由于 Δ_p 是参数圆，连接 p 到q 的弧相互同伦，$[\sigma_{p_0p}\sigma_{pq}]$由点 $q\in\Delta_p$ 唯一确定，与所取 σ_{pq} 无关，因此 $\pi|\widetilde{\Delta}_{\widetilde{p}}:\widetilde{\Delta}_{\widetilde{p}}\to\Delta_p$ 是一一映照.

以所有的邻域 $\widetilde{\Delta}_{\widetilde{p}}$组成$\widetilde{W}$ 的邻域系，定义 $\widetilde{W}$ 的拓扑，使 $\widetilde{W}$ 成为拓扑空间. 由于 π 把邻域一一地映为W 的局部参数圆邻域，因此 π 是局部拓扑映照，即$\pi|\widetilde{\Delta}_{\widetilde{p}}:\widetilde{\Delta}_{\widetilde{p}}\to\Delta_p$ 是拓扑映照. 设对于 W,Δ_p 的局部参数映照为 z_p，则对于 $\widetilde{W}$，定义 $\widetilde{\Delta}_{\widetilde{p}}$的局部参数映照为 $z_p\circ(\pi|\widetilde{\Delta}_{\widetilde{p}})$. 这样 $\widetilde{W}$ 成为一个曲面，且$(\widetilde{W},\pi)$是 W 的光滑覆盖曲面，但这里还要验证 $\widetilde{W}$ 的 Hausdorff 性及连通性.

$\widetilde{W}$ 是 Hausdorff 的. 这是因为如果 $\widetilde{p}_1\neq\widetilde{p}_2$, $\widetilde{p}_1=[\sigma_{p_0p_1}]$, $\widetilde{p}_2=[\sigma_{p_0p_2}]$，当 $p_1\neq p_2$ 时，存在 Δ_{p_1}和 Δ_{p_2}使得 $\Delta_{p_1}\cap\Delta_{p_2}=\varnothing$，因此对应的 $\widetilde{\Delta}_{\widetilde{p}_1}\cap\widetilde{\Delta}_{\widetilde{p}_2}=\varnothing$. 如果 $p_1=p_2=p$，则取 $\Delta_p=\Delta_{p_1}=\Delta_{p_2}$，这时不难验证对应的 $\widetilde{\Delta}_{\widetilde{p}_1}\cap\widetilde{\Delta}_{\widetilde{p}_2}=\varnothing$. 因此分离性公理成立.

W 是弧连通的. 设 $\widetilde{p}_0=[\sigma_{p_0p_0}]$，$\sigma_{p_0p_0}$是由点 p_0 组成的弧，对$\forall$ $\widetilde{p}_1=[\sigma_{p_0p_1}]$ $\in\widetilde{W}$，设 $\sigma_{p_0p_1}:[0,1]\to W,t\ \mapsto\sigma(t)$，对$\forall\ \tau\in[0,1]$，令 $\sigma_\tau:[0,\tau]\to W,\sigma_\tau(t)=\sigma(t)$, $\widetilde{p}_\tau=[\sigma_\tau]$，则 $\tau\to[\sigma_\tau]$定义 $\widetilde{W}$ 上连接 $\widetilde{p}_0$ 到 $\widetilde{p}_1$ 的弧. 这说明 $\widetilde{W}$ 的弧连通性.

$(\widetilde{W},\pi)$是 W 的正则覆盖. 因为对任意 $p\in W$，取以 p 为心的局部参数圆Δ_p，根据 $\widetilde{W}$ 的邻域系的定义知道，对任意 $\widetilde{p}\in W$, $\widetilde{p}=[\sigma_{p_0p}]$，都存在邻域 $\widetilde{\Delta}_{\widetilde{p}}$，使得 $\pi|\widetilde{\Delta}_{\widetilde{p}}:\widetilde{\Delta}_{\widetilde{p}}\to\Delta_p$ 是拓扑的. 因此由正则性的充分条件(定理 2.3)，$(\widetilde{W},\pi)$是正则覆盖曲面.

最后证明 $\pi_1(\widetilde{W},\widetilde{p}_0)\cong D$. 我们要证明，$[\sigma]\in D$ 当且仅当σ 的以 $\widetilde{p}_0=[\sigma_{p_0p_0}]$为起点的提升是闭曲线. 设 $\sigma:[0,1]\to W$ 是闭曲线，$t\to\sigma(t)$，$\sigma(0)=p_0$. 上面我们已经知道 σ 过 $\widetilde{p}_0=[\sigma_{p_0p_0}]$的提升 $\tilde{\sigma}:[0,1]\to\widetilde{W}$ 定义为$\tilde{\sigma}(\tau)=[\sigma_\tau]$，起点为 $\widetilde{p}_0=[\sigma_{p_0p_0}]$，终点为 $\widetilde{p}_1=[\sigma]$. $\tilde{\sigma}$ 是闭的当且仅当 $\widetilde{p}_0=[\sigma]$，即$[p_0\sigma^{-1}]\in D$，$[\sigma]\in D$. 最后由同构定理 6.1，$\pi_1(\widetilde{W},\widetilde{p}_0)\cong D$. 定理证完.

存在两个特殊的覆盖曲面,当 $D=\pi_1(W,p_0)$时,对应的覆盖曲面$(\widetilde{W},\pi)$与 W 同胚,因为仅当 $p_1=p_2$ 时 $\sigma_{p_0p_1}\sim\sigma_{p_0p_2}$,因而 $\pi:\widetilde{W}\to W$ 是一一的,是一个同胚.

当$D=1$ 时,这时对应的覆盖曲面称为 W 的**万有覆盖曲面**,记为$(\hat{W},\pi)$或 $\hat{W}$,这时 $\pi_1(\hat{W})=D=1$.这定理说明万有覆盖曲面一定存在,且是单连通的.

W 的万有覆盖曲面一定存在,且是最强的覆盖曲面.

§7　覆盖变换群

定义　设$(\widetilde{W},\pi)$为 W 的正则覆盖曲面,$\widetilde{W}$ 到自身的同胚φ,如果满足

$$\pi\circ\varphi=\pi,$$

则称 φ 为$\widetilde{W}$ 覆盖 W 的覆盖变换.简称为**覆盖变换**.依定义,覆盖变换把 $\pi^{-1}(p)$的点变为 $\pi^{-1}(p)$的点.

特别地,当 $\widetilde{W}$ 和 W 是黎曼曲面时,φ 一定是$\widetilde{W}$ 的共形自映照,因为这时 π 是局部一一的解析映照,对任意 $p\in W$, $\widetilde{p}_1\in\pi^{-1}(p)$ $\widetilde{p}_2=\varphi(\widetilde{p}_1)\in\pi^{-1}(p)$,存在 $p,\widetilde{p}_1$ 和 $\widetilde{p}_2$ 的局部参数邻域 V_p, $V_{\widetilde{p}_1}$ 和 $V_{\widetilde{p}_2}$,使得 $\pi|V_{\widetilde{p}_1}:V_{\widetilde{p}_1}\to V_p$, $\pi|V_{\widetilde{p}_2}:V_{\widetilde{p}_2}\to V_p$ 是拓扑映照.设 V_p 的局部参数映照为Z_p,则 $V_{\widetilde{p}_1}$和 $V_{\widetilde{p}_2}$的局部参数映照为 $Z_p\circ(\pi|V_{\widetilde{p}_1})$和 $Z_p\circ(\pi|V_{\widetilde{p}_2})$,因此 φ 在局部参数下有

$$[Z_p\circ(\pi|V_{\widetilde{p}_2})]\circ\varphi\circ[Z_p\circ(\pi|V_{\widetilde{p}_1})]^{-1}=Z_p\circ\pi\circ\varphi\circ\pi^{-1}\circ Z_p^{-1}=I_d.$$

这就表示 φ 是解析的.

定理 7.1　覆盖变换如果不是恒等变换,则没有不动点.

证明　设 φ 是覆盖变换,对任意 $p_0\in W$, $\widetilde{p}_1,\widetilde{p}_2\in\pi^{-1}(p_0)$, $\widetilde{p}_2=\varphi(\widetilde{p}_1)$,则存在局部参数邻域 V_{p_0}, $V_{\widetilde{p}_1}$和 $V_{\widetilde{p}_2}$,使得 $\pi|V_{\widetilde{p}_1}:V_{\widetilde{p}_1}\to V_{p_0}$和 $\varphi|V_{\widetilde{p}_1}:V_{\widetilde{p}_1}\to V_{\widetilde{p}_2}$是拓扑映照,由于 $\pi\circ\varphi=\pi$ 知道$\pi|V_{\widetilde{p}_2}:V_{\widetilde{p}_2}\to V_{p_0}$也是拓扑映照.因此当 $\widetilde{p}_1=\widetilde{p}_2$ 时 $V_{\widetilde{p}_1}=V_{\widetilde{p}_2}$,且在 $V_{\widetilde{p}_1}$内 $\varphi(\widetilde{p})=\widetilde{p}$;当 $\widetilde{p}_1\neq\widetilde{p}_2$ 时,我们可取 $V_{\widetilde{p}_1}$, $V_{\widetilde{p}_2}$使得 $V_{\widetilde{p}_1}\cap V_{\widetilde{p}_2}=\varnothing$,因此在 $V_{\widetilde{p}_1}$内 $\varphi(\widetilde{p})\neq\widetilde{p}$.据此设

$$\widetilde{W}_0=\{\widetilde{p}\in\widetilde{W}:\varphi(\widetilde{p})=\widetilde{p}\}.$$

则 $\widetilde{W}_0$ 和 $\widetilde{W}-\widetilde{W}_0$ 都是开集.根据 $\widetilde{W}$ 的连通性,如果存在 $\widetilde{p}_0\in\widetilde{W}_0$,使得 $\varphi(\widetilde{p}_0)=\widetilde{p}_0$,则 $\widetilde{W}_0\neq\varnothing$,于是 $\widetilde{W}_0=\widetilde{W}$,即 φ 是恒等变换.否则对任意 $\widetilde{p}\in\widetilde{W}$,$\varphi(\widetilde{p})\neq\widetilde{p}$,即 φ 没有不动点.定理证完.

推论　设 $\widetilde{p}_1,\widetilde{p}_2\in\pi^{-1}(p)$,则满足 $\varphi(\widetilde{p}_1)=\widetilde{p}_2$ 的覆盖变换是唯一的.

附注　设$(\widetilde{W},\pi)$是 W 的正则覆盖曲面,则对任意 $p_0\in W$ 及任意的 $\widetilde{p}\in\pi^{-1}$

(p_0),一定存在 p_0 和 $\widetilde{p}$ 的局部参数圆 Δ_{p_0} 和 $\Delta_{\widetilde{p}}$,使得 $\pi|\Delta_{\widetilde{p}}:\Delta_{\widetilde{p}}\to\Delta_{p_0}$ 是拓扑的.我们还可假定,对固定的 $\widetilde{p}_0\in\pi^{-1}(p_0)$,设覆盖变换 φ 满足 $\widetilde{p}=\varphi(\widetilde{p}_0)$,则 $\varphi|\Delta_{\widetilde{p}_0}:\Delta_{\widetilde{p}_0}\to\Delta_{\widetilde{p}}$ 是拓扑映照.

现在讨论覆盖变换群.

定义 $(\widetilde{W},\pi)$ 覆盖 W 的所有覆盖变换 φ 组成的乘法群称为**覆盖变换群**,我们用 Γ 表示:

$$\Gamma=\{\varphi:\varphi \text{ 是 } \widetilde{W} \text{ 的自同胚}, \pi\circ\varphi=\pi\}.$$

这里,乘法由复合映照定义. $\varphi_1\cdot\varphi_2=\varphi_1\circ\varphi_2$;逆由逆映照定义,即 φ^{-1};单位元素是恒等映照.

前面,我们定义了 $\pi_1(W,p_0)$ 的子群 D,并证明 $D\cong\pi_1(\widetilde{W},\widetilde{p}_0)$.下面讨论 D 和 Γ 的关系.

定理 7.2 $\Gamma\cong N(D)/D$,其中 $N(D)$ 是 D 的正规化群.

证明 按定义

$$N(D)=\{g\in\pi_1(W,p_0):D=gDg^{-1}\}.$$

$N(D)$ 是 $\pi_1(W,p_0)$ 的子群,D 是 $N(D)$ 的正规子群,因为对 $\forall\, g\in N(D)$ 总有 $gDg^{-1}=D$.

定义商群 $N(D)/D$.对 $N(D)$ 的元素定义等价关系:$g_1\sim g_2\Leftrightarrow g_1\cdot g_2^{-1}\in D$.将 $N(D)$ 的元素分为等价类,g 所在的等价类记为 $[g]$,定义商群

$$N(D)/D=\{[g]:g\in N(D)\},$$

其中乘法定义为 $[g_1][g_2]=[g_1\cdot g_2]$,逆定义为 $[g]^{-1}=[g^{-1}]$.定义是合理的,这是因为如果 $g_1\sim g'_1, g_2\sim g'_2$,则有 $g_1\cdot g_2\sim g'_1\cdot g'_2, g_1^{-1}\sim g'^{-1}_1$.这里还须注意的是单位元素 $[1]=D$.

现在证明 $N(D)/D\cong\Gamma$.考虑以 p_0 为端点的闭曲线 r,使得 $[r]\in N(D)$.固定点 $\widetilde{p}_0\in\pi^{-1}(p_0)$,对于 r 作覆盖变换 φ_r 如下:对任意 $\widetilde{p}\in\widetilde{W}$,用弧 $\tilde{\sigma}_{\widetilde{p}_0\widetilde{p}}$ 连接 $\widetilde{p}_0$ 到 $\widetilde{p}$,令 $\sigma_{p_0p}=\pi(\tilde{\sigma}_{\widetilde{p}_0\widetilde{p}})$;然后以 $\widetilde{p}_0$ 为起点提升 $r\sigma_{p_0p}$ 为 $\widetilde{r}\tilde{\sigma}$,令 $\widetilde{r}\tilde{\sigma}$ 的终点为 $\varphi_r(\widetilde{p})$.则 φ_r 是覆盖变换.

首先,$\varphi_r(\widetilde{p})$ 与连接 $\widetilde{p}_0$ 到 $\widetilde{p}$ 的弧 $\tilde{\sigma}_{\widetilde{p}_0\widetilde{p}}$ 无关.事实上,如果 $\tilde{\sigma}'_{\widetilde{p}_0\widetilde{p}}$ 为连接 $\widetilde{p}_0$ 到 $\widetilde{p}$ 的另一弧,回忆 D 的定义知道,设 $\sigma'_{p_0p}=\pi(\tilde{\sigma}'_{\widetilde{p}_0\widetilde{p}_0})$,应有 $[\sigma_{p_0p}\cdot\sigma'^{-1}_{p_0p}]\in D$,因而 $[r\sigma_{p_0p}\cdot\sigma'^{-1}_{p_0p}r^{-1}]\in D$,$r\sigma_{p_0p}\cdot\sigma'^{-1}_{p_0p}r^{-1}$ 以 $\widetilde{p}_0$ 为起点的提升是闭曲线,根据提升的唯一性,$r\sigma_{p_0p}$ 和 $r\sigma'_{p_0p}$ 以 $\widetilde{p}_0$ 为起点的提升具有相同的终点,因此对任意 $\widetilde{p}\in\widetilde{W}$,对应唯一确定的 $\varphi_r(\widetilde{p})$.同时还知道,φ_r 是一一在上的局部拓扑变换.因此是 $\widetilde{W}$ 的自同胚.并且 $\pi\circ\varphi_r=\pi$,即 φ_r 是覆盖变换.

特别地,在覆盖变换下,点 $\widetilde{p}_0$ 对应于 r 的以 $\widetilde{p}_0$ 为起点的提升 $\widetilde{r}$ 的终点

$\widetilde{r}(1)$. 根据定理 7.1 的推论, φ_r 由 $\varphi_r(p_0)=\widetilde{r}(1)$ 唯一确定, 因而, 我们不难得到 $\varphi_{r_1\circ r_2}=\varphi_{r_1}\circ\varphi_{r_2}$, $\varphi_r^{-1}=\varphi_r^{-1}$. 这样我们得到 $N(D)$ 到 Γ 的一个对应; $[r]\rightarrow\varphi_r$, 它是一个同态, 同态的核是 D, 因为当且仅当 $[r]\in D$ 时, r 以 $\widetilde{p}_0$ 为起点的提升 $\widetilde{r}$ 的终点 $\widetilde{r}(1)=\widetilde{p}_0$, 即 φ_r 是恒等映照. 同态的象是 Γ. 这是因为对 $\forall\varphi\in\Gamma$. 设 $\varphi(\widetilde{p}_0)=\widetilde{p}_1$, r 是连接 $\widetilde{p}_0$ 到 $\widetilde{p}_1$ 的曲线的投影, 则 $r\in N(D)$. 实际上对 $\sigma\in D$, $r\sigma r^{-1}\in D$. 我们证明 $\varphi_r=\varphi_0$. 事实上 $\varphi_r(p_0)$ 等于 $r\cdot\sigma_{p_0p_1}$ 以 $\widetilde{p}_0$ 为起点的提升 $\widetilde{r}\tilde{\sigma}_{\widetilde{p}_0\widetilde{p}_1}$ 的终点 $\widetilde{p}_1$, 因此由唯一性, $\varphi_r=\varphi$. 这样一来, 我们便有 $\Gamma\cong N(D)/D$. 定理证毕.

附注　$\pi^{-1}(p)$ 上的点和 Γ 及 $N(D)/D$ 的元素是一一对应的. 但现在还不知道是否由可数多个点组成.

特别, 当 $(\widetilde{W},\pi)$ 是 W 的万有覆盖曲面时, 对应的 Γ 称为**万有覆盖变换群**, 根据这一定理, 注意到这时 $D=\{I\}$, 即仅由单位元素组成, 我们有 $N(D)=\pi_1(p_0,W)$ 与 $\Gamma\cong\pi_1(p_0,W)$. 这就是说曲面 W 的万有覆盖变换群与基本群同构.

第四章　微分形式与积分

§1　微分形式

设 W 为 Riemann 曲面，W 上的 **0-形式** f 是指定义于 W 上的一个连续函数 $f(p)$.

W 上的 **1-微分形式**，或称 **1-形式**，是指定义在 W 上的某种形式的量 ω，ω 在局部参数邻域内，在局部参数 $z=x+iy$ 下，可表示为

$$\omega = p(z)dx + q(z)dy,$$

其中 $p(z)$ 和 $q(z)$ 为局部参数 z 的(复值)连续函数. 并且这形式的表示在局部参数变换下不变，即在另一局部参数 $\widetilde{z}=\widetilde{x}+i\widetilde{y}$ 下，

$$\omega = \widetilde{p}(\widetilde{z})d\widetilde{x} + \widetilde{q}(\widetilde{z})d\widetilde{y}.$$

设局部参数变换为 $z=z(\widetilde{z})$，则有

$$\widetilde{p}(\widetilde{z}) = p(z(\widetilde{z}))\frac{\partial x}{\partial \widetilde{x}} + q(z(\widetilde{z}))\frac{\partial y}{\partial \widetilde{x}},$$

$$\widetilde{q}(\widetilde{z}) = p(z(\widetilde{z}))\frac{\partial x}{\partial \widetilde{y}} + q(z(\widetilde{z}))\frac{\partial y}{\partial \widetilde{y}}.$$

1-形式称为 **C^1 形式**，如果在局部参数 z 下，$p(z)$ 和 $q(z)$ 是 C^1 函数. 显然 C^1 性质在局部参数变换下不变. 类似地可定义 **C^2 形式**等.

W 上的 **2-微分形式**，或称 **2-形式**，是指定义在 W 上的某种形式的量 Ω，Ω 在点 p 的局部参数邻域内，在参数 $z=x+iy$ 下，可表示为

$$\Omega = f(z)dxdy,$$

其中 $f(z)$ 为局部参数 z 的连续函数. 并且这种表示形式在局部参数变换下不变，即在局部参数 $\widetilde{z}=\widetilde{x}+i\widetilde{y}$ 下

$$\Omega = \widetilde{f}(\widetilde{z})d\widetilde{x}d\widetilde{y}.$$

如果局部参数变换为 $z=z(\widetilde{z})$，则

$$\widetilde{f}(\widetilde{z}) = f(z(\widetilde{z}))\frac{\partial(x,y)}{\partial(\widetilde{x},\widetilde{y})},$$

其中 $\frac{\partial(x,y)}{\partial(\widetilde{x},\widetilde{y})}$ 是变换的 Jacobi 行列式. 由于 $z=z(\widetilde{z})$ 为一一解析的，我们有

$$\frac{\partial(x,y)}{\partial(\widetilde{x},\widetilde{y})} = \left|\frac{dz}{d\widetilde{z}}\right|^2.$$

2-形式称为 C^1 形式，如果 $f(z)$ 是对局部参数 $z=x+iy$ 的 C^1 函数.

微分形式的外积. 现在引入外乘 $\wedge$. 记 2 - 形式定义中的 $dxdy = dx \wedge dy$, $dzd\bar{z} = dz \wedge d\bar{z}$. 这里 $z = x + iy$ 为局部参数, $dz = dx + idy$, $d\bar{z} = dx - idy$.

一个 k - 形式和 n - 形式的外积, 当 $k + n \leqslant 2$ 时是 $(k + n)$- 形式, 当 $k + n > 2$ 时恒等于零. 具体规定如下.

0 - 形式 f 和 g 的外积 $f \wedge g = f \cdot g$, 即 $\forall p \in W$, $(f \wedge g)(p) = f(p) \cdot g(p)$.

0 - 形式 f 和 1 - 形式 $\omega = pdx + qdy$ 的外积定义为:

$$f \wedge \omega = f\omega = f(pdx + qdy) = fpdx + fqdy.$$

0 - 形式 f 和 2 - 形式 $\Omega = g(z)dx \wedge dy$ 的外积定义为:

$$f \wedge \Omega = f\Omega = fgdx \wedge dy.$$

1 - 形式和 1 - 形式的外积定义如下. 首先定义

$$dx \wedge dy = - dy \wedge dx, dx \wedge dx = dy \wedge dy = 0.$$

规定外乘对加法分配律成立. 设 $\omega_1 = p_1dx + q_1dy$, $\omega_2 = p_2dx + q_2dy$, 按定义

$$\begin{aligned} \omega_1 \wedge \omega_2 &= (p_1dx + q_1dy) \wedge (p_2dx + q_2dy) \\ &= p_1p_2dx \wedge dx + p_1q_2dx \wedge dy + q_1p_2dy \wedge dx + q_1q_2dy \wedge dy \\ &= (p_1q_2 - p_2q_1)dx \wedge dy. \end{aligned}$$

容易验证, $(p_1q_2 - p_2q_1)dx \wedge dy$ 是 W 上的 2 - 形式.

微分形式的复形表示

1 - 形式可表示为

$$\omega = p(z)dx + q(z)dy = u(z)dz + v(z)d\bar{z},$$

其中

$$u = \frac{1}{2}(p - iq), v = \frac{1}{2}(p + iq).$$

2 - 形式 $\Omega = f(z)dxdy$ 可表示为

$$\Omega = g(z)dzd\bar{z},$$

其中

$$dz \cdot d\bar{z} = - 2idx \cdot dy, g(z) = (-2i)^{-1}f(z) = \frac{i}{2}f(z).$$

微分算子 d

d 在局部参数 $z = x + iy$ 下, 形式地可表示为

$$d = \frac{\partial}{\partial x}dx + \frac{\partial}{\partial y}dy.$$

0 - 形式 f 的微分定义为

$$df = \frac{\partial f}{\partial x}dx + \frac{\partial f}{\partial y}dy.$$

df 是 1 - 微分形式.

1-形式 ω 的微分定义为

$$d\omega = \left(\frac{\partial}{\partial x}dx + \frac{\partial}{\partial y}dy\right) \wedge (pdx + qdy) = \left(\frac{\partial q}{\partial x} - \frac{\partial p}{\partial y}\right)dx \wedge dy$$

$d\omega$ 是 W 上的 2-形式.

2-形式 Ω 的微分定义为 $d\Omega \equiv 0$.

容易验证 $d^2 = d \circ d = 0$,及外积的微分公式:

$$d(f\omega) = (df) \wedge \omega + fd\omega,$$

其中 f 是 0-形式,ω 是 1-形式.根据定义及此公式我们有

$$d\overline{\omega} = d(pdx + qdy) = d(pdx) + d(qdy) = dp \wedge dx + dq \wedge dy.$$

d 的复形表示

对于局部参数 $z = x + iy$,形式地引入算子:

$$\partial = \frac{\partial}{\partial z}dz, \overline{\partial} = \frac{\partial}{\partial \overline{z}}d\overline{z},$$

则 $d = \partial + \overline{\partial}$.其中

$$\frac{\partial}{\partial z} = \frac{1}{2}\left(\frac{\partial}{\partial x} - i\frac{\partial}{\partial y}\right), \frac{\partial}{\partial \overline{z}} = \frac{1}{2}\left(\frac{\partial}{\partial x} + i\frac{\partial}{\partial y}\right).$$

在 d 的复表示 $d = \partial + \overline{\partial}$ 下,对于 0-形式 f,

$$df = (\partial + \overline{\partial})f = \partial f + \overline{\partial} f = \frac{\partial f}{\partial z}dz + \frac{\partial f}{\partial \overline{z}}d\overline{z}.$$

对于 1-形式 $\omega = udz + vd\overline{z}$,

$$\begin{aligned} d\omega &= (\partial + \overline{\partial})(udz + vd\overline{z}) \\ &= \partial u \wedge dz + \partial v \wedge d\overline{z} + \overline{\partial} u \wedge dz + \overline{\partial} v \wedge d\overline{z} \\ &= \left(\frac{\partial v}{\partial z} - \frac{\partial u}{\partial \overline{z}}\right)dz \wedge d\overline{z}. \end{aligned}$$

特别,f 是解析函数,当且仅当 $\frac{\partial f}{\partial \overline{z}} = 0$ 或写成 $\widetilde{\partial} f = 0$.

共轭算子 *

我们限于 1-形式 ω.设在局部参数 $z2x + iy$ 下,$\omega = pdx + qdy$,定义

$$* \omega = -qdx + pdy.$$

$*\omega$ 是 1-微分形式.因为如果 $\widetilde{z} = \widetilde{x} + i\widetilde{y}$ 为另一局部参数,局部参数变换为 $z = z(\widetilde{z})$,则 $\omega = \widetilde{p}d\widetilde{x} + \widetilde{q}d\widetilde{y}$,这时

$$* \omega = -\widetilde{q}d\widetilde{x} + \widetilde{p}d\widetilde{y}.$$

ω 是 1-形式,按定义我们有

$$\widetilde{p} = p\frac{\partial x}{\partial \widetilde{x}} + q\frac{\partial x}{\partial \widetilde{x}}, \widetilde{q} = p\frac{\partial x}{\partial \widetilde{y}} + q\frac{\partial y}{\partial \widetilde{y}}.$$

特别注意到 $z = z(\widetilde{z})$ 是解析的,我们有

$$\frac{\partial x}{\partial \tilde{x}} = \frac{\partial y}{\partial \tilde{y}}, \quad \frac{\partial x}{\partial \tilde{y}} = -\frac{\partial y}{\partial \tilde{x}},$$

代入上式后,得到

$$-\tilde{q} = (-q)\frac{\partial x}{\partial \tilde{x}} + p\frac{\partial y}{\partial \tilde{x}}, \tilde{p} = (-q)\frac{\partial x}{\partial \tilde{y}} + p\frac{\partial y}{\partial \tilde{y}}.$$

按定义,$*\omega$ 是 1 - 微分形式. $*\omega$ 称为 ω 的共轭微分形式.

在复表示下,$\omega = udz + vd\bar{z}$,由定义推出

$$*\omega = -i(udz - vd\bar{z}).$$

$*$ 是线性的,即

$$*(\omega_1 + \omega_2) = *\omega_1 + *\omega_2$$

$$*(f\omega) = f*\omega. f \text{ 是 } 0 - \text{形式}.$$

算子 $*d$

在局部参数 $z = x + iy$ 下,$*d$ 的形式为

$$*d = -\frac{\partial}{\partial y}dx + \frac{\partial}{\partial x}dy.$$

对 C^1 的 0 - 形式 f,定义

$$(*d)f = -\frac{\partial f}{\partial y}dx + \frac{\partial f}{\partial x}dy = *(df).$$

也可以写成 $(*d)f = *(df) = *df$ 而与括号无关.

对 C^1 的 1 - 形式 $\omega = pdx + qdy$,定义

$$*d\omega = \left(-\frac{\partial}{\partial y}dx + \frac{\partial}{\partial x}dy\right)(pdx + qdy)$$

$$= -\left(\frac{\partial p}{\partial x} + \frac{\partial q}{\partial y}\right)dx \wedge dy,$$

$*d\omega$ 是 2 - 形式. 但是

$$d*\omega = \left(\frac{\partial}{\partial x}dx + \frac{\partial}{\partial y}dy\right)(-qdx + pdy)$$

$$= \left(\frac{\partial p}{\partial x} + \frac{\partial q}{\partial y}\right)dx \wedge dy.$$

因此,对 1 - 形式 ω, $*d\omega = -d*\omega$.

定义 $\Delta = d*d$,对 C^2 的函数 f,

$$\Delta f = d*df = \left(\frac{\partial^2 f}{\partial x^2} + \frac{\partial^2 f}{\partial y^2}\right)dx \wedge dy.$$

Δ 称为 **Laplace 算子.**

函数 f 是调和的,如果 $f \in C^2, \Delta f = 0$.

Δ 可以写成形式

$$\Delta = \left(\frac{\partial^2}{\partial x^2} + \frac{\partial^2}{\partial y^2}\right)dx \wedge dy.$$

在复形式下，

$$d=\frac{\partial}{\partial z}dz+\frac{\partial}{\partial \bar{z}}d\bar{z},\ *d=-i\left(\frac{\partial}{\partial z}dz-\frac{\partial}{\partial \bar{z}}d\bar{z}\right).$$

Δ 在复形式下为 $\Delta=2i\dfrac{\partial^2}{\partial z\cdot\partial \bar{z}}dz\wedge d\bar{z}$.

§2　微分形式的积分

1-微分形式 ω 沿逐段光滑曲线 γ 的积分

设 $\gamma:[0,1]\to W, t\in[0,1], t\mapsto\gamma(t)$. 首先设 γ 整个在 W 上的一个参数圆内，设 $z=x+iy$ 为局部参数，$\gamma(t)=z(t)=x(t)+iy(t)$，$\omega=p(z)dx+q(z)\cdot dy$. 定义

$$\int_v\omega=\int_{[0,1]}\left(p\frac{dx}{dt}+q\frac{dy}{dt}\right)dt.$$

由于 1-形式 ω 经局部参数变换后形式不变，因此当 z 变为另一局部参数时积分值不变，定义是合理的.

一般情况下，由 v 是 W 上的紧集，分割$[0,1]$，对应地把 v 分割为弧段，使 $v=v_1\cdot v_2\cdot v_3\cdot\cdots\cdot v_n$，且其中每一段 $v_i(1\leqslant i\leqslant n)$整个地落在某一参数圆内，定义

$$\int_v\omega=\sum_i\int_{v_i}\omega.$$

容易证明，积分值与分割无关，定义是合理的.

单位分解与 2-形式的积分

单位分解. 设 V_α' 为 W 上的一个参数圆，$p_0\in V_\alpha$，$z=z_\alpha(p)$为局部参数，$z_\alpha(V_\alpha')=\{|z|<r\}, r>1, z_\alpha(p_0)=0$. 设 $V_\alpha\subset V_\alpha'$，$z_\alpha(V_\alpha)=\{|z|<1\}$. 定义函数

$$g_\alpha(z_\alpha(p))=\begin{cases}e^{-\frac{1}{1-|z|^2}}, & p\in V_\alpha.\\ 0, & p\notin V_\alpha.\end{cases}$$

$g_\alpha\circ z_\alpha$ 是 W 上的 C^∞ 函数.

设 G 为 W 上相对紧域，即 G 为域且 $\bar{G}$ 在 W 上是紧的. 对于 $\bar{G}$，由有限覆盖定理，存在有限个参数圆 $V_1,V_2,\cdots,V_n$，使 $\bar{G}\subset\bigcup_i V_i$. 对于 V_i 作函数 $g_i(z_i(p))$，$1\leqslant i\leqslant n$，再作函数

$$e_i(p)=\frac{g_i(z_i(p))}{\sum_i g_i(z_i(p))}.$$

则函数$\{e_i(p)\}$具有下列性质:

1) $e_i(p)>0, p\in V_i$;

2) $e_i(p)=0, p\notin V_i$;

3) $\sum\limits_{i=1}^{n} e_i(p) = 1, \forall p \in \overline{G}$;

4) e_i 在包含 $\overline{G}$ 的域内是 C^∞ 的函数.

函数组 $\{e_i(p)\}$ 称为 $\overline{G}$ 对于 $\{V_i\}$ 的**单位分解**.

现在定义 2－微分形式的积分.

设 Ω 为 2－形式, G 为 W 上的相对紧域,假设 G 整个在一个参数圆内,局部参数为 z, $\Omega=f(z)dx\wedge dy$. 定义

$$\iint\limits_G \Omega = \iint\limits_G f(z)dxdy.$$

根据 2－形式的定义,这积分与局部参数 z 无关,定义是合理的.

一般情况下,取 $\overline{G}$ 的单位分解 $\{e_i\}$,定义

$$\iint\limits_G \Omega = \sum_i \iint\limits_G \Omega\cdot e_i.$$

因为 $\Omega\cdot e_i$ 在对应参数圆 V_i 外等于零,

$$\iint\limits_G \Omega\cdot e_i = \iint\limits_{G\cap V_i} \Omega\cdot e_i$$

已有定义. 但这里必须证明定义的合理性,即积分与所作单位分解无关. 这是显然的. 事实上,设 $\{e_i'\}$ 为 $\overline{G}$ 的另一单位分解,则有

$$\begin{aligned}\sum_i \iint\limits_G \Omega\cdot e_j' &= \sum_j\sum_i \iint\limits_G \Omega\cdot e_i\cdot e_j' = \sum_i\sum_j \iint\limits_G \Omega\cdot e_i\cdot e_j' \\ &= \sum_i \iint\limits_G \Omega e_i.\end{aligned}$$

§3　Stokes 公式及其应用

Stokes 公式. 设 G 为 W 上相对紧域, G 的边界 ∂G 由有限多条逐段解析曲线组成, ω 是 C^1 的 1－微分形式,则有

$$\iint\limits_G d\omega = \int_{\partial G}\omega,$$

其中 ∂G 的方向为使点沿这方向移动时 G 在 ∂G 的左边.

证明　我们只要证明 ∂G 是解析曲线的情况. 作 $\overline{G}$ 的参数圆覆盖. 当 $p\in G$ 时取以 p 为心的参数圆 $V\subset G$. 当 $p\in\partial G$ 时,取以 p 为心的参数圆 V,这时设局部参数映照为 z, $z(V)=\{|z|<1\}$ 使 $\partial G\cap V$ 映为 $[-1,1]$. 由于 ∂G 是解析曲线,这是容易做到的. 现在,选取有限多个这样的参数圆 $\{V_i\}$,使 $\overline{G}\subset\bigcup\limits_i V_i$,并作对应的

单位分解$\{c_i\}$. 由于在 $\bar{G}$ 上, $\sum_i e_i(p)=1$, 我们有

$$\iint_G d\omega=\iint_G d\left[\left(\sum_i e_i\right)\omega\right]=\sum_i\iint_G de_i\omega=\sum_i\int_{\partial G\cap V_i}e_i\omega$$

$$=\sum_i\int_{\partial G}e_i\omega=\int_{\partial G}\sum_i e_i\omega=\int_{\partial G}\omega.$$

其中,由于 $e_i\omega$ 只在圆或半圆内积分,我们可以应用平面域的 Stokes 公式即格林公式.

分部积分公式

$$\iint_G fd\omega=\int_{\partial G}f\omega-\iint_G df\wedge\omega.$$

其中 f 是C^1 的函数.

证明 根据 $d(f\omega)=df\wedge\omega+fd\omega$ 以 $f\omega$ 代 Stokes 公式中的 ω,即可得此公式.

设 u,v 为C^2 函数. 以 $\omega=*du, f=v$ 代入上面公式. 注意到 $\Delta=d*d$,得到

$$\iint_G v\Delta u=\int_{\partial G}v*du-\iint_G dv\wedge *du.$$

变换 u,v 得到

$$\iint_G u\Delta v=\int_{\partial G}u*dv-\iint_G du\wedge *dv.$$

这两式相减,注意这两式右边第二积分相等,我们得到公式

$$\iint_G(v\Delta u-u\Delta v)=\int_{\partial G}(v*du-u*dv).$$

当 u 是调和函数时, $\Delta u=0$. 取 $v=1$,便有公式

$$\int_{\partial G}*du=0.$$

u 是调和函数,整体上 u 的调和共轭是不一定存在的. 但在局部参数圆内, u 的调和共轭总是存在的,我们记之为 u^*,我们有 $*du=du^*$. 因此

$$\int_{\partial G}du^*=0.$$

设 V 为局部参数圆, $z=x+iy$ 为局部参数,则在局部参数 $z=x+iy$ 下, ∂G 在V 内部分的弧 γ,由 $\gamma(t)=x(t)+iy(t)$定义, $t\in[0,1]$. 在 V 内设 $dS=\sqrt{(dx)^2+(dy)^2}=|dz|$,因此用局部参数表示$\partial G$ 时我们有

$$\int_{\partial G}du=\int_{\partial G}\left(\frac{\partial u}{\partial x}dx+\frac{\partial u}{\partial y}dy\right)=\int_{\partial G}\frac{du}{dS}dS;$$

$$\int_{\partial G}*du=\int_{\partial G}\left(-\frac{\partial u}{\partial y}dx+\frac{\partial u}{\partial x}dy\right)=-\int_{\partial G}\frac{du}{dn}dS;$$

其中$\frac{d}{dn}$为∂G的内法向导数,法向n指向∂G的左边.这时上面的公式可写成

$$\iint_G (v\Delta u - u\Delta v) = -\int_{\partial G}\left(v\frac{du}{dn} - v\frac{dv}{dn}\right)dS.$$

当u是调和函数时

$$\int_{\partial G}\frac{du}{dn}dS = 0.$$

§4　调和微分与全纯微分

我们主要讨论的是1-微分形式,通常称之为微分.

微分ω称为**闭的**,如果ω是C^1的,且$d\omega=0$,微分ω称为是**上闭的**,如果ω是C^1的且$*d\omega=0$.

因为$*d\omega=-d*\omega=0$,ω是上闭的当且仅当$*\omega$是闭的.

微分ω称为**正合的**,如果W上存在C^2的函数f,使得$\omega=df$;微分ω称为**上正合的**,如果存在W上的C^2函数f,使得$\omega=*df$,ω是上正合的,当且仅当$*\omega$是正合的.

注意,每一个正合(上正合)微分一定是闭的(上闭的).反之不一定成立,但对于每一闭(上闭)的微分,局部地在参数圆内,总存在C^2的函数f,使得$\omega=df$($\omega=*df$).因而闭(上闭)的微分是局部正合(上正合)的.

我们已定义过,W上的函数f是调和的,如果f是C^2的且$\Delta f=d*df=0$.

微分ω称为**调和的**,如果局部地在参数邻域内有$\omega=df$,f是参数邻域内的调和函数.

命题　微分ω是调和的,当且仅当$d\omega=0$和$*d\omega=0$,即ω是闭的又是上闭的.

证明　如果ω是调和的,则局部地$\omega=df$,f是调和函数.因此,$d\omega=ddf=0$,$*d\omega=-d*\omega=-d(*df)=0$.反之,如果$d\omega=0$,则局部地$\omega=df$,又$0=*d\omega=-d*df=\Delta f$,$f$是调和的,$\omega$是调和微分.证完.

微分ω称为**全纯的**,如果局部地$\omega=df$,f是全纯函数,即在局部参数邻域内,在局部参数z下

$$\omega = h(z)dz,$$

$h(z)$是全纯函数.

全纯微分一定是调和微分.

调和微分和与全纯微分的相互表示.

设调和微分$\omega=udz+vd\bar{z}$,则我们得到微分$\omega_1=udz$,$\omega_2=\bar{v}dz$,由($d=\partial+\bar{\partial}$),

$$d\omega = \left(\frac{\partial u}{\partial \bar{z}} - \frac{\partial v}{\partial z}\right) d\bar{z} \wedge dz = 0,$$

$$* d\omega = i\left(\frac{\partial u}{\partial \bar{z}} + \frac{\partial v}{\partial z}\right) d\bar{z} \wedge dz = 0,$$

得到$\frac{\partial u}{\partial \bar{z}}=0, \frac{\partial v}{\partial z}=0$, u 和 $\bar{v}$ 是全纯函数, $\omega_1 = udz$, $\omega_2 = \bar{v}dz$ 是全纯微分. 因此我们得到唯一的表示

$$\omega = \omega_1 + \bar{\omega}_2.$$

定量 4.1 微分 φ 是全纯的, 当且仅当存在一调和微分 ω, 使 $\varphi = \omega + i * \omega$.

证明 如果 ω 调和, 则

$$\omega = \omega_1 + \bar{\omega}_2,$$

其中 ω_1, ω_2 为全纯微分. 于是

$$* \omega = - i\omega_1 + i\bar{\omega}_2,$$

$$\omega + i * \omega = 2\omega_1$$

是全纯微分. 反之, 如果 φ 是全纯微分, 则 φ 和 $\bar{\varphi}$ 是调和微分, 因而

$$\omega = \frac{\varphi - \bar{\varphi}}{2}, * \omega = \frac{-i\varphi - i\bar{\varphi}}{2}$$

是调和的, 且有

$$\varphi = \omega + i * \omega.$$

定理得证.

推论 微分 φ 是全纯的, 当且仅当 φ 是闭的, 且 $* \varphi = - i\varphi$.

证明 由 $d\varphi = 0$ 及 $* \varphi = - i\varphi$ 得 $* d\varphi = 0$, φ 是调和的, 又 $\varphi = \frac{\varphi + i(* \varphi)}{2}$, 所以 φ 是全纯的.

现在定义亚纯微分.

1-微分形式 ω 称为**亚纯微分**, 如果在局部参数邻域内, 在局部参数 z 下, $\omega = h(z)dz$, $h(z)$是 z 的亚纯函数.

对于 W 上的亚纯函数 f, 取 $p_0 \in W$ 为心的局部参数圆 V_{p_0}, 局部参数为 $z = z(p): V_{p_0} \to \{|z| < 1\}$, $z(p_0) = 0$, 则在 V_{p_0} 内,

$$f(z) = \sum_{n=\mu}^{\infty} a_n z^n, a_\mu \neq 0.$$

当 $\mu > 0$ 时, 称 **f 在 p_0 具有零点**, μ 称为**零点的阶**. 当 $\mu < 0$ 时, 称 **f 在 p_0 具有极点**, $-\mu$ 称为**极点的阶**. 零点与极点的阶与局部参数 z 的选取无关.

对于 W 上的亚纯微分 ω, 取 $p_0 \in W$ 为心的局部参数圆 V_{p_0}, 局部参数为 $z = z(p): V_{p_0} \to \{|z| < 1\}$, $z(p_0) = 0$, 则在 V_{p_0} 内:

$$\omega = \left(\sum_{n=\mu}^{\infty} a_n z^n\right) dz, a_\mu \neq 0.$$

当 $\mu>0$ 时,称 **ω 在 p_0 具有零点**,μ 称为**零点的阶**.当 $\mu<0$ 时,称 **ω 在 p_0 具有极点** $-\mu$ 称为**极点的阶**,这时系数 a_{-1}称为微分 ω 在 p_0 点的**留数**,记为 $\mathrm{Res}(\omega, p_0)$.

习题. 零点的阶,极点的阶及留数,对局部参数变换不变.

下面我们推广 Cauchy 定理及留数定理.设 G 为 W 上的相对紧域,∂G 由有限条逐段解析曲线组成.全纯函数及微分我们将定义于包含 $\overline{G}$ 在内部的一个域内.

定理 4.2(Cauchy 定理) 对于全纯微分 ω,总有

$$\int_{\partial G} \omega = 0.$$

证明 由 Stokes 公式,有

$$\int_{\partial G} \omega = \iint_G d\omega = 0,$$

因为 $d\omega=0$.证完.

定理 4.3(留数定理) 设 ω 为亚纯微分,在 G 的边界∂G 上,ω 没有极点.设 ω 在 G 内的极点为 P_k, $k=1,2,\cdots,m$,则有

$$\int_{\partial G} \omega = 2\pi i \sum_{i=1}^{m} \mathrm{Res}(\omega, P_k).$$

证明 对于 $1\leqslant k\leqslant m$,作以 P_k 为中心的参数圆 V_k,设 $z=z(P): V_k\to D_k=\{|z|<1\}$为局部参数,$z(P_k)=0$,则在 V_k 内

$$\omega = \left(\sum_{n=\mu_k}^{\infty} a_n^k z^n\right) dz.$$

取∂V_k 的定向,使 V_k 在∂V_k 走向的左边,则我们有

$$\int_{\partial V_k} \omega = 2\pi i a_{-1}^k = 2\pi i \mathrm{Res}(\omega, P_k).$$

我们可以假定$\partial V_1, \partial V_2, \cdots, \partial V_m$ 和∂G 两两不相交.由上面定理 4.2(Chauchy 定理),便得到

$$\int_{\partial G} \omega - \sum_{k=1}^{m} \int_{\partial V_k} \omega = 0.$$

因此

$$\int_{\partial G} \omega = \sum_{k=1}^{m} \int_{\partial V_k} \omega = 2\pi i \sum_{k=1}^{m} \mathrm{Res}(\omega, P_k).$$

定理证完.

定理 4.4 如果 ω 是紧 Riemann 曲面 W 上的亚纯微分,则所有极点的留数之和为零.

注意到这时 $G=W$，$\partial G=\varnothing$，又 ω 在 W 上只有有限个极点，这定理便由留数定理直接得到.

关于亚纯函数和亚纯微分的关系，应该注意到，如果 f 是亚纯函数，则 $\omega=df$ 是亚纯微分. 反之如果 ω_1 和 ω_2 是亚纯微分，则 ω_2/ω_1 是亚纯函数. 这是因为，对于 $p\in W$，在局部参数 $z=z(p)$ 下，$\omega_1=h_1(z)dz$，$\omega_2=h_2(z)dz$，在局部参数变为 $w=w(p)$ 时，$\omega_1=\widetilde{h}_1(w)dw$，$\omega_2=\widetilde{h}_2(w)dw$. 设局部参数变换为 $z=z(w)$，这时

$$\widetilde{h}_1(w)=h_1(z)\frac{dz}{dw},\ \widetilde{h}_2(w)=h_2(z)\frac{dz}{dw}.$$

因此，

$$\frac{\omega_2}{\omega_1}=\frac{h_2(z)}{h_1(z)}=\frac{\widetilde{h}_2(w)}{\widetilde{h}_1(w)}.$$

这就是说，对任意 $p\in W$，对应唯一确定的值 ω_2/ω_1. 我们得到了定义于 W 上的函数 ω_2/ω_1，在局部参数邻域内等于 $h_2(z)/h_1(z)$ 是亚纯的，因此 ω_2/ω_1 是亚纯函数. 另外，如果 f 是亚纯函数，ω 是亚纯微分，则 $f\omega$ 是亚纯微分. 特别，当 f 是亚纯函数时，则亚纯微分 $\dfrac{df}{f}$ 称为对数微分.

定理 4.5（对数留数定理） 设 f 为亚纯函数，在域 G 的边界 ∂G 上 f 没有零点和极点，则

$$\int_{\partial G}\frac{df}{f}=2\pi i(N-P),$$

其中 N 为 f 在 G 内的所有零点的阶之和，P 为 f 在 G 内所有极点的阶之和.

证明 对数微分 $\dfrac{df}{f}$ 的极点，是且仅是 f 的零点和极点. 设 q 为 f 的级为 μ 的零点，以 q 为心的局部参数圆为 V_q，z 为局部参数，$z(q)=0$，则在 V_q 内，在局部参数 z 下

$$f=a_\mu z^\mu+a_{\mu+1}z^{\mu+1}+\cdots.$$

这时

$$\frac{df}{f}=\left(\frac{\mu}{z}+b_0+b_1z+b_2z^2+\cdots\right)dz,$$

$\dfrac{df}{f}$ 在 q 的留数为零点的阶 μ. 当 p 是 f 的阶为 μ 的极点时，在参数圆 V_p 内，z 为局部参数，$z(p)=0$.

$$f=\frac{a_\mu}{z^\mu}+\frac{a_{\mu-1}}{z^{\mu-1}}+\cdots+\frac{a_{-1}}{z}+a_0+a_1z+\cdots.$$

这时

$$\frac{df}{f}=\left(\frac{-\mu}{z}+b_0+b_1z+\cdots\right)dz.$$

因此,$\frac{df}{f}$在点 p 的留数等于 $-\mu$.

由留数定理,积分 $\int_{\partial G}\frac{df}{f}$ 等于留数之和乘上 $2\pi i$,因此等于以 f 的零点为极点的留数和 N,加上以 f 的极点的留数和 $-P$ 再乘上 $2\pi i$. 定理得证.

定理的一个重要推论如下.

定理 4.6　如果 f 是紧 Riemann 曲面上的亚纯函数,则 f 的零点的个数等于极点的个数.

注意,这里零点的个数是把零点的阶计在内的,即一个 μ 阶零点认为是 μ 个零点. 同样地,极点的个数也把极点的阶计在内,即把一个 μ 阶极点看作是 μ 个极点.

对于 $a\in\bar{\mathbb{C}}$,当 $a\neq\infty$ 时,$f(z)-a$ 的零点我们称为 ***a*-值点**,当 $a=\infty$ 时的值点当然是极点.

定理 4.7　如果 f 是紧 Riemann 曲面上的亚纯函数,则 f 取任何 $a\in\bar{\mathbb{C}}$ 的次数相同,即 a-值点的个数相同.

这是因为任何 a-值点的个数,按上面的定理,都等于极点的个数.

第五章　单值化定理及其应用

§1　次调和函数与Dirichlet问题的Perron解法

定义　设 Ω 为平面$\mathbf{C}$的域，$v(z)$为 Ω 内的连续函数，$v(z)$称为 Ω 内的**次调和函数**，如果对于任何域 $\Omega' \subset \Omega$，及 Ω'内的任何调和函数$u(z)$，对于 $v-u$，在 Ω' 内极大值原理成立.

这里，极大值原理成立意指，$v(z)-u(z)$在 Ω'内不能达到最大值，否则是一个常数. 特别取 $u=0$，则 v 在Ω'内不能达到最大值.

设点 $z_0 \in \Omega$，我们称 v 在z_0 是**次调和的**，如果存在 z_0 的一个邻域，v 限制在该邻域内是次调和的.

下面定理说明，次调和函数具有局部特征.

定理 1.1　v 在域Ω 内是次调和的，当且仅当 v 在Ω 内的每一点是次调和的.

特别，调和函数一定是次调和函数.

根据定理 1.1，及次调和函数的共形不变性，此即，如果 f 把Ω 共形映照到Ω_1，则 $v \circ f$ 也是次调和函数. 我们把次调和函数推广定义于 Riemann 曲面上.

定义　设 Ω 为 Riemann 曲面上的域，v 为Ω 内的连续函数，v 称为Ω 内的**次调和函数**，如果对$\forall\, p_0 \in \Omega$，存在 p_0 的局部参数邻域，在局部参数 z 下，$v(z)$是次调和函数.

次调和函数的充分和必要条件.

设 Ω 为平面域，v 在Ω 内具有连续的二阶偏导数，且有

$$\Delta v = \frac{\partial^2 v}{\partial x^2} - \frac{\partial^2 v}{\partial y^2} > 0,$$

则 v 是次调和函数. 事实上，如果存在域 $\Omega' \subset \Omega$，及 Ω'内的调和函数u，使得 $v-u$ 在Ω'内达到极大值，则由微积分学中的极值原理，$\dfrac{\partial^2(v-u)}{\partial x^2} \leqslant 0, \dfrac{\partial^2(v-u)}{\partial y^2} \leqslant 0$. 又由于 u 是调和函数，$\Delta u=0$，因此 $\Delta v \leqslant 0$，与假设矛盾，故 v 是次调和函数.

定理 1.2　设 v 为平面$\mathbf{C}$的域 Ω 内的连续函数，则 v 是次调和函数的充分必要条件是，对任意 $z_0 \in \Omega$，及 Ω 内的任何圆

$$|z-z_0| < r,$$

总有

$$v(z_0) \leqslant \frac{1}{2\pi}\int_0^{2\pi} v(z_0 + re^{i\theta})\, d\theta.$$

证明　充分性,对于调和函数 u,由调和函数的中值公式,有

$$(v-u)(z_0)\leqslant\frac{1}{2\pi}\int_0^{2\pi}(v-u)(z_0+re^{i\theta})d\theta.$$

因此,类似于调和函数极大值原理的证明,可以证明 $v-u$ 的极大值原理成立,v 是次调和函数.

必要性,由 Poisson 积分公式,设

$$p_v(z)=\frac{1}{2\pi}\int_0^{2\pi}v(z_0+re^{i\theta})\frac{r^2-\rho^2}{|re^{i\theta}-\rho e^{i\varphi}|^2}d\theta,\quad z=z_0+\rho e^{i\varphi},$$

则 $p_v(z)$在圆$|z-z_0|<r$ 内调和,在圆周$|z-z_0|=r$ 上 $p_v(z)=v(z)$.由于 v 是次调和函数,因此在圆$|z-z_0|<r$ 内 $v(z)\leqslant p_v(z)$.特别地,$v(z_0)\leqslant p_v(z_0)$,这就是所要求的不等式.证完.

次调和函数的一些性质:

1.如果 v 是次调和函数,$K>0$ 是常数,则 Kv 也是次调和函数.

2.如果 v_1,v_2 是次调和函数,则 v_1+v_2 也是次调和函数.

3.如果 v_1,v_2 是次调和函数,则 $v=\max(v_1,v_2)$也是次调和函数,这里 $v(z)=\max(v_1(z),v_2(z))$.

这三条性质可由定理 1.2 立刻推出.

设$\Delta\subset\Omega$ 为一圆,当 Ω 是 Riemann 曲面上的域时,Δ 是一局部参数圆.p_v 是用 Poisson 积分定义的 Δ 内的调和函数,在$\partial\Delta$ 上 $p_v=v$.对于 Ω 内的次调和函数 v,定义

$$\bar{v}_\Delta=\begin{cases}p_v, & \text{在 }\Delta\text{ 内},\\ v, & \text{在 }\Delta\text{ 外}.\end{cases}$$

则 $\bar{v}_\Delta$ 在 Ω 内连续,且有 $v\leqslant\bar{v}_\Delta$, $\bar{v}_\Delta$ 在 Δ 内是调和函数.

4.如果 v 是Ω 内的次调和函数,则对于任何圆 $\Delta,\bar{\Delta}\subset\Omega$, $\bar{v}_\Delta$ 也是次调和函数.

证明　根据定理 1.1,及 $\bar{v}_\Delta$的定义,我们只须证明,$\bar{v}_\Delta$在$\forall z_0\in\partial\Delta$ 上是次调和的.设 Ω'是包含z_0 的域,$\Omega'\subset\Omega$,u 是Ω'内的调和函数,如果 $\bar{v}_\Delta-u$ 在Ω'内的点 z_1 达到极大值,则 $z_0\in\partial\Delta$.因为 $v-u\leqslant\bar{v}_\Delta-u$,$v-u$ 也在z_1 达到极大值,$v-u$ 是一个常数.又由于

$$v-u\leqslant\bar{v}_\Delta-u\leqslant\bar{v}_\Delta(z_1)-u(z_1)=v(z_1)-u(z_1),$$

因此 $\bar{v}_\Delta-u$ 也是常数$v(z_1)-u(z_1)$,这就证明了 $\bar{v}_\Delta$是次调和函数.

设 W 是 Riemann 曲面,W 上一些次调和函数组成的族 $V=\{v\}$称为 Perron 族,如果 V 具有下列性质:

1° 对任意 $v_1,v_2\in V$,存在一个 $v\in V$,使得

$$v\geqslant\max(v_1,v_2).$$

2° 对任意 $u\in V$,及任何局部参数圆 Δ,存在一个 $v\in V$,使得 $v|\Delta$ 是调和的,并且 $v\geqslant u$.

在大量应用中,满足 1°,2°的 V 分别是 $\max\{v_1,v_2\}$ 和 $\bar{v}_\Delta$.

Perron 族基本定理 如果 $V=\{v\}$ 是 W 上的一个 Perron 族,则或者

$$u = \sup_{v\in V}\{v\}$$

在 W 内调和,或者 $u\equiv+\infty$.

定理的证明主要应用下面引理.

引理(Harnack 原理). 设 W 为 Riemann 曲面,U 是 W 上的调和函数族,满足条件:

(A)对任意 $u_1,u_2\in U$,存在一个调和函数 $u\in U$,使得

$$u\geqslant\max\{u_1,u_2\},$$

则

$$U(p) = \sup_{u\in U}\{u(p)\}$$

或者是 W 上的调和函数,或者$\equiv+\infty$.

注意,Harnack 原理的原形式是:如果 u_n 是 W 上单调增加的调和函数序列,则 $u(z)=\lim\limits_{n\to\infty}u_r(z)$或者是调和函数,或者$\equiv+\infty$,且收敛是内闭一致的,即在 W 的任何紧集上一致收敛.

引理的证明. 对任意 $z_0\in W$,存在 $u_n\in U$,使得

$$\lim_{n\to\infty}u_n(z_0) = U(z_0).$$

用归纳法作序列 $\widetilde{u}_n$,取 $\widetilde{u}_1=u_1$, $\widetilde{u}_n\geqslant\max(\widetilde{u}_{n-1},u_n)$. 我们也有

$$\lim_{n\to\infty}\widetilde{u}_n(z_0) = U(z_0).$$

这时 $\widetilde{u}_n$ 是单调增的调和函数序列,根据 Harnack 原理,

$$U_0(z) = \lim_{n\to\infty}\widetilde{u}_n(z)$$

或者在 W 内调和,或者$\equiv+\infty$,且有 $U_0(z_0)=U(z_0)$.

对另一点 $z_0'\in W$,存在序列 $u_n'\in U$,使得

$$\lim_{n\to\infty}u_n'(z_0') = U(z_0').$$

用归纳法作序列 $\widetilde{u}_n'\in U$,取 $\widetilde{u}_1'=\widetilde{u}_1'$, $\widetilde{u}_n'\geqslant\max(\widetilde{u}_{n-1}',u_n',\widetilde{u}_n)$,则

$$U_0'(z) = \lim_{n\to\infty}\widetilde{u}_n'$$

或者在 W 内调和,或者$\equiv+\infty$,且有 $U_0'(z_0')=U(z_0')$, $U_0'(z_0)=U_0(z_0)$, $U_0'\geqslant U_0$.

因此,如果 $U_0(z)$是调和函数,则 $U_0'(z)$也是调和函数,由于 U_0-U_0'在 z_0 达到极大值零,因此 $U_0=U_0'$. 在点 z_0',有

$$U(z_0') = U_0'(z_0') = U_0(z_0'),$$

z_0'是任意的,因此在 W 上 $U=U_0$,U 是调和函数.另一方面,如果 $U_0\equiv+\infty$,则由 $\forall z_0'\in W$ 有 $U(z_0')=U_0'(z_0')\geqslant U_0(z_0')=+\infty$,因此 $U\equiv+\infty$.引理证完.

Perron 族基本定理的证明.对任意 $z_0\in W$,取局部参数圆 Δ,使得 $z_0\in\Delta$,对任意 $v\in V$,由 $\bar{v}_\Delta\geqslant v$ 得到

$$u=\sup_{v\in V}\{\bar{v}_\Delta\}.$$

注意到 $\bar{v}_\Delta$在 Δ 内调和,对任意 $v_1,v_2\in v$,存在

$$v\in V,v\geqslant\max\{\bar{v}_{1\Delta},\bar{v}_{2\Delta}\},\bar{v}_\Delta\geqslant v\geqslant\max\{\bar{v}_{1\Delta},\bar{v}_{2\Delta}\}.$$

这就说明族 $\bar{V}_\Delta=\{v_\Delta\mid v\in V\}$在 Δ 内满足引理条件(A).因此,

$$u=\sup_{v\in V}\bar{v}_\Delta$$

或者在 Δ 内调和,或者$\equiv+\infty$.

设 $A=\{z_0\in W:u(z)$在 z_0 调和$\}$,

$$B=\{z\in W:u(z)=\infty\}.$$

则由上面所证,A 和 B 都是开集.根据 W 的连通性,或者 $A=W$,u 是调和函数;或者 $A=\varnothing$,$u\equiv+\infty$.定理证完.

Dirichlet 问题的 Perron 解法.

设 W 为 Riemann 曲面,G 为 W 的相对紧域,G 的边界$\partial G=\Gamma$ 是非空的.

Dirichlet 问题,在 Γ 上给定连续函数 f,要找一个函数 u,使得 u 在$\bar{G}=G\cup\Gamma$ 上连续,在 G 内调和,在 Γ 上 $u=f$.Dirichlet 问题的 Perron 解法如下.

设 $P(f)$是 G 内一些次调和函数的族,满足条件:

$$\forall v\in P(f),\overline{\lim_{z\to\zeta}}v(z)\leqslant f(\zeta),\text{对 }\forall\zeta\in\Gamma.$$

这里我们先假定 f 是Γ 上的有界函数.$\overline{\lim\limits_{z\to\zeta}}v(z)\leqslant f(\zeta)$意指,对任意 $\varepsilon>0$,存在 ζ 的一个邻域 Δ,使得当 $z\in\Delta\cap G$ 时,有 $v(z)<f(\zeta)+\varepsilon$.

定理 1.3 函数

$$u(z)\equiv\sup_{v\in P(f)}\{v(z)\}$$

或者在 G 内调和,或者$\equiv+\infty$.

证明 我们要验证 $P(f)$是 Perron 族.对任意 $v\in P(f)$,显然有 $\bar{v}_\Delta\in P(f)$.

如果 $v_1,v_2\in P(f)$,则由于

$$\overline{\lim_{z\to\zeta}}v_1(z)\leqslant f(\zeta),\overline{\lim_{z\to\zeta}}v_2(z)\leqslant f(\zeta),$$

对任意 $\varepsilon>0$,存在 ζ 的邻域 Δ,使得当 $z\in\Delta\cap G$ 时,有

$$v_1(z)<f(\zeta)+\varepsilon,v_2(z)<f(\zeta)+\varepsilon.$$

因此

$$v(z)=\max\{v_1(z),v_2(z)\}<f(\zeta)+\varepsilon.$$

即$\overline{\lim\limits_{z\to\zeta}}v(z)\leqslant f(\zeta)$.这就证明了 $P(f)$是 Perron 族,根据基本定理,u 在G 内或者调和,或者$\equiv+\infty$.证完.

现在讨论 u 的边界性质,假定 f 有界,$|f|\leqslant M$.

定义.域 G 内的函数β 称为点 $\zeta_0\in\Gamma$ 的**闸函数**,如果 β 满足下列条件:

1.β 是G 内的次调和函数,

2.$\lim\limits_{z\to\zeta_0}\beta(z)=0$,

3.$\forall\,\zeta\neq\zeta_0,\zeta\in\Gamma,\overline{\lim\limits_{z\to\zeta}}\beta(z)<0$.

对于边界点 $\zeta_0\in\Gamma$,如果 ζ_0 的闸函数存在,则称 ζ_0 是**正则边界点**.

由条件 1,根据极值原理,在 G 内$\beta<0$.取点 ζ_0 的一个局部参数圆 V,则由条件 3 及极值原理,β 在$G-V$ 内具有负的上界$-m$.令

$$\beta_V=\max\left\{\frac{\beta}{m},-1\right\},$$

则 β_v 仍是$\zeta_0\in\Gamma$ 的闸函数,在 $G-V$ 内$\beta_v=-1$.

β_v 称为V 的**规范化闸函数**.显然,如果 G'为另一个域,

$$G'\cap V=G\cap V,$$

则 β_v 也是G'对V 的闸函数,只要在 $G'-V$ 内令$\beta_v=-1$.因此,闸函数是局部性质,仅与 ζ_0 附近的性状有关.于是我们可以在 ζ_0 的局部参数邻域内讨论闸函数的存在性.

定理 1.4　如果 f 有界,则定理 1.3 定义的函数 u 在正则点$\zeta_0\in\Gamma$,有

$$\underline{\lim\limits_{\zeta\to\zeta_0}}f(\zeta)\leqslant\underline{\lim\limits_{z\to\zeta_0}}u(z)\leqslant\overline{\lim\limits_{z\to\zeta_0}}u(z)\leqslant\overline{\lim\limits_{\zeta\to\zeta_0}}f(\zeta).$$

另外,如果 f 在ζ_0 连续,则

$$\lim\limits_{z\to\zeta_0}u(z)=f(\zeta_0),$$

即 $u(z)$在 ζ_0 取边界值 $f(\zeta_0)$.

证明　设 $A=\overline{\lim\limits_{\zeta\to\zeta_0}}f(\zeta)$,对任意 $\varepsilon>0$,选取 ζ_0 的局部参数圆 V,使得当$\zeta\in V\cap\Gamma$时,

$$f(\zeta)<A+\varepsilon.$$

我们要证$\overline{\lim\limits_{z\to\zeta_0}}u(z)\leqslant A+\varepsilon$.对任意 $v\in P(f)$,函数

$$\varphi=(v-A)+(M-A)\beta_V$$

在 G 内次调和,且对任意 $\zeta\in\Gamma$ 有$\overline{\lim\limits_{z\to\zeta}}\varphi(z)<\varepsilon$.这是因为对任意 $\zeta\in V\cap\Gamma$,有

$\overline{\lim_{z\to\zeta}} v(z)\leqslant f(\zeta)<A+\varepsilon$，又 $\lim_{z\to\zeta}\beta_v(z)\leqslant 0$. 当 ζ 在 V 外时 $\overline{\lim_{z\to\zeta}} v(z)\leqslant M$，又 $\overline{\lim_{z\to\zeta}}\beta_v(z)=-1$. 总之，

$$\overline{\lim_{z\to\zeta}}\varphi(z)<\varepsilon.$$

故在 G 内 $\varphi(z)<\varepsilon$. 因此，对任意 $v\in P(f)$，有

$$v\leqslant A-(M-A)\beta_V+\varepsilon.$$

由此得到

$$u\leqslant A-(M-A)\beta_V+\varepsilon,$$

$$\overline{\lim_{z\to\zeta_0}} u(z)\leqslant A+\varepsilon=\overline{\lim_{\zeta\to\zeta_0}} f(\zeta)+\varepsilon.$$

ε 是任意的，我们便得到 $\overline{\lim_{z\to\zeta_0}} u(z)\leqslant\overline{\lim_{\zeta\to\zeta_0}} f(\zeta)$.

同样，设 $B=\lim_{\zeta\to\zeta_0} f(\zeta)$，对任意 $\varepsilon>0$，存在 ζ_0 的局部参数圆 V，使得当 $\zeta\in V\cap\Gamma$ 时 $f(\zeta)>B-\varepsilon$. 令

$$\psi=(B+M)\beta_V+B-\varepsilon,$$

则 ψ 是 G 内的次调和函数，当 $\zeta\in V\cap\Gamma$ 时，

$$\overline{\lim_{z\to\zeta}}\psi(z)\leqslant B-\varepsilon<f(\zeta);$$

当 ζ 在 V 外时，

$$\overline{\lim_{z\to\zeta}}\psi(z)=-M-\varepsilon<f(\zeta).$$

这就证明了 $\psi\in P(f)$，因此 $\psi(z)\leqslant u(z)$.

$$\underline{\lim_{z\to\zeta}} u(z)\geqslant B-\varepsilon=\lim_{\zeta\to\zeta_0} f(\zeta)-\varepsilon,$$

ε 是任意的，$\underline{\lim_{\zeta\to\zeta_0}} f(\zeta)\leqslant\underline{\lim_{z\to\zeta_0}} u(z)$. 于是证明了定理的不等式成立. 其它结论由不等式成立得之. 定理证完.

定理 1.3 和定理 1.4 说明，如果 G 域的边界点都是正则边界点，则对于连续有界的边界值函数 f，Dirichlet 问题是有唯一解. 反之，如果域 G 的 Dirichlet 问题对任何连续函数有解，则域 G 的边界点都是正则边界点. 因为这时对任何边界点 $\zeta_0\in\Gamma$，我们可找一个连续函数 f，使得 $f(\zeta_0)=0$，当 $\zeta\neq\zeta_0$ 时 $f(\zeta)<0$. 则 Dirichlet 问题的解 u 就是 ζ_0 的闸函数.

定理 1.5　设 $\zeta_0\in\Gamma$，如果 G 的余集包含 ζ_0 的分支不是由一点组成，则 ζ_0 是域 G 的正则边界点.

证明　我们要证明点 ζ_0 的闸函数存在. 由于闸函数的局部性质，可限制在 ζ_0

的局部参数邻域内考虑，不妨假定 G 是平面$\mathbb{C}$上的域.

由定理假设，G 的余集包含ζ_0 的分支 E 多于一点，取 $\zeta_1 \in E$，$\zeta_1 \neq \zeta_0$. 经线分式变换后可假定 $\zeta_0 = \infty$，$\zeta_1 = 0$. 注意到 E 的余集是一个单连通域，包含域 G. 因此，在 G 内可选取对数的单值分支

$$s = \log z = \sigma + i\tau,$$

把 G 共形映照为域G'. 任何直线 $\sigma = \sigma_0$ 与 G'之交由一些线段组成，且这些线段的总长$\leqslant 2\pi$. 对于固定的 σ_0，设线段为$\{(s_i', s_i'')\}$，$\mathrm{Im} s_i'' > \mathrm{Im} s_i'$. 当 $\sigma \geqslant \sigma_0$ 时，定义

$$\omega_i(s) = \arg \frac{s_i' - s}{s_i'' - s}, 0 \leqslant \omega_i \leqslant \pi.$$

则 $\alpha(s) = -\frac{1}{\pi}\sum_i \omega_i(s)$ 是调和函数，且满足

$$-\frac{2}{\pi}\arctan\frac{\pi}{\sigma - \sigma_0} \leqslant \alpha(s) \leqslant 0,$$

在线段(s_i', s_i'')上 $\alpha(s) = -1$. 因此当 $\sigma < \sigma_0$ 时定义

$$\alpha(s) = -1,$$

使 $\alpha(s)$成为 G'内的次调和函数.

函数 $\alpha(\log z)$在 G 内是次调和的并且小于零，在 $\zeta_0 = \infty$具有极限零，但它不一定是 $\zeta_0 = \infty$的闸函数，因为当 z 趋于G 的有穷边界点时，$\alpha(\log z)$可能趋于零.

在实轴上，取点列 $\sigma_n \to +\infty$，以 σ_n 代替上述σ_0，构造对应的函数 α_n，定义

$$\beta(z) = \sum_{n=0}^{\infty} \frac{\alpha_n(\log z)}{2^n},$$

由于上式右边的级数在 G 内一致收敛，因此 $\beta(z)$是 G 内的次调和函数. 当 $z \to \zeta_0 = \infty$时 $\beta(z) \to 0$，当 $z \to \zeta \neq \infty$时，由于对充分大的 n，$\alpha_n(\log z) = -1$，因此有 $\varlimsup_{z\to\zeta}\beta(z) < 0$，于是 $\beta(z)$是 ζ_0 的闸函数.

最后，举一个特殊的 Dirichlet 问题.

设 G 为 Riemann 曲面 W 上的相对紧域，∂G 由有限条逐段解析曲线组成，Δ 为 G 内的局部参数圆，$\overline{\Delta} \subset G$，则域 $G - \Delta$ 的 Dirichlet 问题可解. 因此存在一个调和函数 u，在 $G - \Delta$ 内调和，在边界∂G 上 $u = 0$，在$\partial\Delta$ 上 $u = 1$. 这样的函数 u 称为 $G - \Delta$ 对$\partial\Delta$ 的**调和测度**.

一个特殊而重要的 Dirichlet 问题是：设 W 为非紧 Riemann 曲面，Δ 是一个局部参数圆，在$\partial\Delta$ 上给定连续函数 f，我们要找 $W - \overline{\Delta}$ 内的调和函数 u，连续到边界$\partial\Delta$，在$\partial\Delta$ 上 $u = f$.

由于 W 是非紧的，首先我们作 W 的 Alexandroff 紧化：W 作为拓扑空间附加上一个"无穷远点"，记之为点 β 或点∞. 定义点 β 的邻域为 W 的任一紧集K 的余集 $W - K$. 这样，$W \cup \{\infty\}$成为一个紧的 Hausdorff 空间，称为 W 的 **Alexandroff 紧化**.

附加点 β 也称为 Riemann 曲面的**理想边界**. W 的点序列 z_n 当 $n\to\infty$ 时趋于 ∞,或称**趋于理想边界**,如果任意给定 ∞ 的邻域 $W-K$,总存在 $N>0$,使得当 $n\geqslant N$ 时 $z_n\in W-K$.

现在解 $W-\overline{\Delta}$ 的 Dirichlet 问题. 设在 $\partial\Delta$ 上 $|f|\leqslant M$. 设 $P(f)$ 是满足下列条件的 $W-\overline{\Delta}$ 上的次调和函数族:对任意 $v(z)\in P(f)$, $\zeta\in\partial\Delta$, 有 $\overline{\lim\limits_{z\to\zeta}}v(z)\leqslant f(\zeta)$, $\overline{\lim\limits_{z\to\infty}}v(z)\leqslant 0$,则

$$u(z)=\sup_{v\in P(f)}\{v(z)\}$$

就是这一特殊 Dirichlet 问题的解. 而且 u 是有界调和函数,且 $|u|\leqslant M$. 因为对任意 $v\in P(f)$,由最大值原理 $v\leqslant M$,因此 $u\leqslant M$,另外 $v=-M\in P(f)$, $u\geqslant -M$.

§2 Riemann 曲面的可数性

这一节我们要证明 Riemann 曲面具有可数基,即 Riemann 曲面总存在可数个参数圆组成的开覆盖. 证明的根据是假设 Riemann 曲面存在非常数的调和函数. 上一节末尾,我们已经证明 Riemann 曲面挖去一个参数圆后,总存在非常数的调和函数. 如果挖去一个参数圆后具有可数基,显然整个 Riemann 曲面具有可数基. 另外,紧 Riemann 曲面具有可数基是明显的.

设 W 为非紧 Riemann 曲面, u 为 W 上非常数的调和函数. 作 u 的调和共轭 u^*,令 $f=u+iu^*$,则 f 是多值解析函数,但确定一个全纯微分 $df=du+idu^*$.

我们首先利用这一微分式定义 W 的距离函数,使之成为度量空间.

对任意 $z_1,z_2\in W$,距离函数定义为

$$d(z_1,z_2)=\inf\int_\gamma|df|,$$

其中 γ 为连续 z_1 到 z_2 的逐段可微分弧. 容易验证,距离的三个条件成立,这样 W 成为一个度量空间,而且在局部参数圆内考虑时,不难验证,用距离定义的拓扑与 Riemann 曲面原来的拓扑等价.

现在,我们利用距离函数定义 W 的紧集序列 $\{G_n\}$,使得

$$G_n\subset(G_{n+1})^0\qquad(n=1,2,\cdots),$$

且 $W=\bigcup\limits_{n=1}^{\infty}G_n$.

对任意 $z_0\in W$,令

$$D(z_0,\rho)=\{z\in W:d(z,z_0)<\rho\}.$$

这是一个开集. 定义

$$\rho(z_0)=\sup\{\rho:D(z_0,\rho)\text{ 是 }W\text{ 的相对紧集}\}.$$

显然 $\rho(z_0)>0$. 如果存在一点 $z_0\in W$,使得 $\rho(z_0)=\infty$,则可令

$$G_n=\overline{D(z_0,n)},\qquad n=1,2,\cdots.$$

$\{G_n\}$便是合乎我们要求的紧集序列.

如果对任意 $z\in W$ 有 $0<\rho(z)<\infty$,则 $\rho(z)$是定义于 W 上的连续函数,连续性可由明显的不等式

$$|\rho(z_1)-\rho(z_2)|\leqslant d(z_1,z_2)$$

看出.我们依次定义 G_n 如下:固定一点 z_0,令

$$G_1=\left\{z:d(z,z_0)\leqslant\frac{1}{2}\rho(z_0)\right\},$$

$$G_2=\left\{z:\exists\, z_1\in G_1,d(z,z_1)\leqslant\frac{1}{2}\rho(z_1)\right\},$$

……

$$G_n=\left\{z:\exists\, z_{n-1}\in G_{n-1},d(z,z_{n-1})\leqslant\frac{1}{2}\rho(z_{n-1})\right\},$$

……

容易看出 G_n 是闭集,且 $G_n\subset(G_{n+1})^0$.

G_n 是紧集,这可用归纳法证明.事实上,

$$G_1=\overline{D\left(z_0,\frac{\rho(z_0)}{2}\right)}$$

是紧集.如果 G_{n-1} 是紧集,则 G_n 也是紧集.因为这时 G_{n-1} 的开覆盖 $\left\{D\left(z,\frac{1}{4}\rho(z)\right):z\in G_{n-1}\right\}$中存在有限子覆盖

$$\left\{D(z_i,\frac{1}{4}\rho(z_i)):i=1,2,\cdots,m\right\}.$$

我们断言 $G_n\subset\bigcup\limits_{i=1}^{m}D\left(z_i,\frac{7}{8}\rho(z_i)\right)$.事实上,对任意 $\zeta\in G_n$, $\exists\,\zeta_{n-1}\in G_{n-1}$,使得 $d(\zeta,\zeta_{n-1})\leqslant\frac{1}{2}\rho(\zeta_{n-1})$.对 $\zeta_{n-1}\in G_{n-1}$,根据子覆盖,存在 $z_i\in G_{n-1}$ 使得 $d(\zeta_{n-1},z_i)<\frac{1}{4}\rho(z_i)$.再根据不等式 $\rho(\zeta_{n-1})\leqslant d(\zeta_{n-1},z_i)+\rho(z_i)$,得到 $\rho(\zeta_{n-1})<\frac{5}{4}\rho(z_i)$.于是

$$d(\zeta,z_i)\leqslant d(\zeta,\zeta_{n-1})+d(\zeta_{n-1},z_i)<\frac{1}{2}\rho(\zeta_{n-1})+\frac{1}{4}\rho(z_i)<\frac{7}{8}\rho(z_i).$$

这就是说,$\zeta\in D\left(z_i,\frac{7}{8}\rho(z_i)\right)$,断言正确.由于每一个

$$D\left(z_i\,\frac{7}{8}\rho(z_i)\right)$$

是相对紧集,因此 G_n 是紧集.

$W=\bigcup_{n=1}^{\infty}G_n$. 由于 $\bigcup_{n=1}^{\infty}G_n=\bigcup_{n=1}^{\infty}(G_n)^0$ 是开集,我们只需证明余集 $W-\bigcup_{n=1}^{\infty}G_n$ 是开集,根据 W 的连通性而得到

$$W=\bigcup_{n=1}^{\infty}G_n.$$

因此,我们只要证明,对任意 $\zeta\in W-\bigcup_{n=1}^{\infty}G_n$, ζ 的邻域

$$D\left(\zeta,\frac{1}{3}\rho(\zeta)\right)\subset W-\bigcup_{n=1}^{\infty}G_n.$$

这点是容易用反证法证明的. 如果存在

$$z_n\in D\left(\zeta,\frac{1}{3}\rho(\zeta)\right)\cap G_n,$$

则 $d(z_n,\zeta)<\frac{1}{3}\rho(\zeta)$,因此

$$\rho(z_n)>\rho(\zeta)-d(z_n,\zeta)>\frac{2}{3}\rho(\zeta).$$

于是 $d(\zeta,z_n)<\frac{1}{2}\rho(z_n)$,但 $z_n\in G_n$,这就说明 $\zeta\in G_{n+1}$,从而得到矛盾.

综合上面论述,对任意非紧 Riemann 曲面 W,如果存在非常数的调和函数,则一定存在一个紧集序列 $\{G_n\}$,满足

$$G_n\subset(G_{n+1})^0\qquad(n=1,2,\cdots)$$

且 $W=\bigcup_{n=1}^{\infty}G_n$.

根据这一结论,我们立刻得到下面的定理.

定理 2.1　任何 Riemann 曲面总具有可数基.

这一定理是 T. Radó 首先利用万有覆盖曲面的方法证明的,人们称为 Radó 定理.

对于非紧 Riemann 曲面 W,与可数性等价的概念是 Riemann 曲面的可穷尽性.

W 的正则域序列 $\{\Omega_n\}$,称为 W 的一个**穷尽域序列**,如果

$$\bar{\Omega}_n\subset\Omega_{n+1}\qquad(n=1,2\cdots)$$

且 $W=\bigcup_{n=1}^{\infty}\Omega_n$.

我们回忆一下,W 的域 Ω 称为正则域,如果 Ω 是相对紧域,Ω 的边界 $\partial\Omega$ 由有限条解析曲线组成,另外,Ω 的余集不包含紧的分支.

引理 2.2　对于 Riemann 曲面的紧集 K,一定存在一个正则域 Ω,使得 $K\subset\Omega$.

证明　不妨设 K 的内部包含一个参数圆 Δ. 由于 K 是紧集,我们可以用有限

个参数圆覆盖 K.用这有限个参数圆组成一个域 G,使得 G 的边界∂G 由有限条逐段解析曲线组成,$W-G$ 没有紧的分支.由解 $G-\bar{\Delta}$ 的 Dirichlet 问题,存在 $G-\bar{\Delta}$对于边界$\partial\Delta$ 的调和测度 u,在 $G-\bar{\Delta}$ 内 $0<u<1$,而在$\partial\Delta$ 上 $u\equiv 1$,在∂G 上 $u\equiv 0$.设 u^* 为 u 的调和共轭,则

$$f = u + iu^*$$

是一个多值解析函数,确定一个全纯微分

$$df = \left(\frac{\partial u}{\partial x} - i\frac{\partial u}{\partial y}\right)dz.$$

设

$$M = \sup_K u,$$

则 $0<M<1$.由于使 $df=0$ 的点是孤立点,存在 δ,$0<\delta<M$,使得等位线 $u=\delta$ 上没有 $df=0$ 的点.则这等位线围成的域

$$\Omega = \bar{\Delta} \cup \{z: u(z) > \delta\}$$

就是所求的正则域.我们只需证明,Ω 的边界,即等位线$\partial\Omega=\{z:u(z)=\delta\}$由解析曲线组成.事实上,对任意 $z\in\partial\Omega$,存在一个邻域.选取一单值分支 $f=u+iu^*$ 把这邻域一一解析的映为平面的一个圆,而$\partial\Omega$ 在这邻域内的部分是圆在直线 $u=\delta$ 上的直径的原像,因而是一段解析弧.这就证明了$\partial\Omega$ 是由解析曲线组成.引理得证.

定理 2.3 非紧 Riemann 曲面总存在正则域的穷尽序列.

证明 设 W 为非紧 Rimann 曲面,根据已证可数性定理,存在可数多个参数圆$\{\Delta_n\}$,使得 $W=\bigcup\limits_{n=1}^{\infty}\Delta_n$.

依次选取子序列 $n_1<n_2<\cdots<n_k<\cdots$,使得 $n_1=1$,n_k 是满足条件

$$\bar{\Delta}_1 \cup \bar{\Delta}_2 \cup \cdots \cup \bar{\Delta}_{n_{k-1}} \subset \Delta_1 \cup \Delta_2 \cup \cdots \cup \Delta_{n_{k-1}} \cup \Delta_{n_{k-1}+1} \cup \cdots \cup \Delta_{n_k}$$

的最小整数.由于左边是紧集,这样的 n_k 是存在的.对于 $k=1,2,\cdots$,令

$$G_k = \Delta_1 \cup \Delta_2 \cup \cdots \cup \Delta_{n_k},$$

则 $\bar{G}_k$ 是紧集,$\bar{G}_k\subset G_{k+1}$,$W=\bigcup\limits_{k=1}^{\infty}G_k$.

现在,我们可以依次定义正则域穷尽序列.应用引理 2.2,对紧集 $\bar{G}_1$,存在正则域 Ω_1,使得 $\bar{G}_1\subset\Omega_1$.对于 $\bar{\Omega}_1\cup\bar{G}_2$,存在正则域 Ω_2,使得 $\bar{G}_2\cup\bar{\Omega}_1\subset\Omega_2$.对于 $\bar{\Omega}_2\cup\bar{G}_3$存在正则域 Ω_3,使得 $\bar{\Omega}_2\cup\bar{G}_3\subset\Omega_3$.如此继续下去,便得到正则域序列 Ω_k,$k=1,2,\cdots$,使得 $\bar{\Omega}_k\subset\Omega_{k+1}$,$\bar{G}_k\subset\Omega_k$,$W=\bigcup\limits_{n=1}^{\infty}\Omega_k$.$\{\Omega_k\}$即为 W 的正则域穷尽序列.

§3　开 Riemann 曲面的 Green 函数、调和测度与最大值原理

设 W 为开 Riemann 曲面，取定点 $p_0\in W$，设 p_0 的局部参数邻域内的局部参数为 $z(p)$，$z(p_0)=0$. V_{p_0}为 $W-\{p_0\}$内的一些次调和函数组成的族，满足

a) $\forall\, v\in V_{p_0}$，v 在一紧集外恒为 0；

b) $\forall\, v\in V_{p_0}$，$\overline{\lim\limits_{p\to p_0}}[v(p)+\log|z(p)|]<\infty$.

注意，族 V_{p_0}依赖于定点 p_0，而与局部参数 $z(p)$无关.

V_{p_0}是一个 Perron 族，根据 Perron 族基本定理，函数

$$u=\sup_{v\in V_{p_0}} v$$

在 $W-\{p_0\}$内或者调和，或者$\equiv+\infty$. 在前一情况下，定义

$$g(p,p_0)=\sup_{v\in V_{p_0}} v,$$

称为 **W 的极点在 p_0 的 Green 函数**. 这时，称 W 的极点在 p_0 的 Green 函数存在. 在后一情况下，$\sup\limits_{v\in V_{p_0}} v\equiv+\infty$，我们称 W 没有 Green 函数.

我们将于后面证明，W 上的 Green 函数存在与否，与点 p_0 无关. 其存在性是开 Riemann 曲面的内在性质.

我们首先要指出，$g(p,p_0)$不是常数，且当 $p\to p_0$ 时，

$$g(p,p_0)\to+\infty.$$

事实上，取参数圆 $\Delta=z^{-1}(\{|z(p)|\leqslant r_0\})$，定义

$$v_0(p)=\begin{cases}\log\dfrac{r_0}{|z(p)|}, & p\in\Delta,\\ 0 & p\notin\Delta.\end{cases}$$

则 $v_0(p)\in V_{p_0}$因此 $g(p,p_0)\geqslant v_0(p)$. 由于 $p\to p_0$ 时

$$v_0(p)\to+\infty,$$

所以 $g(p,p_0)\to+\infty\,(p\to p_0)$. 另外，$g(p,p_0)$不是常数.

Green 函数的重要性质如下：

G1.　$g(p,p_0)>0$；

G2.　$\inf g(p,p_0)=0$；

G3.　$g(p,p_0)+\log|z(p)|$在 p_0 的局部参数邻域内调和.

这里我们证明 G1，由于 $0\in V_{p_0}$，因此 $g(p,p_0)\geqslant0$，再由调和函数的极小值原理，便得到 $g(p,p_0)>0$. G2 和 G3 于后面证之.

根据性质 G1,G2 和 G3 我们知道,紧 Riemann 曲面一定不存在 Green 函数.否则,如果 $g(p,p_0)$存在,将要取到极小值 0,因而是一个常数,这就得到矛盾.

下面我们定义调和测度的概念.

按定义,开 Riemann 曲面 W 是非紧曲面.首先我们把 W 拓扑地紧化,附加唯一的理想点,称之为 W 上的"无穷远点∞",点∞的邻域定义为 W 的任何紧集的余集.这样 $W\cup\{\infty\}$成为一个拓扑空间,但应注意 $W\cup\{\infty\}$不是 Riemann 曲面.我们称附加的点∞为 Riemann 曲面 W 的理想边界.

我们说 W 上的点序列 $p_n\to\infty$,或称趋于理想边界,如果任给∞的邻域,当 n 充分大时,p_n 在这邻域内,即对任何给定的紧集,当 n 充分大时,p_n 在这紧集之外.

设 K 为 W 的紧集,使得 $W-K$ 是连通的.定义 V_K 为满足下列条件的函数族.

1) $\forall\, v\in V_K$, v 是 $W-K$ 内的次调和函数;

2) $\forall\, v\in V_K$,在 $W-K$ 内 $v\leqslant 1$;

3) $\forall\, v\in V_K$, $\overline{\lim\limits_{p\to\infty}}\, v(p)\leqslant 0$.

条件 3)意指,对任意 $\varepsilon>0$,存在紧集 A,使得当 $z\in W-A$ 时,$V(p)<\varepsilon$.

V_K 是一个 Perron 族,它是非空的有上界族,因为 $0\in V_K$.根据 Perron 族基本定理,在 $W-K$ 内定义

$$u_K=\sup_{v\in V_k} v,$$

则 u_K 是调和函数,满足条件 $0\leqslant u_K\leqslant 1$.但可能有 $u\equiv 0$,或 $u_K\equiv 1$.

命题. 如果 $\mathring{K}\neq\varnothing$,则 $u_K>0$.

证明 设 p_0 为内集 $\mathring{K}$的边界点,取 p_0 的局部参数圆

$$|z(p)|<1,\ z=z(p)$$

为局部参数,$z(p_0)=0$,则在 $z(p_0)=0$ 的充分小的邻域内存在点 z_0,使得圆 $|z-z_0|<\delta$ 和$|z-z_0|<m\delta$ 在圆

$$|z(p)|<1$$

内,且有小圆$\{|z-z_0|<\delta\subset z(K)\}$,大圆$\{|z-z_0|<m\delta\}$有不属于 $z(K)$的点.其中 $\delta>0$ 是充分小的数,$m>1$ 是整数.定义函数

$$v(p)=\begin{cases}\log\dfrac{m\delta}{|z(p)-z_0|}\Big/\log m, & \delta<|z(p)-z_0|<m\delta;\\ 0,\ p \text{ 在}\{\delta<|z(p)-z_0|<m\delta\}\text{ 外},\end{cases}$$

则 $v(p)$限制在 $W-K$ 内是 V_K 的次调和函数,$v\geqslant 0$,且在 K 外,即在 $W-K$ 上有一点使 $v>0$.由此推出 $u_K>0$.

由命题,当 $\mathring{K}\neq\varnothing$ 时,$0<u_K\leqslant1$.因此 $0<u_K<1$ 或 $u_K\equiv1$.当 $0<u_K<1$ 时;我们称 u_K 为 K 的**调和测度**.当 $u_K\equiv1$ 时,则称 K 的调和测度不存在.以后讨论调和测度时总假定 $\mathring{K}\neq\varnothing$.

我们将于后面证明,调和测度的存在与否不依赖于 K,它是 W 的理想边界的内在性质.

理想边界的另一重要性质是最大值原理的成立与否.

最大值原理.设 K 为 W 的紧集,我们称最大值原理在 $W-K$ 内成立,如果对于 $W-K$ 内任何有上界的调和函数 u,满足条件

$$\overline{\lim_{p\to K}}u(p)\leqslant0,$$

则在 $W-K$ 内 $u\leqslant0$,否则我们称最大值原理在 $W-K$ 内不成立.

我们也将于后面证明,最大值原理成立与否不依赖于 K,它是 W 的理想边界的一个性质.注意这里的 K 不用假定 $\mathring{K}\neq\varnothing$.

§4 Riemann 曲面的分类

我们将证明下面的定理,然后根据这定理把黎曼曲面分类.

定理 4.1 对于开 Riemann 曲面 W,下列三条件等价.

1° Green 函数存在(对任何点 $p_0\in W$ 存在);

2° 调和测度存在(对 W 的任何具有内点的紧集 K 存在);

3° 最大值原理不成立(对任何紧集 K 不成立).

在定理的证明中,我们约定,条件 1°对于定点 p_0 记为 $(1°)_{p_0}$,对于固定的紧集 K,条件 2°记为 $(2°)_K$,条件 3°则记为 $(3°)_K$.

为了得到定理的证明,我们只要证明:

(Ⅰ)如果 $p_0\in K$,则 $(1°)_{p_0}\Rightarrow(3°)_K$;

(Ⅱ)如果 $p_0\in\mathring{K}$,则 $(2°)_K\Rightarrow(1°)_{p_0}$;

(Ⅲ)对任何给定的紧集 K 和 K',$(3°)_K\Rightarrow(2°)_{K'}$.

因为,如果(Ⅰ),(Ⅱ)和(Ⅲ)成立,则立刻可推出 1°,2°和 3°成立.这时,由(Ⅰ),(Ⅲ)和(Ⅱ)我们得到,对任意 $p_0,p_1\in W$,$(1°)_{p_0}\Rightarrow(1°)_{p_1}$.即如果 Green 函数 $g(p,p_0)$ 对 p_0 存在,则对任何 $p_1\in W$,$g(p,p_1)$ 也存在.由(Ⅱ),(Ⅰ)和(Ⅲ)推出,对任何紧集 K_1,K_2,$(2°)_{K_1}\Rightarrow(2°)_{K_2}$.即如果调和测度对于 K_1 存在,则对任何 K_2 调和测度也存在.最后,则(Ⅲ),(Ⅱ)和(Ⅰ)得出,对任何紧集 K_1 和 K_2,$(3°)_{K_1}\Rightarrow$

$(3°)_{K_2}$,即如果于对于 K_1 最大值原理不成立,则对任何 K_2 最大值原理不成立.

证明 (Ⅰ)假设对于 p_0 Green 函数 $g(p,p_0)$存在,$p_0 \in K$.要证对 $W-K$ 最大值原理不成立.反证之,假设对 $W-K$ 最大值原理成立,考虑调和函数 $u=-g(p,p_0)$,则在 $W-K$ 内 $u \leqslant 0$.设 u 在紧集 K 上达到最大值 m,因此有

$$\lim_{p \to K} u \leqslant m.$$

但由假设 u 对 $W-K$ 最大值原理成立,因此在 $W-K$ 内 $u \leqslant m$.即 u 在 K 上一点达到最大值 m,由调和函数极大值原理 $u \equiv m$,这就得到矛盾.因此(Ⅰ)成立.

(Ⅱ)对 $p_0 \in \mathring{K}$,$(2°)_K \Rightarrow (1°)_{p_0}$.

由假设调和测度 u_K 存在,$p_0 \in \mathring{K}$,要证 $g(p,p_0)$存在.在 $\mathring{K}$ 内取以 p_0 为心的局部参数圆 K_0,设 $z=z(p)$为局部参数,$z(p_0)=0$,$K_0=z^{-1}(\{|z(p)|<1\})$.对 $0<r_1<r_2<1$,局部参数圆 $K_1=z^{-1}(\{|z(p)|<r_1\})$,$K_2=z^{-1}(\{|z(p)|<r_2\})$,$K_1$ 和 K_2 的边界分别为∂K_1 和∂K_2.容易看出,u_K 存在,则 u_{K_1}也存在.

考虑定义 Green 函数的 Perron 族 V_{p_0},对任意 $v \in V_{p_0}$,$0 \in V_{p_0}$,则 $v^+ = \max(v,0) \in V_{p_0}$.假定$\max\limits_{\partial K_1} v^+ \neq 0$,则次调和函数 $v^+/\max\limits_{\partial K_1} v^+$ 在一紧集外为 0,在 ∂K_1 上$\leqslant 1$,因而属于 V_{K_1},由此推出

$$v^+(p) \leqslant (\max_{\partial K_1} v^+) u_{K_1}(p), p \in W-K_1.$$

特别有

$$\max_{\partial K_2} v^+ \leqslant (\max_{\partial K_1} v^+)(\max_{\partial K_2} u_{K_1}).$$

任给 $\varepsilon>0$,作函数

$$v^+(p)+(1+\varepsilon)\log|z(p)|, p \in K_2,$$

当 $p \to p_0$ 时,这函数趋于 $-\infty$,因此在∂K_2 上达到最大值,我们有

$$\max_{\partial K_1} v^+ + (1+\varepsilon)\log r_1 \leqslant \max_{\partial K_2} v^+ + (1+\varepsilon)\log r_2,$$

令 $\varepsilon \to 0$ 得到

$$\max_{\partial K_1} v^+ + \log r_1 \leqslant \max_{\partial K_2} v^+ + \log r_2. \tag{4.1}$$

把前面的不等式代入(4.1)式后,得到

$$\max_{\partial K_1} v^+ \leqslant \frac{1}{1-\max\limits_{\partial K_2} u_{K_1}} \log \frac{r_2}{r_1}.$$

因为 $0<\max\limits_{\partial K_2} u_{K_1}<1$,由此得出 v^+在∂K_1 上一致有界,$g(p,p_0)=\sup v$ 在∂K_1 上有界,即 $g(p,p_0)$存在.

(Ⅲ)$(3°)_K \Rightarrow (2°)_{K'}$.我们证明,如果 $u_{K'}$不存在,即 $u_{K'} \equiv 1$,则对 $W-K$ 最大

值原理成立.

首先假定 $K'\subset K$,设 u 是 $W-K$ 内的调和函数,$u\leqslant 1$,且

$$\overline{\lim_{p\to K}}\, u(p)\leqslant 0.$$

考虑 $V_{K'}$,对任意 $v\in V_{K'}$,我们有

$$v(p)+u(p)\leqslant 1,\ p\in W-K.$$

这是因为 $\lim\limits_{p\to\infty} v(p)=0$ 及 $\overline{\lim\limits_{p\to K}}\, u(p)\leqslant 0$,因此当 $p\to\infty$ 或 $p\to K$ 时总有

$$\overline{\lim}\ [v(p)+u(p)]\leqslant 1.$$

应用极大值原理便得到上面的不等式.

现在,由假设 $u_{K'}\equiv 1$,对任意 $p\in W-K$,总存在序列 $v_n\in V_{K'}$,使得 $v_n(p)\to 1(n\to\infty)$,由上面已证不等式,得到 $u(p)\leqslant 0$. 这就是说,u 在 $W-K$ 内最大值原理成立.

当 K 和 K' 是任意紧集时,选取相对紧域 K'',使得

$$K\cup K'\cup K''.$$

设 u 为上面给定的函数,根据上面已证结论,最大值原理在 $W-K''$ 内成立. 由此推出在 $W-K''$ 内 $u\leqslant\max\limits_{\partial K''}u$. 如果

$$\max_{\partial K''}u>0,$$

则由于 $\overline{\lim\limits_{p\to K}}\leqslant 0$,根据极大值原理,在 $K''-K$ 内也有

$$u\leqslant\max_{\partial K''}u.$$

于是 u 在 $\partial K''$ 上一点达到极大值,u 是正常数. 因此在 $\partial K''$ 上 $u\leqslant 0$. 在 $K''-K$ 上及 $W-K''$ 上应用极大值原理,则可推出,在 $W-K$ 上 $u\leqslant 0$. 这就是说在 $W-K$ 上最大值原理成立. 定理至此全部证完.

定义. 开 Riemann 曲面 W,如果满足定理 4.1 三条件之一,则称为**双曲型的**,否则称为**抛物型的**. 紧 Riemann 曲面则称为**椭圆型的**.

注意,对于抛物型 Riemann 曲面,Green 函数和调和测度均不存在,但是最大值原理成立. 平面上的单位圆是典型的双曲 Riemann 曲面,平面$\mathbb{C}$则是抛物 Riemann 曲面.

定理 4.2 抛物型 Riemann 曲面 W 上不存在非常数的正调和函数.

证明 设 u 是正的调和函数,我们证明对任意 $p,q\in W$,有 $u(p)=u(q)$. 为此考虑 $-u$. 由假定 $-u\leqslant 0$,因此在 $W-\{p\}$ 和 $W-\{q\}$ 上应用最大值原理,得到

$$-u(q)\leqslant -u(p),\ -u(p)\leqslant -u(q).$$

于是 $u(p)=u(q)$. u 是常数.

§5 Green 函数的一些性质

前面我们已列出 Green 函数的重要性质：

G1. $g(p,p_0)>0$;

G2. $\inf g(p,p_0)=0$;

G3. $g(p,p_0)+\log|z(p)|$在 p_0 的局部参数邻域内调和，其中 $z=z(p)$是 p_0 的局部参数邻域内的局部参数，$z(p_0)=0$.

G1 已证明过，现在证明 G3，然后再证明 G2.

G3 的证明. 在$|z(p)|=r$上，设

$$m(r)=\max_{|z(p)|=r} g(p,p_0).$$

由估计式(4.1)，有

$$m(r_1)+\log r_1\leqslant m(r_2)+\log r_2, 0<r_1<r_2.$$

这就是说，$m(r)+\log r$ 是 r 的单调增函数，因此，

$$g(p,p_0)+\log|z(p)|$$

在局部参数圆$|z(p)|\leqslant r_0$ 内有上界. 考虑定义 $g(p,p_0)$的 Perron 族 V_{p_0}，作函数

$$v(p)=\begin{cases}\log r_0-\log|z(p)|, & |z(p)|<r_0,\\ 0, & \text{其它点 } p,\end{cases}$$

则 $v(p)\in V_{p_0}$. 因此 $g(p,p_0)\geqslant\log r_0-\log|z(p)|$，即在局部参数圆$|z(p)|\leqslant r_0$ 内有 $g(p,p_0)+\log|z(p)|\geqslant\log r_0$. 于是函数 $g(p,p_0)+\log|z(p)|$在 $0<|z(p)|<r_0$内调和且有界，p_0 是可去奇点，将 $g(p,p_0)+\log|z(p)|$调和开拓到 p_0 后即得 G3 的证明.

G2 的证明. 设 $\inf g(p,p_0)=c$，由 G3 知，当 $p\to p_0$ 时，$g(p,p_0)+\log|z(p)|$有有穷极限. 对任意 $v\in V_{p_0}$，由于

$$\overline{\lim_{p\to p_0}}[v(p)+\log|z(p)|]<\infty,$$

应用极大值原理，得到

$$(1-\varepsilon)v(p)\leqslant g(p,p_0)-c,$$

进而有

$$(1-\varepsilon)g(p,p_0)\leqslant g(p,p_0)-c.$$

令 $\varepsilon\to 0$，即得 $c\leqslant 0$. 由 G1 有 $c\geqslant 0$，因此 $c=0$，G2 得证.

Green 函数的极小性质：

定理 5.1(极小性质) 如果 $U(p,p_0)$是 W 上的正函数，在 $W-\{p_0\}$内调和，在 p_0 的局部参数邻域内，设 $z=z(p)$为局部参数，$z(p_0)=0$，有

$$U(p,p_0)=\log\frac{1}{|z(p)|}+U_0,$$

其中 U_0 是 p_0 的局部参数邻域内的调和函数. 对于这样的函数 $U(p,p_0)$,总有

$$g(p,p_0)\leqslant U(p,p_0).$$

证明 对任意 $v\in V_{p_0}$, v 在一紧集外为 0,且有

$$\overline{\lim_{p\to p_0}}[v(p)+\log|z(p)|]<+\infty.$$

作函数 $v(p)-(1+\varepsilon)U(p,p_0)$,它在一紧集处小于 0,并且有

$$\overline{\lim_{p\to p_0}}[v(p)-(1+\varepsilon)U(p,p_0)]=-\infty.$$

注意到这是一个次调和函数,应用极大值原理,得到

$$v(p)-(1+\varepsilon)U(p,p_0)\leqslant 0.$$

令 $\varepsilon\to 0$,则有 $v(p)\leqslant U(p,p_0)$. 取上确界后便得到

$$g(p,p_0)\leqslant U(p,p_0).$$

定理证完.

极小性质的推广:设 $U(p,p_0)$除上面假定的极点 p_0 外,另外还有极点集 $\{p^*\}$,使得对任意 p^*,当 $p\to p^*$ 时

$$U(p,p_0)\to+\infty,$$

则仍有 $g(p,p_0)\leqslant U(p,p_0)$.

根据极小性质知道,如果 Riemann 曲面 W 存在 $U(p,p_0)$,则 $g(p,p_0)$一定存在,因而 W 是双曲型. 特别当 W 上存在非常数的有界全纯函数时, W 一定是双曲型的,因为这时若设 f 为非常数的全纯函数, $|f|\leqslant M$,再设 f 在 p_0 具有 $n(n\geqslant 1)$级零点,则可定义

$$U(p,p_0)=\frac{1}{n}\log\frac{2M}{|f(p)-f(p_0)|}.$$

于是我们知道,平面的有界域是双曲型的,平面上边界多于两点的单连通域也是双曲型的.

Green 函数的共形不变性:

定理 5.2 设 W 和 $\widetilde{W}$ 为共形等价的 Riemann 曲面,

$$f: W\to\widetilde{W}$$

为共形映照, $\widetilde{p}=f(p)$, $\widetilde{p}_0=f(p_0)$. 如果 $\widetilde{g}(\widetilde{p},\widetilde{p}_0)$是 $\widetilde{W}$ 的 Green 函数,则 $g(p,p_0)=\widetilde{g}(f(p),f(p_0))$是 W 的 Green 函数.

证明 设 p_0 的局部参数邻域内的局部参数

$$z=z(p),z(p_0)=0,\widetilde{p}_0=f(p_0)$$

的局部参数邻域内的局部参数为 $\widetilde{z}=\widetilde{z}(\widetilde{p})$, $\widetilde{z}(\widetilde{p}_0)=0$. 设在 p_0 的局部参数

邻域内，$\widetilde{p}=f(p)$具有展开式

$$\widetilde{z}=f(z)=a_1z+a_2z^2+\cdots,a_1\neq 0.$$

$\widetilde{g}(f(p),f(p_0))$在 $W-\{p_0\}$上是正调和的，在 p_0 的局部参数邻域内

$$\widetilde{g}(f(p),f(p_0))=\log\frac{1}{|z(p)|}+\text{调和函数}.$$

因此根据极小性质，$g(p,p_0)$存在，且有

$$g(p,p_0)\leqslant\widetilde{g}(f(p),f(p_0)).$$

同样从逆映照 $f^{-1}:\widetilde{W}\to W$ 出发，得到

$$\widetilde{g}(\widetilde{p},\widetilde{p}_0)\leqslant g(f^{-1}(\widetilde{p}),f^{-1}(\widetilde{p}_0)).$$

此即

$$\widetilde{g}(f(p),f(p_0))\leqslant g(p,p_0).$$

总之有 $g(p,p_0)=\widetilde{g}(\widetilde{p},\widetilde{p}_0)$. 定理证完.

最后讨论 Green 函数在理想边界的性质如下.

当点 p 趋于理想边界∞时，格林函数 $g(p,p_0)$不一定有极限值 0，但在特殊情况下，我们有下述有用的定理.

定理 5.3　如果 W 是平面上的有界单连通域，则格林函数在边界上的值为 0.

证明　我们要证明，对任一边界点 a，当 $z\to a$ 时

$$g(z,z_0)\to 0.$$

经过分式线性变换，不妨设 $a=0$，W 在单位圆内. 由 W 的单连通性，在 W 内存在单值的对数分支 $w=\log z=u+iv$，把 W 共形映照为半平面$u<0$ 的域 W'，使得当 $z\to 0$ 时，对应的 $u\to-\infty$. 设 z_0 变为 w_0，$g(z,z_0)$变为 W'的极点在 w_0 的 Green 函数. 进一步设 $g(w,w_0)$为半平面 $u<0$ 的 Green 函数，根据极小性质，当 $z\to 0$ 时，对应的 $w\to-\infty$，有

$$0<g(z,z_0)\leqslant g(w,w_0)=-\log\left|\frac{w-w_0}{w+\bar{w}_0}\right|\to 0.$$

此即 $g(z,z_0)\to 0$. 定理得证.

推论　设 W_0，W 是平面域，$W_0\subset W$，如果 W_0 是 W 的单连通真子域，则对应的 Green 函数 $g_0(z,z_0)<g(z,z_0)$.

证明　若不然，则有 $g_0(z,z_0)=g(z,z_0)$. 由假设 W_0 有一边界点 $a\in W$，$g_0(a,z_0)=0$. 因此 $g(a,z_0)=0$，由极值原理 $g(z,z_0)\equiv 0$. 这就得到矛盾.

§6　抛物型 Riemann 曲面的一类具有奇点的调和函数

设 W 为一个抛物型 Riemann 曲面. 首先我们应该注意到，对于抛物型 Riemann 曲面，最大值原理成立. 如果设 Δ_1 为一个局部参数圆，则 W 对于 $\overline{\Delta}_1$ 的调和

测度 $u_{\bar{\Delta}_1}\equiv 1$. 设 $\{G_n\}$ 为 W 的正则域穷尽序列, $\bar{\Delta}_1\subset G_n$, $n=1,2,\cdots$. 设 ω_n 为 $G_n-\bar{\Delta}_1$ 对于边界 $\partial\bar{\Delta}_1$ 的调和测度. 即 ω_n 在 $G_n-\bar{\Delta}_1$ 内调和, 连续到边界, 在 $\partial\Delta_1$ 上 $\omega_n=1$, 而在 ∂G_n 上 $\omega_n=0$. 根据最大值原理, 对任意 n, 在 $\bar{G}_n$ 上有 $\omega_n\leqslant\omega_{n+1}$. $\{\omega_n\}$ 是一个单调增的正调和函数序列, 而根据 Harnack 引理, 在 $W-\bar{\Delta}_1$ 内, 当 $n\to\infty$ 时, ω_n 内闭一致收敛于一个调和函数 ω. 注意到每一个 ω_n 可通过 $\partial\Delta_1$ 对称开拓为定义于 $\partial\Delta_1$ 的邻域内的调和函数, 且开拓后的 ω_n 在 $\partial\Delta_1$ 的一个邻域内一致收敛. 因此 ω 连续到 $\partial\Delta_1$, 且在 $\partial\Delta_1$ 上 $\omega=1$. 由于 W 是抛物型的, 调和测度

$$u_{\bar{\Delta}_1}\equiv 1.$$

于是, 在 $W-\bar{\Delta}_1$ 上也有 $\omega=1$, 因为否则 $0<\omega<1$, 在 $W-\bar{\Delta}_1$ 上应用最大值原理, 根据调和测度的定义, $u_{\Delta_1}\leqslant\omega<1$, 将不会有 $u_{\bar{\Delta}_1}\equiv 1$. 于是调和测度序列 ω_n, 当 $n\to\infty$ 时在 $W-\bar{\Delta}_1$ 的任何紧集上一致收敛到 $\omega\equiv 1$.

另外, 由解特殊的 Dirichlet 问题, $W-\bar{\Delta}_1$ 内存在有界调和函数 u, 连续到边界 $\partial\Delta_1$, 在 $\partial\Delta_1$ 上 $u=f$, f 是预先给定的连续函数. W 是抛物型的, 这样的调和函数是由边界值 f 唯一确定的.

下面的关于参数圆外的有界调和函数的引理, 对于抛物型 Riemann 曲面成立, 当然对于紧 Riemann 曲面显然成立.

引理 6.1　设 W 为抛物型 Riemann 曲面. 固定一点 $p_0\in W$, Δ_1 为以 p_0 为心的参数圆. 设 $z=z(p)$ 为局部参数, $z(p_0)=0$, $\Delta_1=\{p:|z(p)|<1\}$, 对于 $0<r<1$, $\Delta_r=\{p:|z(p)|<r\}$. 固定 $\Delta_\rho=\{p:|z(p)|<\rho<1\}$. 设 u 为 $W-\bar{\Delta}_\rho$ 内的有界调和函数, 则对于 $\rho<r<1$, 在 Δ_r 的边界 $\partial\Delta_r$ 上总有

$$\int_{\partial\Delta_r} * du = 0.$$

注意　回顾一下(第四章第 3 节末尾), 在局部参数 $z=z(p)$ 下,

$$\int_{\partial\Delta_r} * du = -\int_{\partial\Delta_r}\frac{\partial u}{\partial n}d\zeta = \int_0^{2\pi}\frac{\partial(u(re^{i\theta}))}{\partial r}rd\theta.$$

证明　设在 $W-\Delta_\rho$ 内 $|u|\leqslant M$. 对上面讨论过的 $G_n-\bar{\Delta}_r$ 对于 $\partial\Delta_r$ 的调和测度序列 ω_n 与 u, 在 $G_n-\bar{\Delta}_r$ 上应用 Stokes 公式(参看第四章第 3 节末尾公式), 得到

$$\int_{\partial\Delta_r}\left(\omega_n\frac{\partial u}{\partial n}-u\frac{\partial\omega_n}{\partial n}\right)ds = \int_{\partial G_n}\left(\omega_n\frac{\partial u}{\partial n}-u\frac{\partial\omega_n}{\partial n}\right)ds,$$

另外有

$$\int_{\partial\Delta_r}\frac{\partial\omega_n}{\partial n}ds = \int_{\partial G_n}\frac{\partial\omega_n}{\partial n}ds,$$

其中 $\frac{\partial}{\partial n}$ 为指向 $G_n-\bar{\Delta}_r$ 内的法向导数.

我们知道, 在 $\partial\Delta_r$ 上 $\omega_n=1$, 在 ∂G_n 上 $\omega_n=0$ 且

$$\frac{\partial \omega_n}{\partial n} \geqslant 0.$$

因此我们有

$$\left|\int_{\partial \Delta_r} \frac{\partial u}{\partial n} ds\right| \leqslant M\left|\int_{\partial \Delta_r} \frac{\partial \omega_n}{\partial n} ds\right| + M\left|\int_{\partial G_n} \frac{\partial \omega_n}{\partial n} ds\right| \leqslant 2M\left|\int_{\partial \Delta_r} \frac{\partial \omega_n}{\partial n} ds\right|.$$

但是,当 $n \to \infty$ 时,ω_n 在$\partial \Delta_r$ 的邻域内一致收敛于 1,因而$\frac{\partial \omega_n}{\partial n}$一致收敛于 0,上式取极限后,便得到

$$\int_{\partial \Delta_r} * du = -\int_{\partial \Delta_r} \frac{\partial u}{\partial n} ds = 0.$$

引理 6.2 设 $u(z)$在圆环 $\rho \leqslant |z| \leqslant 1$ 内调和,且在圆周 $|z| = \rho$ 上 u 等于常数.对于 $\rho \leqslant r < 1$,设

$$s_r(u) = \max_{|z|=r} u(z) - \min_{|z|=r} u(z)$$

是 u 在圆周 $|z| = r$ 上的振幅,则

$$s_r(u) \leqslant q(r) s_1(u),$$

其中 $q(r)$仅依赖于 r,且当 $r \to 0$ 时 $q(r) \to 0$.

证明 经变数 z 的旋转变换后,我们假定 u 在$|z| = r$ 上的最大值与最小值分别在 z_0 和 $\bar{z}_0$ 达到.作函数

$$v(z) = u(z) - u(\bar{z}).$$

则 $v(z)$在上半圆环$\{\rho \leqslant |z| \leqslant 1, \mathrm{Im} z \geqslant 0\}$内调和,在实轴及内半圆周上 $v - 0$,在外半圆周上 $v(z) \leqslant s_1(u)$,在点 z_0 上 $v(z_0) = s_r(u)$.

设 $\omega(z)$为上半圆$\{|z| < 1, \mathrm{Im} z \geqslant 0\}$对上半圆周$|z| = 1$ 的调和测度,即 $\omega(z)$在上半圆内调和,在上半圆周上 $\omega = 1$,在直径上 $\omega = 0$.我们知道

$$\omega(z) = \frac{2}{\pi}(\pi - \alpha),$$

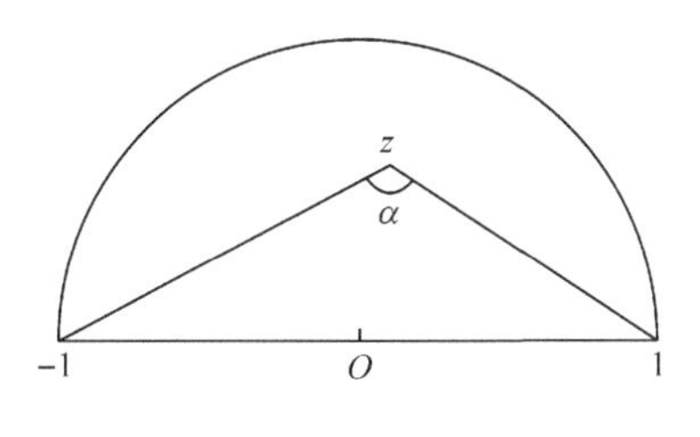

图 5.1

其中 α 是点 z 看 $-1, 1$ 的夹角,如图 5.1.由极大值原理,比较 $v/s_1(u)$与 ω,得到

$$s_r(u) \leqslant \frac{2}{\pi}(\pi - \alpha) s_1(u),$$

α 是与 z_0 对应的角.但对于 $|z_0|=r$,α 在 ir 点达到极小值 $\alpha=\pi-2\arctan r$.因此

$$s_r(u)\leqslant\left(\frac{4}{\pi}\arctan r\right)s_1(u).$$

设 $q(r)=\frac{4}{\pi}\arctan r$,则得到引理所求的结论.

现在讨论本节的中心问题.

定理 6.3　设 W 为抛物型 Riemann 曲面,$p_0\in W$,取定 p_0 的局部参数邻域内的局部参数 $z=z(p)$,$z(p_0)=0$,则在 $W-\{p_0\}$ 内存在调和函数 $u(p,p_0)$,使得 $u(p,p_0)$ 在 p_0 的任何局部参数邻域之外有界,在 p_0 的局部参数邻域内

$$u(p,p_0)=\operatorname{Re}\frac{1}{z(p)}+u_0(p,p_0),$$

其中 $u_0(p,p_0)$ 是调和函数,且当 $p\to p_0$ 时 $u_0(p,p_0)\to 0$.

注意,$u(p,p_0)$ 与取定的局部参数 $z(p)$ 有关.另外,在证明中我们将会知道,定理对于紧 Riemann 曲面 W 也成立.

证明　取局部参数圆 $\Delta_1=\{p:|z(p)|<1\}$,设

$$\Delta_r=\{p:|z(p)|<r\},0<r<1,$$

对任意 ρ,$0<\rho<1$,由解 $W-\overline{\Delta}_\rho$ 的 Dirichlet 问题,在 $W-\overline{\Delta}_\rho$ 上存在唯一的有界调和函数 u_ρ,使得在 $\partial\Delta_\rho$ 上

$$u_\rho=\operatorname{Re}\frac{1}{z(p)}.$$

在 $\Delta_1-\overline{\Delta}_\rho$ 内考虑调和函数 $u_\rho-\operatorname{Re}\frac{1}{z(p)}$,估计它在 $\partial\Delta_r$ 上的最大值.应用引理 6.2 得到,对 $\rho<r<1$,

$$s_r\left(u_\rho-\operatorname{Re}\frac{1}{z}\right)\leqslant q(r)s_1\left(u_\rho-\operatorname{Re}\frac{1}{z}\right).\tag{6.1}$$

回忆 $s_r\left(u_\rho-\operatorname{Re}\frac{1}{z}\right)=\max\limits_{\partial\Delta_r}\left(u_\rho-\operatorname{Re}\frac{1}{z}\right)-\min\limits_{\partial\Delta_r}\left(u_\rho-\operatorname{Re}\frac{1}{z}\right)$,我们得到

$$s_r(u_\rho)-\frac{2}{r}\leqslant q(r)[s_1(u_\rho)+2].\tag{6.2}$$

由于 W 是抛物型的,在 $W-\overline{\Delta}_\rho$ 内最大值原理成立.应用这一原理得到

$$s_1(u_\rho)\leqslant s_r(u_\rho).$$

结合这两个不等式,得到

$$s_1(u_\rho)\leqslant\frac{2q(r)+\frac{2}{r}}{1-q(r)}.$$

注意到 $q(r)=\frac{4}{\pi}\arctan r$,当 $r\to 0$ 时 $q(r)\to 0$.取定 $r_0<1$,则有

$$s_1(u_\rho) \leqslant c = \frac{2q(r_0) + \dfrac{2}{r_0}}{1 - q(r_0)}.$$

将此式代入(6.1)式后得到

$$s_r\left[u_\rho - \mathrm{Re}\,\frac{1}{z}\right] \leqslant (c+2)q(r), \tag{6.3}$$

其中 c 是与 ρ 无关的常数.

再根据引理 6.1,我们有

$$\frac{\partial}{\partial r}\int_0^{2\pi} u_\rho(re^{i\theta})d\theta = \int_0^{2\pi} \frac{\partial u_\rho(re^{i\theta})}{\partial r}d\theta = 0,$$

因此,对于 $\rho < r < 1$,积分平均值

$$\int_0^{2\pi} u_\rho(re^{i\theta})d\theta = \text{常数}.$$

当 $r \to \rho$ 时,注意到 $u_\rho(\rho e^{i\theta}) = \mathrm{Re}\,\frac{1}{\rho e^{i\theta}}$,我们有

$$\int_0^{2\pi} u_\rho(re^{i\theta})d\theta = \int_0^{2\pi} \mathrm{Re}\,\frac{1}{\rho e^{i\theta}}d\theta = 0.$$

于是,对于 $\rho < r < 1$,有

$$\int_0^{2\pi}\left[u_\rho(re^{i\theta}) - \mathrm{Re}\,\frac{1}{re^{i\theta}}\right]d\theta = 0.$$

由此推出:$u_\rho - \mathrm{Re}\,\frac{1}{z(p)}$在$|z(p)| = r$ 上的最大值大于 0,最小值小于 0. 由(6.3)式得到

$$\max_{|z|=r}\left|u_\rho - \mathrm{Re}\,\frac{1}{z(p)}\right| \leqslant c(c+2)q(r). \tag{6.4}$$

现取序列 $\rho_n, \rho_n < 1, \rho_n > \rho_{n+1}, \rho_n \to 0$,作对应的 μ_{ρ_n},由(6.4)式,当 $\rho_m, \rho_n < r$ 时,总有

$$\max_{|z|=r}|u_{\rho_n}| \leqslant (c+2)q(r) + \frac{1}{r}, \tag{6.5}$$

$$\max_{|z|=r}|u_{\rho_m} - \mu_{\rho_n}| \leqslant 2(c+2)q(r).$$

在 $W - \overline{\Delta}_r$ 内应用极大值原理,则在 $W - \overline{\Delta}_r$ 上一致地有

$$|u_{\rho_n}| \leqslant (c+2)q(r) + \frac{1}{r},$$

$$|u_{\rho_m} - \mu_{\rho_n}| \leqslant 2(c+2)q(r).$$

由于当 $r \to 0$ 时 $q(r) \to 0$,因此调和函数序列$\{u_{\rho_n}\}$在 $W - \overline{\Delta}_r$ 上是 Cauchy 序列. 于是在 $W - \{p_0\}$上存在一个调和函数 $\mu(p, p_0)$,使得在任何 $W - \overline{\Delta}_r (0 < r < 1)$内一致地有

$$\lim_{n\to\infty} u_{\rho_n} = u.$$

并且由(6.4)式得到

$$\max_{|z|=r}\left|u - \mathrm{Re}\frac{1}{z(p)}\right| \leqslant (c+2)q(r).$$

这就说明 $u - \mathrm{Re}\dfrac{1}{z(p)}$可以调和开拓到 p_0 点,成为 Δ_1 内的调和函数,且当 $p\to p_0$ 时 $u - \mathrm{Re}\dfrac{1}{z(p)}\to 0$. 另外,由(6.5)式得到,对任意 Δ_r,在 $W-\bar{\Delta}_r$ 内

$$|u| \leqslant (c+2)q(r) + \frac{1}{r}.$$

即 u 是有界的调和函数. 定理全部证完.

§7　单值化定理及其证明

定理(单值化定理)　任何单连通 Riemann 曲面,共形等价于单位圆,或复平面,或 Riemann 球面.

首先,设 Δ,$\mathbb{C}$ 和 $\bar{\mathbb{C}}$ 分别表示单位圆、复平面和 Riemann 球面,则这三个典型域之间不能互相共形等价. 这是因为 $\bar{\mathbb{C}}$ 是紧的,$\bar{\mathbb{C}}$ 不共形等价于 $\mathbb{C}$ 和 Δ. 由 Liouville 定理,$\mathbb{C}$ 不共形等价于 Δ,否则映照函数将是常数.

定理将分三种类型证之.

单连通的双曲型 Riemann 曲面共形等价于 Δ.

证明　设 W 为单连通双曲型 Riemann 曲面,取定 $p_0\in W$,及 p_0 的局部参数邻域内的局部参数 $z=z(p)$,$z(p_0)=0$. 由假设存在 Green 函数 $g(p,p_0)$. 首先我们用第三章 §5 中的关于单连通 Riemann 曲面的连贯性定理,构造 W 上的全纯函数 $f(p,p_0)$,使得 $|f(p,p_0)| = e^{-g(p,p_0)}$.

对任意 $p\in W$,$p\neq p_0$,取以 p 为心的局部参数圆 U_α,$g(p,p_0)$ 在 U_α 内具有调和共轭 h_α,h_α 确定到相差一个常数,作 U_α 内的全纯函数

$$f_\alpha = e^{-(g+ih_\alpha)}.$$

对于 $p_0\in W$,存在以 p_0 为心的局部参数圆 U_{α_0},在局部参数 $z=z(p)$下

$$g(p,p_0) + \log|z(p)|$$

在 U_{α_0} 内调和,设其调和共轭为 h_{α_0},作 U_{α_0} 内的全纯函数

$$f_{\alpha_0}(p) = e^{-[g(p,p_0)+\log|z(p)|+ih_{\alpha_0}(p)]+\log z(p)}.$$

这样一来,对任意 $p\in W$,存在一族 $\{(U_\alpha,f_\alpha)\}$,$\{U_\alpha\}$ 是 W 的开覆盖,当 $U_\alpha\cap U_\beta\neq\varnothing$ 时,对任意 f_α,f_β 有 $|f_\alpha/f_\beta|\equiv 1$. 因此在 $U_\alpha\cap U_\beta$ 内,f_α 与 f_β 或者恒等,或者

相差一个模为 1 的常数因子 $e^{i\theta}$. 于是,如果 $U_\alpha \cap U_\beta \neq \varnothing$,则在 $U_\alpha \cap U_\beta$ 的分支内,对于给定的 f_α,一定存在 f_β,使得在 $U_\alpha \cap U_\beta$ 内有 $f_\alpha = f_\beta$. 由单连通 Riemann 曲面的连贯性定理,W 上存在(单值)全纯函数 $f(p,p_0)$,使得 $f(p,p_0)|U_\alpha = f_d$,并且

$$|f(p,p_0)| = e^{-g(p,p_0)} < 1.$$

在 p_0 的局部参数邻域内,在局部参数 $z = z(p)$ 下,

$$f(p,p_0) = z(p)e^{-[g(p,p_0)+\log|z(p)|+ih_{\alpha_0}]},$$

$f(p,p_0)$在 p_0 具有唯一的单阶零点.

现在证明. $f(p,p_0)$是一一映照. 即要证明,对任意 $p_1 \neq p_0$,当 $p \neq p_1$ 时 $f(p,p_0) \neq f(p_1,p_0)$.

注意到$|f(p,p_0)|<1$,因此

$$F(p,p_1) = \frac{f(p,p_0) - f(p_1,p_0)}{1 - \overline{f(p_1,p_0)}\, f(p,p_0)}$$

是 W 上的全纯函数,$F(p_1,p_1)=0$,$F(p_0,p_1) = -f(p_1,p_0)$. 我们要证明,当且仅当 $p = p_1$ 时 $F(p,p_1)=0$. 为此,对于 Green 函数 $g(p,p_1)$,设对应构造的全纯函数为 $f(p,p_1)$,则

$$|f(p,p_1)| = e^{-g(p,p_1)}.$$

先证明$|F(p_0,p_1)| = |f(p_0,p_1)|$. 令

$$U(p,p_1) = \log\frac{1}{|F(p,p_1)|},$$

则由 Green 函数的极小性质(定理 4.1),得到

$$g(p,p_1) \leqslant \log\frac{1}{|F(p,p_0)|}.$$

由这不等式便得到

$$|F(p,p_1)| \leqslant |f(p,p_1)|.$$

以 $p = p_0$ 代入后,并注意到 $F(p_0,p_1) = -f(p_1,p_0)$,我们得到

$$|f(p_1,p_0)| \leqslant |f(p_0,p_1)|.$$

交换 p_0 和 p_1 的位置,类似地有

$$|f(p_0,p_1)| \leqslant |f(p_1,p_0)|.$$

总之便有

$$|f(p_1,p_0)| = |f(p_0,p_1)|.$$

这就得到

$$|F(p_0,p_1)| = |f(p_0,p_1)|.$$

这一等式说明:Green 函数具有对称性,即

$$g(p_1,p_0)=g(p_0,p_1).$$

考虑全纯函数 $F(p,p_1)/f(p,p_1)$，根据以上讨论，有

$$\left|\frac{F(p,p_1)}{f(p,p_1)}\right|\leqslant 1,\ \left|\frac{F(p_0,p_1)}{f(p_0,p_1)}\right|=1.$$

因此，根据全纯函数的极大模定理，$|F(p,p_1)|=|f(p,p_1)|$. 当且仅当 $p=p_1$ 时 $F(p,p_1)=0$. 因此当且仅当 $p=p_1$ 时

$$f(p,p_0)-f(p_1,p_0)=0.$$

这就证明了映照 $f(p,p_0)$是一一的.

最后证明，映照 $w=f(p,p_0)$把 W 映照到单位圆

$$\Delta=\{\omega:|\omega|<1\}.$$

我们知道，映照 $w=f(p,p_0)$把 W 映照为 Δ 内的单连通域 W_1. 由 Green 函数 $g(p,p_0)$的共形不变性，在映照 $w=f(p,p_0)$下，W_1 以 0 为极点的 Green 函数为 $g_1(w,0)=\log\frac{1}{|w|}$. 与 Δ 的极点在 0 的 Green 函数相同，因此由定理 5.3 的推论，$W_1=\Delta$. 即 $w=f(p,p_0)$把 W 一一解析的映照到 Δ 上，W 共形同胚于 Δ.

单连通抛物型 Riemann 曲面共形等价于$\mathbb{C}$.

证明 设 W 为单连通抛物型 Riemann 曲面，由定理 6.3，对固定的 $p_0\in W$，取以 p_0 为心的局部参数圆 U_{α_0}，及局部参数 $z=z(p)$，$z(p_0)=0$，则在 $W-\{p_0\}$ 上存在调和函数 $U(p,p_0)$，$U(p,p_0)$在 p_0 的局部参数圆外有界，在 U_{α_0}内 $U(p,p_0)-\mathrm{Re}\frac{1}{z(p)}$调和，且当 $p\to p_0$ 时 $U(p,p_0)-\mathrm{Re}\frac{1}{z(p)}\to 0$.

在 U_{α_0}内，设 $U(p,p_0)-\mathrm{Re}\frac{1}{z(p)}$的调和共轭为 h_{α_0}，作 $U_{\alpha_0}-\{p_0\}$内的全纯函数

$$f_{\alpha_0}=\left[U(p,p_0)-\mathrm{Re}\frac{1}{z(p)}+ih_{\alpha_0}(p)\right]+\frac{1}{z}.$$

f_{α_0}在 p_0 具有一阶极点，其中 $h_{\alpha_0}(p_0)=0$.

类似于双曲型的证明，利用连贯性定理，在 $W-\{p_0\}$上存在唯一的全纯函数 $f(p,p_0)$，使得 $\mathrm{Re}f=U(p,p_0)$在 p_0 具有唯一单阶极点，在局部参数圆 U_{α_0}内，在局部参数 $z=z(p)$下，

$$f(p,p_0)=\frac{1}{z}+az+\cdots,$$

$\mathrm{Re}f=U(p,p_0)$在 p_0 的参数圆外有界.

现在我们要证明，f 在 p_0 的参数圆外有界. 把 p_0 的局部参数圆内的局部参数 $z(p)$换为 $-iz(p)$，则在 p_0 的局部参数圆 U_{α_0}内，$U(p,p_0)-\mathrm{Re}\frac{i}{z(p)}$是调和函

数,且当 $p \to p_0$ 时,

$$U(p,p_0)-\mathrm{Re}\frac{i}{z(p)}\to 0.$$

作它的调和共轭 $\widetilde{h}_{\alpha_0}$,使得 $\widetilde{h}_{\alpha_0}(p_0)=0$. 定义

$$\widetilde{f}_{\alpha}(p)=\left[U(p,p_0)-\mathrm{Re}\frac{i}{z(p)}+i\widetilde{h}_{\alpha_0}(p)\right]+\frac{i}{z(p)},$$

同样我们可得到全纯函数 $\widetilde{f}(p,p_0)$,使得 $\mathrm{Re}\widetilde{f}=U(p,p_0)$,在 p_0 具有唯一极点,且有展开式

$$\widetilde{f}(p,p_0)=\frac{i}{z}+pz+\cdots,$$

$\widetilde{f}$ 是唯一的,$\mathrm{Re}\widetilde{f}=U(p,p_0)$在 p_0 的参数圆外有界.

我们首先证明 $\widetilde{f}=if$. 因此,$\mathrm{Re}f$ 及 $\mathrm{Im}f=-\mathrm{Re}\widetilde{f}$ 和 f 在 p_0 的参数邻域外有界.

由于 $U(p,p_0)$在局部参数圆 $\Delta_\rho=\{p:|z(p)|<\rho\}$外有界,设在 Δ_ρ 外有 $\mathrm{Re}f<M$,$\mathrm{Re}\widetilde{f}<M$. 这时在 Δ_ρ 内一定存在一点 $p_1\neq p_0$,使得 $\mathrm{Re}f(p_1,p_0)>M$,$\mathrm{Re}\widetilde{f}(p_1,p_0)>M$. p_1 可取在 $\arg z=\dfrac{\pi}{4}$上且充分接近于 0 点. 这样,对 Δ_ρ外任何点 p,都有 $f(p,p_0)\neq f(p_1,p_0)$. 在$\partial\Delta_\rho$ 上

$$\mathrm{Re}[f(p,p_0)-f(p_1,p_0)]<0.$$

根据幅角原理,在 Δ_ρ 内$f(p,p_0)-f(p_1,p_0)$的零点个数等于极点数 1,$f(p,p_0)-f(p_1,p_0)$仅以 p_1 为单阶零点. 同理,$\widetilde{f}(p,p_0)-\widetilde{f}(p_1,p_0)$也仅以 p_1 为单阶零点. 在局部参数 $z=z(p)$下,设 $z_1=z(p_1)$,作函数

$$\begin{aligned}F(p,p_1)&=\frac{f(p,p_0)}{f(p,p_0)-f(p_1,p_0)}\\&=\frac{A}{z-z_1}+B+C(z-z_1)+\cdots,\\\widetilde{F}(p,p_1)&=\frac{\widetilde{f}(p,p_0)}{\widetilde{f}(p,p_0)-\widetilde{f}(p_1,p_0)}\\&=\frac{\widetilde{A}}{z-z_1}+\widetilde{B}+\widetilde{C}(z-z_1)+\cdots.\end{aligned}$$

$F(p,p_1)$和 $\widetilde{F}(p,p_1)$仅以 p_1 为单阶极点,在 Δ_ρ 外,由于

$$\begin{aligned}|f(p,p_0)-f(p_1,p_0)|&>\mathrm{Re}f(p_1,p_0)-\mathrm{Re}f(p,p_0)\\&>\mathrm{Re}f(p_1,p_0)-M>0,\end{aligned}$$

因此 F 是有界的. 同理,$\widetilde{F}$ 也是有界的. 这时 $\widetilde{A}F-A\widetilde{F}$ 一定是 W 上的有界全纯函数,因而是一个常数. 代入 F 与 $\widetilde{F}$ 的表示式后,一定存在一个线分式变换 s,使得 $\widetilde{f}=s(f)$,即

$$\widetilde{f} = \frac{\alpha f + \beta}{\gamma f + \delta}.$$

由于当 $p = p_0$ 时，$f = \widetilde{f} = \infty$，因此 $\widetilde{f} = \alpha_1 f + \beta_1$. 再用 f, $\widetilde{f}$ 在 p_0 点的展开式代入，便得到 $\widetilde{f} = if$.

总之，对任何给定的 p_0，一定存在亚纯函数 $f(p, p_0)$，仅以 p_0 为单阶极点，留数为 1，并且 $f(p, p_0)$ 在 p_0 的局部参数邻域外有界. W 是抛物型的，这样的函数 $f(p, p_0)$ 唯一确定到附加一个常数.

现在证明，对给定的 $f(p, p_0)$，存在以 p_0 为心的参数圆 Δ_0，使得对于任意 $p_1 \in \Delta_0$ 及对应的 $f(p, p_1)$，总存在线分式变换 s，使得 $f(p, p_1) = s(f(p, p_0))$.

事实上，取以 p_0 为心的局部参数圆 Δ，使得在 Δ 外有

$$|f(p, p_0)| < M.$$

又取 $\Delta_0 \subset \Delta$，使得对于 $\forall\, p_1 \in \Delta_0$. 总有 $|f(p_1, p_0)| > 2M$. 因此在 Δ 外 $f(p, p_0) - f(p_1, p_0) \neq 0$. 利用辐角原理，在 Δ 内

$$f(p, p_0) - f(p_1, p_0)$$

的零点个数等于极点个数 1，即以 p_1 为单阶零点. 因此函数

$$F(p, p_1) = \frac{f(p, p_0)}{f(p, p_0) - f(p_1, p_0)}$$

在 W 上亚纯，仅以 p_1 为单阶极点，且在 p_1 的局部参数邻域外有界. 设 F 在 p_1 的留数为 A，则 $\dfrac{F(p, p_1)}{A} - f(p, p_1)$ 是 W 上的有界全纯函数，因而是常数. 于是，我们有线性表示式

$$f(p, p_1) = \frac{F(p, p_1)}{A} + B.$$

代入 F 的表示式后，则得到线分式变换 s，使得

$$f(p, p_1) = s(f(p, p_0)).$$

我们还可证明，给定 $f(p, p_0)$，对任意 $p_1 \in W$ 及对应的 $f(p, p_1)$，存在线分式变换 s，使得 $f(p, p_1) = s(f(p, p_0))$.

因为对任意 $p_1 \in W$，存在连接 p_0 到 p_1 的路径 γ，在 γ 上取一串点 $p_0 = q_0$, $q_1, \cdots q_n = p_1$，使得对于 $i = 1, 2, \cdots, n$, q_i 在 q_{i-1} 的局部参数圆内，且存在线分式变换 s_i，使得

$$f(p, q_i) = s_i(f(p, q_{i-1})).$$

取 $s_n \circ \cdots \circ s_1$，则有

$$f(p, p_1) = s(f(p, p_0)).$$

现在我们能够证明，$w = f(p, p_0)$ 是一一映照. 对任意 $p_1 \in W$，我们要证明，$f(p, p_0) = f(p_1, p_0)$ 当且仅当 $p = p_1$. 如果 $f(p, p_0) = f(p_1, p_0)$，则存在线分式

变换 s,使得

$$f(p,p_1)=s(f(p,p_0))=s(f(p_1,p_0))=f(p_1,p_1)=\infty,$$

而 p_1 是 $f(p,p_1)$的唯一的单阶极点,所以 $p=p_1$. 又如果 $p=p_1$,则有 $f(p,p_0)=f(p_1,p_0)$.

总之,$w=f(p,p_0)$把 W 共形映照到$\bar{\mathbb{C}}$内的单连通域 G,G 的边界不能多于两点,否则 G 和 W 是双曲型的. 因此

$$G=\bar{\mathbb{C}}-\{w_0\},$$

经一共形映照后,G 共形等价于$\mathbb{C}$. 因而,单连通抛物型 Riemann 曲面 W 共形等价于$\mathbb{C}$,这就是所要证的结论.

单连通紧 Riemann 曲面共形等价于$\bar{\mathbb{C}}$.

对单连通紧 Riemann 曲面 W,完全同于抛物型 Riemann 曲面的情况,构造 $f(p,p_0)$,$w=f(p,p_0)$把 W 共形映照为$\bar{\mathbb{C}}$内的单连通域 G. 但这时 G 是紧的,因此只有 $G=\bar{\mathbb{C}}$. 即 W 共形等价于$\bar{\mathbb{C}}$.

至此定理证完. 这定理称为 Klein,Poincaré 和 Koebe 的一般单值化定理.

对任何 Riemann 曲面 W,它的万有覆盖曲面$(\hat{W},\pi)$,$\hat{W}$ 总是单连通的,因此存在共形映照 $f:\hat{W}\to G$,G 是三种典型域$\bar{\mathbb{C}}$,$\mathbb{C}$和 Δ 之一. 如果 $\pi\circ f^{-1}:G\to W$ 作为投影映照,则$(G,\pi\circ f^{-1})$是 W 的万有覆盖曲面. 因此我们总可以假定 W 的万有覆盖曲面是 G(G 为$\bar{\mathbb{C}}$,$\mathbb{C}$或 Δ),投影映照为 π,即(G,π)是 W 的万有覆盖曲面,π 是 G 到 W 上的局部一一的解析映照.

现设 g 是 W 上的多值解析函数,则 $g\circ\pi$ 是 G 上的多值解析函数,由于 G 是单连通域,则由单连通域解析开拓定理,$g\circ\pi$ 在 G 上总是一些单值分支组成. 选取分支后,$g\circ\pi$ 就是单值解析函数. 这过程说明,W 上的多值解析函数,总可以通过万有覆盖曲面,变为平面域 G 内的单值解析函数.

§8 用万有覆盖曲面及万有覆盖变换群构造 Riemann 曲面

任何 Riemann 曲面 W 的万有覆盖曲面$(\hat{W},\pi)$是单连通 Riemann 曲面,其中投影映照 $\pi:\hat{W}\to W$ 是局部拓扑的解析映照.

根据单值化定理,$\hat{W}$ 共形等价于三种典型域$\bar{\mathbb{C}}$、$\mathbb{C}$和 Δ 之一. 因此以后我们总假定 $\hat{W}=\bar{\mathbb{C}}$,$\mathbb{C}$或单位圆 Δ.

设 W 的万有覆盖变换群为Γ,

$$\Gamma=\{A:A\text{ 是 }\hat{W}\text{ 的共形自映照},\pi\circ A=\pi\}.$$

万有覆盖变换 A 都是线分式变换,Γ 是线分式变换组成的群.

根据第三章定理 7.2,对任意 $p_0 \in W$,

$$\Gamma \cong \pi_1(W, p_0).$$

即 W 的基本群与万有覆盖变换群同构. $\pi_1(W, p_0)$ 的元素与 $\pi^{-1}(p_0)$ 上的点一一对应. $\pi^{-1}(p_0)$ 是 $\hat{W} = \bar{\mathbb{C}}, \mathbb{C}$ 或 Δ 内的孤立点集,因此 $\pi^{-1}(p_0)$ 最多由可数多个点组成, Γ 和 $\pi_1(W, p_0)$ 是可数群. 设

$$\Gamma = \{A_0, A_1, A_2, \cdots, A_i, \cdots\},$$

其中 $A_0 = I$, I 表示恒等变换.

万有覆盖变换群 Γ 有下列两个重要性质:

Γ1. 对任意 $A \in \Gamma$,如果 $A \neq I$,则 A 在 $\hat{W}$ 内没有不动点.

根据这一性质,对任意 $p_0 \in W$,由于 $\pi^{-1}(p_0)$ 上任意两个点,唯一存在一个 $A \in \Gamma$ 把其中一点变为另一点,因此对任意 $z_0 \in \pi^{-1}(p_0)$,有

$$\pi^{-1}(p_0) = \{z_0, z_1 = A_1(z_0), \cdots, z_i = A_i(z_0), \cdots\}.$$

在 $\hat{W}$ 上对于任意 z_0,令 $\Gamma_{z_0} = \{A_i(z_0) : i = 0, 1, 2, \cdots\}$ 并称之为一个轨道. 在这种表示下,对任意 $z_0 \in \pi^{-1}(p_0)$ 有

$$\pi^{-1}(p_0) = \Gamma_{z_0}.$$

根据覆盖的正则性,回忆到对任意 $A_i \in \Gamma$,有 $\pi \circ A_i = \pi$,我们有关于 Γ 在 $\hat{W}$ 的间断性的性质:

Γ2. 设 $z_0 \in \hat{W}$, $\Gamma_{z_0} = \{z_i = A_i(z_0) : i = 0, 1, 2, \cdots\}$,如果 $z_0 \in \pi^{-1}(p_0)$,则 W 上存在以 p_0 为心的充分小的局部参数圆 V_{p_0}, $\hat{W}$ 上存在以 z_i 为心的圆 V_{z_i},使得 $\pi | V_{z_i} : V_{z_i} \to V_{p_0}$ 是一一解析映照,并且当 $i \neq j$ 时 $V_{z_i} \cap V_{z_j} = \varnothing$,对 $i = 0, 1, 2, \cdots$ 有 $A_i(V_{z_0}) = V_{z_i}$.

现在我们定义轨道空间 $\hat{W}/\Gamma$,建立复结构使 $\hat{W}/\Gamma$ 成为 Riemann 曲面,证明 $\hat{W}/\Gamma$ 共形等价于 W,即

$$\hat{W}/\Gamma = W.$$

设 $z \in \hat{W}$,轨道 Γ_z 是一点集,利用轨道定义一个等价关系:对任意 $z_1, z_2 \in \hat{W}$, z_1 等价于 z_2,记为 $z_1 \sim z_2$,当且仅当 z_1 和 z_2 在同一轨道 Γ_z. 利用这一等价关系,把 $\hat{W}$ 的点分为等价类,对任意 $z \in \hat{W}$, z 所在的等价类就是 Γ_z. 记之为 $[z] = \Gamma_z$. 定义

$$\hat{W}/\Gamma = \{[z] = \Gamma_z : z \in \hat{W}\},$$

及自然投影映照

$$\pi^* : \hat{W} \to \hat{W}/\Gamma, \pi^*(z) = [z] = \Gamma_z.$$

对任意

$$[z_0] \in \hat{W}/\Gamma, [z_0] = \Gamma_{z_0} = \{z_i = A_i(z_0) : i = 0, 1, 2, \cdots\},$$

设 $z_0 \in \pi^{-1}(p_0)$. 根据性质 Γ2,对任何满足 Γ2 条件的以 z_i 为心的圆 V_{z_i} 及以 p_0 为心的局部参数圆 V_{p_0},定义$[z_0]$的局部参数邻域

$$V_{[z_0]} = \{[z] : z \in V_{z_i}\},$$

则 $\hat{W}/\Gamma$ 成为拓扑空间,而且是 Hausdorff 空间.

$\pi^* : V_{z_i} \to V_{[z_0]}$是一一对应,且 π^* 把邻域一一地映为邻域,因此 π^* 是局部拓扑映照. $\hat{W}/\Gamma = \pi^*(\hat{W})$是连通的.

定义 $\hat{W}/\Gamma$ 的复结构,局部参数邻域取为 $V_{[z_0]}$,局部参数映照取为 $(\pi^* \mid V_{z_i})^{-1}: V_{[z_0]} \to V_{z_i}$. 这样 $\hat{W}/\Gamma$ 成为 Riemann 曲面. 自然投影映照是局部一一的解析映照.

现在,根据投影映照 $\pi: \hat{W} \to W$, $\pi^* : \hat{W} \to \hat{W}/\Gamma$,定义映照

$$\pi \circ \pi^{*-1}: \hat{W}/\Gamma \to W, [z_0] = \Gamma_{z_0} \longmapsto \pi([z_0]) = p_0,$$

其中 $p_0 = \pi(z_0)$. 这是一一映照,而且是解析映照,因为在局部参数邻域 $V_{[z_0]}$内及局部参数映照 π^{*-1}下,及在对应的局部参数邻域 V_{p_0}内及局部参数映照 π^{-1}下,

$$\pi^{-1} \circ (\pi \circ \pi^{*-1}) \circ \pi^* : V_{z_0} \to V_{z_0}$$

是恒等映照,因而是解析的. 这就说明,$\pi \circ \pi^{*-1}: \hat{W}/\Gamma \to W$ 是共形映照,$\hat{W}/\Gamma$ 共形等价于 W,记为 $\hat{W}/\Gamma = W$.

Riemann 曲面按万有覆盖曲面分类如下:

Riemann 曲面称为双曲型的,如果它的万有覆盖曲面是 Δ,Riemann 曲面称为抛物型的,如果它的万有覆盖曲面是$\mathbb{C}$. 如果万有覆盖曲面是$\bar{\mathbb{C}}$,我们则称之为椭圆型的.

我们后面将按 Riemann 曲面的类型及覆盖变换群,分别讨论其具体构造.

根据 $W = \hat{W}/\Gamma$ 可直接推出,Riemann 曲面具有可数基,即 W 具有可数多个参数圆组成的开覆盖,由此可以构造 W 的一个三角剖分,即 Riemann 曲面的可三角剖分性,这就是 Radó 定理.

映照在万有覆盖曲面的提升,作法如下:

我们只讨论双曲型 Riemann 曲面的情况,设 W 和 W_1 为 Riemann 曲面,万有覆盖曲面分别为(Δ, π)和(Δ, π_1),覆盖变换群分别为 Γ 和 Γ_1. 设 $f: W \to W_1$ 为解析映照,我们要提升 f 为解析映照 $\widetilde{f}: \Delta \to \Delta$.

取定 p_0 和 $q_0 = f(p_0)$, $z_0 \in \pi^{-1}(p_0)$和 $u_0 = \pi^{-1}(q_0)$, $\widetilde{f}$ 定义如下:对任意 $z \in \Delta$,设 $\widetilde{\gamma}$ 为连接 z_0 到 z 的路径,经映照 π 后,对应的 $\gamma = \pi(\widetilde{\gamma})$为连接 p_0 到 p 的路径,再经映照 f 后,对应的 $\sigma = f(\gamma)$为连接 q_0 到 q 的路径,最后以 z_1 为起点提升 σ 为 $\widetilde{\sigma}$, $\widetilde{\sigma}$ 为连接 u_0 到 u 的路径. 这样,$z \longmapsto u$ 定义一个映照 $\widetilde{f}: \Delta \to \Delta$. 不难验证 $\widetilde{f}$ 的定义是合理的,且 $\widetilde{f}$ 也是解析函数, $\widetilde{f}(z_0) = u_0$.

$\widetilde{f}$ 称为 f 的提升. 它具有性质 $\widetilde{f}:\pi^{-1}(p)\to\pi^{-1}(q)$, $q=f(p)$.

如果 $f: W\to W_1$ 是共形映照, 则 f 的提升 $\widetilde{f}:\Delta\to\Delta$ 也是共形映照, 即线分式变换. 这时对任意 $A\in\Gamma$, $\widetilde{f}\circ A\circ\widetilde{f}^{-1}\in\Gamma_1$, 且有 $\Gamma_1=\widetilde{f}\Gamma\widetilde{f}^{-1}$, 即 Γ_1 和 Γ 是共轭的.

共形等价的 Riemann 曲面, 其万有覆盖变换群是共轭的. 反之, 如果万有覆盖变换群共轭, 则 Riemann 曲面共形等价.

对于双曲型 Riemann 曲面 W, 其万有覆盖 $\pi:\Delta\to W$, 有时也用上半平面 U 代替 Δ. 作共形映照 $g: U\to\Delta$,

$$g(z)=\frac{z-i}{z+i},$$

则 $\pi\circ g: U\to W$ 也是 W 的万有覆盖. 这两个万有覆盖曲面是等价的. 如果 $\pi:\Delta\to W$ 的万有覆盖变换群是 Γ, 则 $\pi\circ g: U\to W$ 的万有覆盖变换群为共轭群

$$g^{-1}\Gamma g=\{g^{-1}Ag: A\in\Gamma\}.$$

§9　线分式变换的类型与不动点

万有覆盖变换是 $\bar{\mathbb{C}}$, $\mathbb{C}$ 或单位圆 Δ 的共形自映照, 都是线分式变换, 覆盖变换群则是线分式变换群的子群.

线分式变换 $A:\bar{\mathbb{C}}\to\bar{\mathbb{C}}$ 的一般形式为

$$A(z)=\frac{az+b}{cz+d}, ad-bc\neq 0,$$

其中 $a,b,c,d\in\mathbb{C}$. 我们通常总规范化 A, 使得 $ad-bc=1$. 矩阵

$$A=\begin{bmatrix} a & b \\ c & d \end{bmatrix}$$

称为线分式变换 A 的矩阵表示, 这时 $A\in SL(2,\mathbb{C})$, 我们将用同一个 A 表示线分式变换及其矩阵表示.

所有线分式变换组成一个群, 用 $\mu(\bar{\mathbb{C}})$ 表示之, 其中乘法定义为 $AB=A\circ B$, 逆元素 A^{-1} 即为 A 的逆变换, I 表示恒等变换.

线分式变换 A 与 B 称为**共轭的**, 如果存在线分式变换 M, 使得 $B=MAM^{-1}$. 这样的共轭定义一个等价关系, 利用共轭关系, 我们可以把线分式变换分成共轭类.

A 与 $B=MAM^{-1}$ 具有一个重要性质: 设集 $E,F\subset\bar{\mathbb{C}}$, $A(E)=F$, 则 $BM(E)=BM(F)$. 这常用于简化线分式变换的几何性质的研究.

线分式变换的类型

一般的线分式变换 $A\in\mu(\bar{\mathbb{C}})$最多有两个不动点.不动点是方程

$$A(z)=\frac{az+b}{cz+d}=z(ad-bc=1)$$

的根.为解这方程,把它化为二次方程

$$cz^2-(a-d)z-b=0.$$

这方程的判别式(也称为 A 的判别式)是

$$D=(a-d)^2+4bc=(a+d)^2-4(ad-bc)=(a+d)^2-4.$$

当且仅当 $D=0$ 时 A 仅有一个不动点,其中 $c\neq0$ 时,不动点 $z=\frac{a-d}{2c}$;当 $c=0$ 时,不动点 $z=\infty$.

当且仅当 $D\neq0$ 时 A 有两个不动点,其中 $c\neq0$ 时不动点为

$$z_1,z_2=\frac{a-d\pm\sqrt{D}}{2c}.$$

当 $c=0$ 时,两个不动点分别是 $z_1=-\frac{b}{a-d}$和 $z_2=\infty$.

线分式变换 A 称为**抛物型的**,如果 A 只有一个不动点.

抛物型变换的典型式:作抛物型变换 A 的共轭,当不动点 $z_1\neq\infty$时,取线分式变换 M_0,

$$M_0(z)=\frac{1}{z-z_1},$$

当 $z_1=\infty$时取 $M_0=I$,则 A 共轭于 $T=M_0AM_0^{-1}$,T 仅以无穷为不动点,T 必具有形式

$$T(z)=z+b',b'\neq0.$$

再取

$$M_1(z)=\frac{z}{b'},$$

则 T 共轭于 $T_1=M_1TM_1^{-1}$,于是 A 共轭于 $T_1=MAM^{-1}$,$M=M_1M_0$,T_1 具有典型式

$$T_1(z)=z+1.$$

典型的抛物型变换 $T_1(z)=z+1$ 是一个平行移动. T_1 把平行于 x 轴的直线(应看作通过不动点∞的圆周)变为自身,这种直线是 T_1 的不动直线.所有不动直线组成不动直线族.与所有不动直线正交的直线组成不动直线族的正交族,T_1 把正交族中的直线变为族中的另一直线.参看图 5.2,其中实直线是不动直线.

对于一般抛物型变换 A,不动圆周族是相互切于不动点的圆周族.相互切于不动点,且与不动圆周族正交的圆周,组成不动圆周族的正交族. A 把正交族中的

圆周变为族中另一圆周. 不动圆周围成的圆称为抛物型变换的不动圆. 参看图 5.3,其中实圆周是不动圆周.

如果线分式变换 A 具有两个不动点,则 A 是非抛物型的. 这时判别式 $D=(a+d)^2-4\neq0$. 设 A 的不动点为 z_1,z_2,作变换 M,

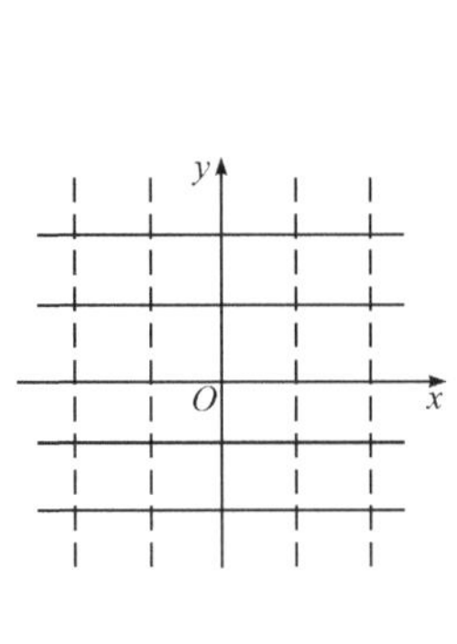

图　5.2

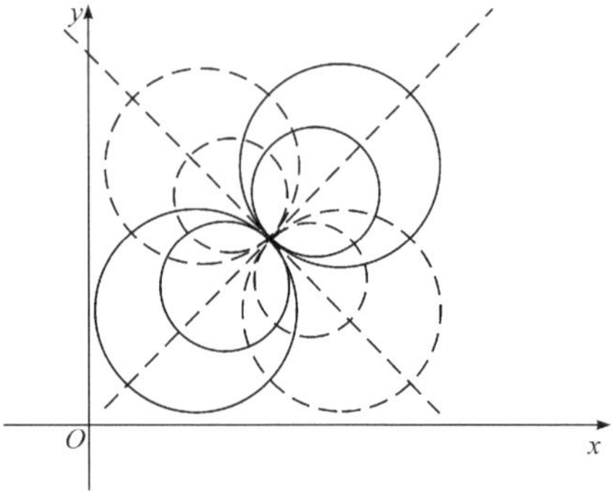

图　5.3

$$M(z)=\frac{z-z_1}{z-z_2},z_2\neq\infty,M(z)=z-z_1,z_2=\infty;$$

则 A 共轭于 $T_K=MAM^{-1}$, T_K 以 0 和∞为不动点. 因此 T_K 有表示式

$$T_K(z)=Kz,K=\lambda e^{i\theta},K\neq0,1.$$

A 称为椭圆型的,如果 $K=e^{i\theta}$. A 共轭于典型变换 T_θ,

$$T_\theta(z)=e^{i\theta}z,e^{i\theta}\neq1.$$

对于 T_θ,以不动点 0 为心的圆周为不动圆周,组成不动圆周族. 通过不动点 0 和∞的直线组成不动圆周族的正交族, T_θ 把正交族的圆周变为族中另一圆周. 参看图 5.4,其中实圆周是不动圆周.

对一般的椭圆变换 A,不动圆周包含一不动点在内部,另一不动点在外部,两不动点关于不动圆周对称(反演). 所有不动圆周组成不动圆周族. 通过两不动点的圆周组成不动圆周族的正交族. A 把正交族中的圆周变为族中另一圆周. 不动圆周围成的圆称为椭圆变换的不动圆. 参看图 5.5,其中实圆周是不动圆周.

A 称为双曲型的,如果 $K=\lambda$, $0<\lambda<\infty$, $\lambda\neq1$. A 共轭于典型变换 T_λ,

$$T_\lambda(z)=\lambda z.$$

再作变换 $M(z)=\dfrac{1}{z}$,则 T_λ 共轭于 $T_{1/\lambda}=MT_\lambda M^{-1}$. 因此,可在典型变换 T_λ 中假定 $0<\lambda<1$ 或 $1<\lambda<\infty$.

对于 T_λ,通过不动点 0 和∞的直线是不动直线,组成不动直线族. 以不动点 0 为心的圆周组成不动直线族的正交族, T_λ 把这族中的圆周变为族中另一圆周. 参看图 5.4,其中虚直线是不动直线.

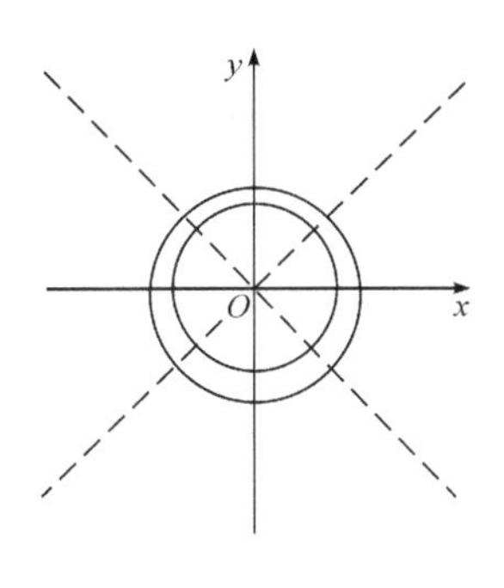

图 5.4

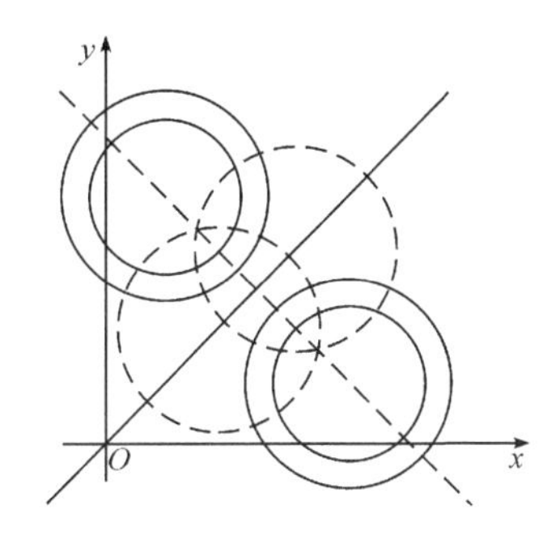

图 5.5

对一般的双曲型变换 A,通过两不动点的圆周是不动圆周,组成不动圆周族.与不动圆周族正交的圆周族组成正交族,这族中的圆周包含一个不动点在其内部,另一不动点在其外部,且两不动点关于圆周对称(反演).A 把正交族中的圆周变为族中另一圆周.不动圆周围成的圆称为双曲变换的**不动圆**.参看图 5.5,其中虚圆周是不动圆周.

A 称为**斜驶型的**,如果 $T_K=\lambda e^{i\theta}z,\lambda\neq 0,1,e^{i\theta}\neq 1$

斜驶型变换 A 没有不动圆.

线分式变换的类型可用变换的迹来判别.

对线分式变换 A,

$$A(z)=\frac{az+b}{cz+d},ad-bc=1,$$

我们定义变换 A 的**迹**为其矩阵的迹 $\mathrm{tr}(A)$:

$$[\mathrm{tr}(A)]^2=(a+d)^2.$$

这时,A 的判别式$D=\mathrm{tr}^2(A)-4$.

容易验证,迹是共轭不变量,即

$$[\mathrm{tr}(MAM^{-1})]^2=[\mathrm{tr}(A)]^2,$$

其中 M 不一定是规范化表示的矩阵.

定理 9.1 设 A,B 为两个非恒等的线分式变换,则 A 与 B 共轭,当且仅当

$$\mathrm{tr}^2(A)=\mathrm{tr}^2(B).$$

证明 由于迹共轭不变,我们只需证明,如果

$$\mathrm{tr}^2(A)=\mathrm{tr}^2(B),$$

则 A 共轭于B.我们已经知道,线分式变换共轭于典型变换 T_K,

$$T_1(z)=z+1,K=1(\text{抛物型});$$

$$T_K(z)=Kz,K\neq 1(\text{非抛物型}).$$

T_K 的矩阵表示为

$$T_K = \begin{bmatrix} \sqrt{K} & 0 \\ 0 & \dfrac{1}{\sqrt{K}} \end{bmatrix}.$$

因此

$$\mathrm{tr}^2(T_K) = K + \frac{1}{K} + 2.$$

如果 A 共轭于 T_K,B 共轭于 T_{K_1},由于 $\mathrm{tr}^2(A)=\mathrm{tr}(B)$,我们有

$$K + \frac{1}{K} + 2 = K_1 + \frac{1}{K_1} + 2.$$

由此推出 $K_1=K$ 或 $K_1=\dfrac{1}{K}$.我们已经知道,如果取

$$M(z) = \frac{1}{z},$$

则 $T_{1/K}=MT_KM^{-1}$,即 T_K 与 $T_{1/K}$共轭,因而 A 与 B 共轭.定理证完.

根据这一定理我们知道,所有抛物型变换是共轭的,因为由判别式 $D=\mathrm{tr}^2(A)-4=0$,$\mathrm{tr}^2(A)=4$.

定理 9.2　设线分式变换 $A\neq I$,则

1° A 是抛物型的,当且仅当 $\mathrm{tr}^2(A)=4$;

2° A 是椭圆型的,当且仅当 $0\leqslant\mathrm{tr}^2(A)<4$;

3° A 是双曲型的,当且仅当 $4<\mathrm{tr}^2(A)<\infty$;

4° A 是斜驶型的,当且仅当 $\mathrm{tr}^2(A)\notin[0,\infty)$.

证明　如果 1°～3°成立,则 4°是自然成立的.

1° 是显然的,我们已经知道,A 是抛物型的,当且仅当

$$D = \mathrm{tr}^2(A) - 4 = 0.$$

在定理 9.1 的证明中指出,对非抛物型变换 A 共轭于 $T_K(K\neq1)$,并且

$$\mathrm{tr}^2(A) = K + \frac{1}{K} + 2,$$

T_K 与 $T_{1/K}$共轭.

2° 如果 A 是椭圆型的,则 $K=\mathrm{e}^{i\theta}$,$e^{i\theta}\neq1$,因而 $\cos\theta\neq1$.这时

$$0 \leqslant \mathrm{tr}^2(A) = 2 + 2\cos\theta < 4.$$

反之,如果 $0\leqslant\mathrm{tr}^2(A)<4$,则方程 $\mathrm{tr}^2(T_K)=2+2\cos\theta$ 有解 $K=e^{i\theta},e^{-i\theta}$,根据定理 9.1,$A$ 共轭于 T_K 或 $T_{1/K}$,$K=e^{i\theta}$.因此 A 是椭圆型的.

3° 如果 A 是双曲型的,则 $K=\lambda$,$0<\lambda<\infty$,$\lambda\neq1$.

$$4 < \mathrm{tr}^2(T_K) = \lambda + \frac{1}{\lambda} + 2 < \infty.$$

反之,如果给定 $4<\mathrm{tr}^2(T_K)<\infty$,则方程

$$\lambda+\frac{1}{\lambda}+2=\mathrm{tr}^2(T_K)$$

有解 λ 与$\frac{1}{\lambda}$,$0<\lambda<\infty$,$\lambda\neq 1$. 根据定理 9.1,A 共轭于 T_K 或 $T_{1/K}$. A 是双曲型的. 证完.

§10　单位圆内的线分式变换与非欧几何

双曲型 Riemann 曲面的万有覆盖变换群是单位圆内的线分式变换群的子群.

单位圆 Δ 到自身的线分式变换,一般形式为

$$w=A(z)=e^{i\alpha}\frac{z-a}{1-\bar{a}z},a\in\Delta,0\leqslant\alpha<2\pi.$$

所有这样的线分式变换组成的群,记之为 $H(\Delta)$,其中乘法定义为:对任意 $A,B\in H(\Delta)$,$AB=A\circ B$,A 的逆 A^{-1}即为 A 的逆变换. 与 $H(\Delta)$共轭同构的有上半平面 U 的线分式变换群

$$H(U)=\left\{A(z)=\frac{az+b}{cz+d}:a,b,c,d\in\mathbb{R},ad-bc>0\right\}.$$

通过变换 $M:U\to\Delta$

$$M(z)=\frac{z-i}{z+i},$$

$H(U)$与 $H(\Delta)$共轭,$H(U)=MH(\Delta)M^{-1}$.

$H(\Delta)$和 $H(U)$称为**非欧运动群**,Δ 和 U 称为**非欧平面**.

我们主要讨论 $H(\Delta)$,通过变换 $M:U\to\Delta$,一切概念都可搬到 $H(U)$和 U 上.

注意到 Δ 是不动圆,$H(\Delta)$具有下列性质:

1) $H(\Delta)$中不包含斜驶型变换;

2) $H(\Delta)$中的椭圆变换,一个不动点在 Δ 内,一个在 Δ 外;两不动点关于$\partial\Delta$ 对称(反演);

3) $H(\Delta)$中的抛物变换,不动点在$\partial\Delta$ 上,不动圆周在 Δ 内,在不动点内切于$\partial\Delta$;

4) $H(\Delta)$中的双曲变换,两不动点在$\partial\Delta$ 上,不动圆周为通过两不动点的圆周.

现在,引入 Δ 的非欧度量. 对任意 $A\in H(\Delta)$,$w=A(z)$,对任意 $z_0\in\Delta$ 和 $w_0=A(z_0)$,由 $A(z)$的一般表示式,我们有

$$\frac{w-w_0}{1-\bar{w}_0w}=e^{i\alpha}\frac{z-z_0}{1-\bar{z}_0z}.$$

等式两边取绝对值后得到

$$\left|\frac{w-w_0}{1-\bar{w}_0 w}\right| = \left|\frac{z-z_0}{1-\bar{z}_0 z}\right|,$$

令 $z\to z_0$ 时 $w\to w_0$，则得到对 $w=A(z)$ 不变的微分式

$$\frac{|dz|}{1-|z|^2} = \frac{|dA(z)|}{1-|A(z)|^2}.$$

我们引入度量

$$ds = \frac{2|dz|}{1-|z|^2},$$

并称之为**Δ的非欧度量**或**双曲度量**，简称 ***H*－度量.**它是对任何变换 $A\in H(\Delta)$ 不变的，即对 $H(\Delta)$ 不变的度量.

通过变换 $M: U\to\Delta$, $\zeta=M(z)$，Δ 的 H－度量变为 U 的 H－度量

$$ds = \frac{2|dz|}{1-|z|^2} = \frac{|d\zeta|}{\operatorname{Im}\zeta}, \zeta = M(z)\in U.$$

在 H－度量下，两点间的距离可如下求得：

设 $a,b\in\Delta$, $\gamma:[0,1]\to\Delta$ 是 Δ 内以 a 为起点，b 为终点的可微分曲线，$t\to\gamma(t)$. 则 γ 的 H-长度定义为

$$l(\gamma) = \int_0^1 \frac{2|\gamma'(t)|}{1-|\gamma(t)|^2}dt.$$

a,b 的 ***H*－距离**，记为 $[a,b]$，定义为

$[a,b]=\inf\{l(\gamma): \gamma$ 为 Δ 内连接 a 到 b 的逐段可微的曲线$\}$.

由于 $l(\gamma)$ 经 $H(\Delta)$ 中的变换不变，取定 $A\in H(\Delta)$，使得 $A(a)=0$, $A(b)=r$, $0<r<1$, $A(z)$ 有表示式

$$A(z) = e^{i\alpha}\frac{z-a}{1-\bar{a}z},$$

则经 A 变换后，$[a,b]=[0,r]$. 现在，设 γ 为连接 0 到 γ 的逐段可微曲线，我们有

$$l(\gamma) = \int_0^1 \frac{2|\gamma'(t)|}{1-|\gamma(t)|^2}dt \geqslant \left|\int_0^1 \frac{2\gamma'(t)}{1-\gamma^2(t)}dt\right|$$

$$= \left|\int_0^1 \frac{2d\gamma(t)}{1-\gamma^2(t)}\right| = \left|\log\frac{1+r}{1-r}\right| \geqslant \log\frac{1+r}{1-r}.$$

如果取 $\gamma(t)=tr$, $t\in[0,1]$，即 γ 是连接 0 到 r 的直线段，则上面的等式成立. 因此

$$[0,r] = \log\frac{1+r}{1-r}.$$

经 A 变回到 a,b 后，得到

$$[a,b] = \log\frac{1+|b-a|/|1-\bar{a}b|}{1-|b-a|/|1-\bar{a}b|}.$$

在这一过程中可以看到,连接 a 到 b 的短程线,即测地线,是通过 a,b 而正交于 $\partial\Delta$ 的圆弧在 a 与 b 中间部分,它的 H-长度等于 $[a,b]$.

Δ 内正交于 $\partial\Delta$ 的圆弧称为**非欧直线**,简称 ***H*－直线**.过两点 $a,b\in\Delta$ 存在唯一的 H－直线.H－直线在 a 与 b 中间部分称为 ***H*－线段**,简记为 $H\text{-}\overline{ab}$,$H\text{-}\overline{ab}$ 的 H-长度就等于 $[a,b]$.

H－距离具有欧氏距离的性质,同样有三角不等式

$$[z_0,z_2]\leqslant[z_0,z_1]+[z_1,z_2],$$

且等号成立,当且仅当 z_0,z_1 和 z_2 在同一 H－直线上,且 z_1 在 z_0 与 z_2 中间.

事实上,经 $H(\Delta)$ 的变换后,不妨假定

$$z_0=0,z_1=r_1(r_1>0),z_2=r_2e^{i\theta}.$$

要证的三角不等式化为

$$\frac{1+|t|}{1-|t|}\leqslant\frac{1+r_1}{1-r_1}\cdot\frac{1+r_2}{1-r_2},$$

其中

$$t=\frac{r_2e^{i\theta}-r_1}{1-r_1r_2e^{i\theta}}.$$

我们要求出当 r_1 和 r_2 固定 $(0\leqslant\theta<2\pi)$ 时 $|t|$ 的最大值.由于不等式左边是 $|t|$ 的单调增函数,因此,只要对 $|t|$ 的最大值证明不等式即可.

变换

$$t=t(z)=\frac{z-r_1}{1-r_1z}$$

把实轴变为实数,把圆周 $|z|=r_2$ 变为圆心在实轴上的圆周, $-r_2$ 变为 $-\dfrac{r_2+r_1}{1+r_1r_2}$,它的模是圆周 $|z|=r_2$ 的象的模的最大值.因此当 $|z|=r_2$ 时 $|t|$ 达到最大值

$$|t|=\frac{r_2+r_1}{1+r_2r_1},$$

这时

$$\frac{1+|t|}{1-|t|}=\frac{1+r_1}{1-r_1}\cdot\frac{1+r_2}{1-r_2}.$$

由此即得到三角不等式,而且说明等式成立,当且仅当三点在 H－直线上,且 z_1 在 z_0 与 z_2 中间.

有了非欧平面 $\Delta(U)$ 及非欧运动群 $H(\Delta)(H(U))$,我们便可以讨论非欧几何.在非欧几何中,几乎所有欧氏平面几何的概念及结论,除与平行公理有关者外,都可搬到非欧几何中.

在Δ平面的非欧几何中,两条H-直线,如果相交,则交于一点.但是过H-直线外一点,则有多于一条的H-直线与原来的H-直线不相交.

以点a,b和c为顶点的H-三角形,它的三个边为$H\text{-}\overline{ab}$,$H\text{-}\overline{bc}$和$H\text{-}\overline{ca}$,以$z_0(\in\Delta)$为心,半径为r的H-圆周与H-圆,则分别是$\{z:[z,z_0]=r\}$与$\{z:[z,z_0]<r\}$.

H-三角形的面积公式,可求之如下.

设$E\subset\Delta$为可测集,则E在H-度量下的H-面积为

$$H-\text{Area}(E)=\iint_E\left[\frac{2}{1-|z|^2}\right]^2dxdy,z=x+iy.$$

如果$E\subset U$或通过变换$M:U\to\Delta$变为U的集,则在U的H-度量下,

$$H-\text{Area}(E)=\iint_E\frac{dxdy}{[\text{Im}z]^2},z=x+iy.$$

对于任何H-三角形abc,设顶点a,b,c对应的角为α,β,γ,则关于H-三角形abc有H-面积公式:

$$H-\text{Area}(abc)=\pi-(\alpha+\beta+\gamma).$$

因此,H-三角形的内角和小于π.

证明这一公式时,我们可以假定H-三角形abc在U内.

考虑特殊三角形abc,其中$c=\infty,\gamma=0$.经$H(U)$中的变换后,可以假定a,b在半圆周$|z|=1$上.参看图5.6.

我们有面积公式

$$H-\text{Area}(abc)=\int_{\cos(\pi-\alpha)}^{\cos\beta}\left[\int_{\sqrt{1-x^2}}^{\infty}\frac{dy}{y^2}\right]dx=\pi-(\alpha+\beta).$$

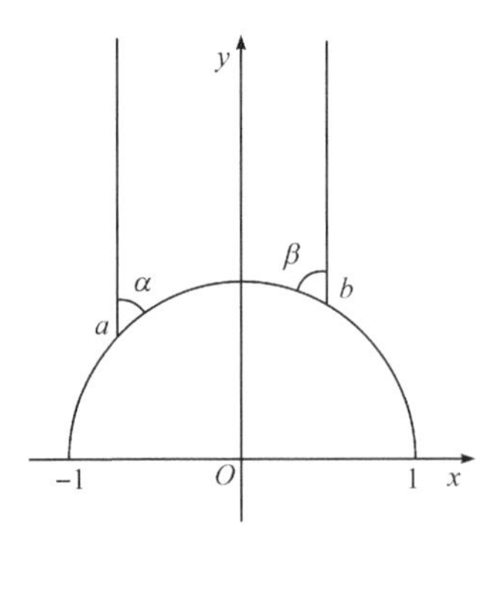

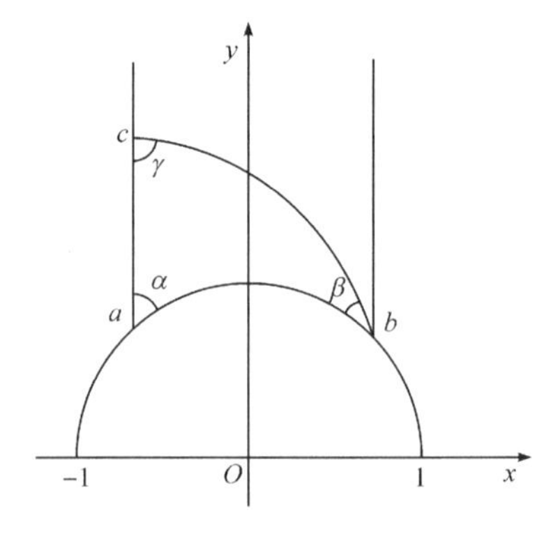

图　5.6　　　　　　　　图　5.7

对于一般的H-三角形abc,如果$c\neq\infty$,则延长边H-线段$\overline{ac}$交∂U于d,经H-变换把d变为∞,再经H-变换把a,b变到半圆周$|z|=1$上,则H-三角形abc的

面积等于两特殊 H-三角形 abd 与 bcd 面积之差(参看图 5.7). 由此便得到 H-三角形的面积公式.

§11 Klein 群与 Riemann 曲面

在这一节中,我们引入 Klein 群的概念,指出如何用 Klein 群构造 Riemann 曲面.

设 Γ 为线分式变换群 $\mu(\bar{\mathbb{C}})$ 的子群,对任意 $A\in\Gamma$,我们总假定具有规范化表示式

$$A(z)=\frac{az+b}{cz+d},ad-bc=1.$$

A 的矩阵表示构成 $\mathrm{SL}(2,\mathbb{C})$ 的子群.

定义 称 Γ 在 $z_0\in\bar{\mathbb{C}}$ 是**间断的**(或**不连续的**),如果 z_0 的稳定化子群

$$\Gamma_{z_0}=\{A\in\Gamma:A(z_0)=z_0\}$$

是有限的,且存在 z_0 的邻域 V 使得

$$A(V)=V,\text{对任意 }A\in\Gamma_{z_0};$$

$$A(V)\cap V=\varnothing,\text{对任意 }A\in\Gamma-\Gamma_{z_0}.$$

同时称 z_0 为 Γ 的**间断点**. Γ 的所有间断点组成的集,记之为 $\Omega(\Gamma)$ 或 Ω. Ω 是开集,且对任意 $A\in\Gamma$,有 $A(\Omega)=\Omega$,即 Ω 是 Γ 不变的开集.

令 $\Lambda=\Lambda(\Gamma)=\bar{\mathbb{C}}-\Omega(\Gamma)$,并称为 Γ 的**极限集**. Λ 是闭集,且对任意 $A\in\Gamma$,有 $A(\Lambda)=\Lambda$,即 Λ 是 Γ 不变的闭集.

定义 如果 $\Omega(\Gamma)\neq\varnothing$,则 Γ 称为 **Klein 群.**

附注 Γ 在 z_0 间断,根据定义 Γ_{z_0} 是有限群,且在 V 内间断,V 为 z_0 的邻域,V 是双曲型的. 设 $\pi_0:\Delta\to V$ 为万有覆盖曲面 $\pi_0(0)=z_0$. 对任意 $A\in\Gamma_{z_0}$,$A(V)=V$,提升 A 为

$$T:\Delta\to\Delta,$$

使 $T(0)=0$,

$$T=\pi_0^{-1}\circ A\circ\pi_0.$$

所有的提升 T 组成一个有限群 $\widetilde{\Gamma}_0$. 由于 T 以 0 为不动点,有表示式 $T(\zeta)=e^{2\pi\alpha i}\zeta$. 根据群 $\widetilde{\Gamma}_0$ 的有限性,α 一定是有理数. 设最小的有理数为 $\frac{1}{m}$,则 $\widetilde{\Gamma}_0$ 是由 $T(\zeta)=e^{\frac{2\pi i}{m}}\zeta$ 生成的循环群. 对于充分小的 $r>0$,设 D 为 $|\zeta|<r$ 在 π_0 下的拓扑象,则在 D 内 $\forall A\in\Gamma_{z_0}$ 共轭于有理旋转

$$\pi_0^{-1}\circ A\circ\pi_0:\zeta\to e^{\frac{2\pi k}{m}i}\zeta, k=0,1,2,\cdots,m-1.$$

总之，对于 Γ 在 z_0 的间断性的定义中，V 可换为充分小的共形圆 D，Γ_{z_0} 在 D 内共形共轭于 Δ 的有理旋转生成的循环群.

如果 $\Gamma_{z_0}\neq\{I\}$，则 z_0 是 Γ 中有理椭圆变换的不动点，Γ_{z_0} 是有理椭圆变换生成的有限循环群.

间断性的等价定义 群 Γ 在 z_0 是间断的，如果 z_0 的稳定化子群是有限的，而且存在 z_0 的一个邻域 V 共形等价于圆

$$D_r(0)=\{|\zeta|<r\},$$

使得对任意 $A\in\Gamma_{z_0}$，A 在 V 内共形共轭于有理旋转

$$\zeta\longmapsto e^{\frac{2\pi k}{m}i}\zeta(k=0,1,\cdots,m-1),$$

即对任意 $A\in\Gamma_{z_0}$，有交换图表：

$$\begin{array}{ccc} V & \xrightarrow{A} & V \\ \downarrow{\scriptstyle\pi_0} & & \downarrow{\scriptstyle\pi_0} \\ D_r(0) & \xrightarrow{\zeta\mapsto e^{\frac{2\pi k}{m}i}\zeta} & D_r(0) \end{array}$$

其中 $\pi_0: V\to D_r(0)$是共形映照，$\pi(0)=z_0$. 另外

$$A(V)=V,\forall A\in\Gamma_{z_0};$$

$$A(V)\cap V=\varnothing,\forall A\in\Gamma-\Gamma_{z_0};$$

$$A_1(V)\cap A_2(V)=\varnothing,\forall A_1,A_2\in\Gamma,A_2A_1^{-1}\notin\Gamma_{z_0}.$$

注意 定义中的 V 可以取充分小的邻域，且当 $\Gamma_{z_0}=\{I\}$时 V 可取为 $D_r(0)$.

由这一定义，我们立刻可得出，Klein 群由有限个或可数多个元素组成.

我们现在讨论，如何用 Klein 群构造 Riemann 曲面，

设 Γ 为 Klein 群，间断集 $\Omega=\Omega(\Gamma)$是开集. 设 Ω 由可数多个分支 Ω_j($\bar{\mathbb{C}}$的域)组成，

$$\Omega=\bigcup_j\Omega_j.$$

由于 Ω 是Γ 不变集. 因此对任意 $A\in\Gamma$，有 $A(\Omega_j)=\Omega_i$. 定义 Ω_j 的稳定化子群为

$$\Gamma_j=\{A\in\Gamma:A(\Omega_j)=\Omega_j\}.$$

Γ_j 是在Ω_j 间断的子群，而且 z_0 的稳定化子群 Γ_{z_0}是某一个 Γ 的子群.

对任意 $z_0\in\Omega$，定义 z_0 的轨道为

$$\Gamma_{z_0}=\{A(z_0):A\in\Gamma\}.$$

定义

$$\Omega/\Gamma = \{\Gamma z : z \in \Omega\},$$

及自然投影映照 $\pi:\Omega \to \Omega/\Gamma, z \longmapsto \Gamma z$. 现在定义复结构使 Ω/Γ 是(不连通的) Riemann 曲面,π 是解析映照.

根据间断点的等价定义,对任意 $z_0 \in \Omega$,对任何充分小的以 z_0 为心的共形圆 V,定义 Γz_0的局部参数邻域为

$$U = \{\Gamma z : z \in V\}.$$

当 $\Gamma z_0 \neq \{I\}$时,取局部参数映照

$$(\pi_0^{-1} \circ \pi^{-1})^m : U \to \{|\zeta| < r^m\};$$

当 $\Gamma z_0 = \{I\}$时,取局部参数映照

$$\pi^{-1} : U \to V.$$

解析映照 $\pi:\Omega \to \Omega/\Gamma$ 不是局部拓扑的,根据定义,这是一个分支覆盖曲面,分支点是使 $\Gamma z_0 \neq \{I\}$的点,分支的级是 Γz_0的阶数减 1,即 $m-1$.

同样,对 Ω_j 与群 Γ_j,定义 Riemann 曲面及自然投影映照

$$\Omega_j/\Gamma_j = \{\Gamma_j z : z \in \Omega_j\}, \pi_j : z \longmapsto \Gamma_j z.$$

注意到 $\pi_j = \pi|\Omega_j$, Ω_j/Γ_j 是 Ω/Γ 的一个(连通)分支.

现在进行共形等价分类:

Ω 的分支 Ω_i 与 Ω_j 称为等价的,如果存在 $A \in \Gamma$,使得

$$A(\Omega_j) = \Omega_i.$$

我们把 Ω 的分支分成等价类,每一类中仅取出一个域,记之为 Ω_n. 这样,Ω/Γ 可以表为最多可数多个互不相交的分支之和

$$\Omega/\Gamma = \bigcup_n \Omega_n/\Gamma_n.$$

定义　如果 Ω 是连通的,则 Γ 称为**函数群**. 如果 $\Lambda(\Gamma)$最多由两个点组成,则 Γ 称为**初等 Klein 群**.

现在讨论 Klein 群的离散性.

对于一般的线分式变换子群 Γ,它的元素 A 的矩阵表示是 $SL(2,\mathbb{C})$的子群. 通常认为 $SL(2,\mathbb{C}) \subset \mathbb{C}^4$. 对$\mathbb{C}^4$在 $SL(2,\mathbb{C})$的诱导拓扑,如果 Γ 是由孤立点组成,则 Γ 称为**离散的**.

这就是说,Γ 是离散的,如果对任何序列$\{X_n\} \subset \Gamma$, $X_n \to X$, $X \in SL(2,\mathbb{C})$(可能$\notin \Gamma$),则当 n 充分大时 $X_n = X$. 这又等价于说,如果$\{X_n\} \subset \Gamma$, $X_n \to I$,则当 n 充分大时 $X_n = I$. 这里收敛的意义是指,如果

$$X_n^{(z)} = \frac{a_n z + b_n}{c_n z + d_n}, a_n d_n - b_n c_n = 1,$$

$$X(z) = \frac{az + b}{cz + d}, ad - bc = 1,$$

则 $X_n \to X$,当且仅当 $n \to \infty$时,在$\mathbb{C}$中有 $a_n \to a$, $b_n \to b$, $c_n \to c$ 及$d_n \to d$.

显然,离散群最多由可数多个元素组成.

根据 Klein 群的间断性定义,Klein 群一定是离散群.

到现在为止,我们就可以看到,Riemann 曲面的万有覆盖变换群是 Klein 群.椭圆型 Riemann 曲面与抛物型 Riemann 曲面的万有覆盖变换群是初等 Klein 群,间断域 Ω 分别是$\bar{\mathbb{C}}$和$\mathbb{C}$.但是双曲型 Riemann 曲面则对应另一类重要的 Klein 群,即所谓 Fuchs 群.

定义　Klein 群 Γ 称为 **Fuchs 群**,如果 Γ 有一个不变圆或不变半平面.

对于 Fuchs 群 Γ,经共轭后,我们总可假定不变圆是单位圆 Δ(或上半平面 U).因此 Fuchs 群 Γ 是 Δ(或 U)内线分式变换群 $H(\Delta)$(或 $H(U)$)的子群.且 Γ 在 Δ(或 U)是间断的.

定理 11.1　$\Gamma\subset H(\Delta)$,Γ 是 Fuchs 群当且仅当 Γ 是离散的.

证明　由于 Klein 群是离散的,因而 Fuchs 群是离散的.于是,我们只须证明,如果 Γ 是离散的,则 Γ 是 Fuchs 群.

反证之,假设 Γ 在一点 $z_0\in\Delta$ 不是间断的,则由间断点的定义,一定存在互不相同的序列 $X_n\in\Gamma$,及点 $z_n\in\Delta$,使得 $z_n\to z_0$ 且 $W_n=X_n(z_n)\to z_0(n\to\infty)$.

作 $A_n,B_n\in H(\Delta)$,

$$A_n(z)=\frac{z-z_n}{1-\bar{z}_nz},B_n(z)=\frac{z-W_n}{1-\overline{W}_nz}.$$

再作 $C_n\in H(\Delta)$,

$$C_n=B_nX_nA_n^{-1},$$

则 $C_n(0)=0$,因此 $C_n(z)=\lambda_nz$,$|\lambda_n|=1$.经选取子序列后,不妨假定当 $n\to\infty$时 $C_n\to C_0$,$C_0(z)=\lambda_0z$,$|\lambda_0|=1$.由于 $A_n\to A_0$ 和 $B_n\to B_0$,因此当 $n\to\infty$时 $X_n\to B_0^{-1}C_0A_0$.X_n 互不相同,这就与 Γ 的离散性矛盾,证完.

关于积可交换的线分式变换,有下面的一个重要引理.

对于线分式变换 A,B,如果 $AB=BA$,则称 A 和 B 可交换.这时交换子

$$[A,B]=ABA^{-1}B^{-1}=I.$$

同时也有 $A=BAB^{-1}$和 $B=ABA^{-1}$.

引理 11.2　设 A,B 为线分式变换,都不等于 I,$AB=BA$,则有以下两种情况:

1) A,B 都是抛物型变换,且有公共不动点;

2) A,B 都不是抛物型变换,或者 A、B 两个不动点相同;或者 A、B 两个不动点都不相同,A、B 是椭圆型变换,且

$$A^2=B^2=(AB)^2=I.$$

证明　首先注意到 $A=BAB^{-1}$,B 把 A 的不动点仍变为 A 的不动点.

1) 如果 A 是抛物变换,作共轭后可以假定 $A(z)=z+1$.由于 A 的唯一不动

点是∞，故 $B(\infty)=\infty$，$B(z)=\mu z+\beta$. 现在只要证明 $\mu=1$. 由假设 $AB=BA$ 得到

$$\mu z+\beta+1=\mu z+\mu+\beta.$$

因此 $\mu=1$. 即 A，B 经同一变换共轭于 $z+1$ 与 $z+\beta$. 1)的结论成立.

2) 如果 1)不成立，则 A，B 都是非抛物变换，经同一共轭变换后，不妨假定 $A(z)=\lambda z$，$\lambda\in\mathbb{C}$，$\lambda\neq 1$，B 把 A 的不动点集$\{0,\infty\}$变为$\{0,\infty\}$，则或者 $B(0)=0$ 和

$$B(\infty)=\infty, B(z)=\mu z, \mu\in\mathbb{C}$$

且 $\mu\neq 1$，即 A 与 B 有共同的不动点. 或者 $B(0)=\infty$ 和 $B(\infty)=0$，这时 $B(z)=\frac{\mu}{z}$，$\mu\in\mathbb{C}$. 再由假设 $A\circ B=B\circ A$ 得到

$$\frac{\lambda\mu}{z}=\frac{\mu}{\lambda z},$$

由此 $\lambda=\frac{1}{\lambda}$，$\lambda=-1$，$A(z)=-z$ 是椭圆型变换. $B(z)=\frac{\mu}{z}$ 也是椭圆变换，不动点是 $\pm\sqrt{\mu}$，因为 $\operatorname{tr}^2(B)=0$. A，B 的不动点不相同. 另外可直接验证得到 $A^2=B^2=(AB)^2=I$. 2)完全证明.

§12　七种特殊类型的 Riemann 曲面

在§8 中我们已经知道，任何 Riemann 曲面 W，万有覆盖曲面 $\pi: \hat{W}\to W$，$\hat{W}$ 是三种典型域$\bar{\mathbb{C}}$，$\mathbb{C}$ 或 $\Delta(U)$之一，W 共形等价于 $\hat{W}/\Gamma$，我们写为

$$W=\hat{W}/\Gamma.$$

根据覆盖变换群 Γ 的间断性，Γ 是 Klein 群，另外，Γ 中的变换没有不动点，Γ 仅由抛物变换与双曲变换组成.

a. 椭圆形 Riemann 曲面. W 的万有覆盖曲面 $\hat{W}=\bar{\mathbb{C}}$. 由于 Γ 的变换在$\bar{\mathbb{C}}$没有不动点，因此 $\Gamma=\{I\}$，

$$W=\bar{\mathbb{C}}.$$

定理 12.1　椭圆型 Riemann 曲面共形等价于$\bar{\mathbb{C}}$.

b. 抛物型 Riemann 曲面. W 的万有覆盖曲面 $\hat{W}=\mathbb{C}$. Γ 中的变换仅以∞为唯一的不动点. Γ 由抛物变换组成，

$$\Gamma=\{A(z)=z+b\}.$$

Γ 必为下列三种群之一.

b1. $\Gamma=\{I\}$，

$$W=\mathbb{C}/I=\mathbb{C}.$$

W 共形等价于$\mathbb{C}$.

b2. Γ 是一个抛物变换 $A_1(z)=z+\omega$ 生成的无限循环群. 经共轭变换后,不妨假定 $A_1(z)=z+1$,

$$\Gamma = \{A_n(z) = z + n : z \in \mathbf{Z}\}.$$

Γ 有一个基本带形域

$$B = \{z : 0 < \mathrm{Re} z < 1\}.$$

B 内的点对于 Γ 相互不等价,边界 $\{\mathrm{Re} z = 0\}$ 的点在另一边界 $\{\mathrm{Re} z = 1\}$ 有唯一的等价点. $\mathbb{C}$ 的每一点都等价于 B 或其边界的一点. 黏合对边的等价点后,可以看到 $W=\mathbb{C}/\Gamma$ 是一个无限长的圆柱面. 如果作映照 $w=e^{2\pi iz}$,则可看到

$$W = \mathbb{C}/\Gamma = \mathbb{C} - \{0\} = \mathbb{C}^*;$$

W 共形等价于$\mathbb{C}^*=\mathbb{C}-\{0\}$.

b3. Γ 是两个抛物型变换 $A_1(z)=z+\omega_1$ 与

$$A_2(z) = z + \omega_2$$

生成的群. $\omega_1,\omega_2\in\mathbb{C}$ 且 $\omega_2/\omega_1\notin R$. Γ 具有形式

$$\Gamma = \{A(z) = z + n_1\omega_1 + n_2\omega_2 : n_1, n_2 \in \mathbf{Z}\}.$$

我们于第一章中已经讨论过,Γ 有一个基本四边形,顶点为 $0,\omega_1,\omega_1+\omega_2$ 与 ω_2, $W=\mathbb{C}/\Gamma$ 是恒等一对等价边而成的环面,这样的环面的亏格 $g=1$. $W=\mathbb{C}/\Gamma$ 共形等价于一个环面.

定理 12.2　抛物型 Riemann 曲面 W 共形等价于$\mathbb{C}$,$\mathbb{C}^*$或环面.

c. 双曲型 Riemann 曲面. 对于双曲型 Riemann 曲面 W,它的基本群即万有覆盖变换群 Γ,是由抛物型变换或双曲型变换组成的 Fuchs 群. 因此,一般的双曲型 Riemann 曲面的结构比较复杂. 我们这里只讨论一类简单的所谓初等双曲型 Riemann 曲面.

双曲型 Riemann 曲面称为**初等的**,如果它的万有覆盖变换群是交换群.

定理 12.3　初等双曲型 Riemann 曲面 W 共形等价于 Δ,

$$\Delta^* = \Delta - \{0\}$$

或圆环 $\Delta_r=\{z\in\Delta : 0<r<|z|<1\}$.

证明　假设 Γ 是交换群,Γ 必为下列三种情况之一.

c_1. $\Gamma=\{I\}$, W 共形等价于 Δ.

c_2. Γ 有一个抛物型变换. 假定万有覆盖曲面为上半平面 U. 根据引理 11.2, 由于 Γ 的交换性,Γ 由具有公共不动点的抛物变换组成. 经共轭变换后,不妨假定公共不动点为∞,Γ 中的抛物变换都具有形式 $A(z)=z+b$, $b\in R$. 再根据群 Γ 的离散性,一定存在 $\omega>0$,

$$\omega = \min\{b > 0 : A(z) = z + b \in \Gamma\}.$$

$A_1(z)=z+\omega\in\Gamma$. 于是不难证明 Γ 是 $A(z)=z+\omega$ 生成的无限循环群. 再作共轭变换后,假定 $A_1(z)=z+1$,则 Γ 变为

$$\Gamma=\{A_n(z)=z+n:n\in\mathbf{Z}\}.$$

经映照 $U\to\Delta^*=\Delta-\{0\}$, $z\longmapsto e^{2\pi iz}$ 后,则 $W=U/\Gamma$ 共形等价于 Δ^*.

c_3. Γ 中有一个双曲型变换. 根据引理 11.2,注意到 Γ 中没有椭圆变换,Γ 由具有公共不动点的双曲变换组成. 经共轭变换后,不妨假定 Γ 中的变换 $A:U\to U$ 都具有形式 $A(z)=\lambda z$, $\lambda\in\mathbb{R}$(实数集), $\lambda>0$. 根据群 Γ 的离散性,一定存在 $\lambda_1>1$,

$$\lambda_1=\min\{\lambda>1:A(z)=\lambda z\in\Gamma\},$$

使得 $A_1(z)=\lambda_1 z\in\Gamma$. 这时 Γ 是由 $A_1(z)=\lambda_1 z$ 生成的无限循环群,

$$\Gamma=\{A_m(z)=\lambda^m z, m\in\mathbf{Z}\}.$$

经映照 $U\to\Delta_r$,

$$z\longmapsto e^{2\pi i(\log z/\log\lambda_1)}$$

后, $W=U/\Gamma$ 共形等价于 $\Delta_r=\{z:r<|z|<1\}$,其中

$$r=e^{-2\pi^2/\log\lambda_1}.$$

定理证完.

注意,在 c_2 和 c_3 的情况下, $\Gamma\equiv\mathbf{Z}$.

§13 Fuchs 群与双曲型 Riemann 曲面

一般的双曲型 Riemann 曲面 W,其万有覆盖变换群 Γ 是作用于单位圆 Δ 的 Fuchs 群, Γ 没有椭圆元素, W 共形等价于 Δ/Γ.

这一节,假设 Γ 是一般的没有椭圆元素的 Fuchs 群, Γ 作用于 Δ. 我们将构造 Γ 的正规多边形,然后构造双曲型 Riemann 曲面.

设 $\Gamma=\{A_0=I,A_1,\cdots,A_i\cdots\}$. 取定一点 $z_0\in\Delta$(当 Γ 有椭圆元素时, z_0 应不是 Γ 中椭圆元素的不动点). 设 z_0 的轨道为 $\Gamma z_0=\{z_0=A_0(z_0), z_1=A_1(z_0),\cdots,z_i=A_i(z_0)\cdots\}$. 对任意 $z_i\in\Gamma z_0$,设 z_0 与 z_i 的 H-垂直平分线为

$$L_i=L(z_0,z_i)=\{z\in\Delta:[z,z_0]=[z,z_i]\}.$$

$L(z_0,z_i)$ 把 H-平面 Δ 分为两个 H-半平面,其中包含 z_0 的 H-半平面设为

$$H_i=H(z_0,z_i)=\{z\in\Delta:[z,z_0]<[z,z_i]\}.$$

引理 13.1 Δ 的任何相对紧集最多与有限多条 L_i 相交.

证明 任何紧集总包含于 H-圆 $[z,z_0]<R$ $(0<R<\infty)$ 内. 如果 $L_i=L(z_0,z_i)$ 与这圆相交,则一定有 $[z_i,z_0]<2R$. 根据 Γ 的离散性, z_i 是孤立点,因此 H-圆 $[z,z_0]<2R$ 只能包含有限多个 z_i,此即 H-圆 $[z,z_0]<R$ 最多只能与有限条 L_i

相交.引理结论成立.

定义

$$N_0 = N(z_0) = \bigcap_{i=1}^{\infty} H(z_0, z_i)$$
$$= \{z \in \Delta: \forall i \neq 0, [z, z_0] < [z, z_i]\}$$

称为群 Γ 的中心在 z_0 的**正规基本多边形**.

$N(z_0)$是 Δ 内 H－凸的域.

事实上,$z_0 \in N(z_0)$,如果 $a \in N(z_0)$,则由引理 13.1,H-圆$[z, a] < r$ 仅与有限条L_i 相交.因此,对充分小的 r,H-圆$[z, a] < r$ 与任何L_i 不相交,即$[z, a] < r$ 在$N(z_0)$内.这就是说,$N(z_0)$是开集.此外,由于每一个 H_i 是H-凸域,它们的交 $N(z_0)$也是 H-凸的.

正规基本多边形有下列性质:

1° $N(z_0)$的内点不相互等价.

事实上,如果 $N(z_0)$存在相互等价的内点 z'和z'',即存在 $A_i \in \Gamma$,使得 $z'' = A_i(z')$.由 $N(z_0)$的定义,$z' \in N(z_0)$.于是

$$[z', z_0] < [z', A_i^{-1}(z_0)] = [A_i(z'), z_0] = [z'', z_0].$$

同时 $z'' \in N(z_0)$,则有

$$[z'', z_0] < [z'', A_i(z_0)] = [A_i^{-1}(z''), z_0] = [z', z_0].$$

这两个矛盾的不等式说明 z'与z''不能相互等价.

$N(z_0)$在 Δ 内的边界点集,记之为$\partial N(z_0)$.根据引理 13.1 可以知道

$\partial N(z_0) = \{z \in \Delta: \forall i \geqslant 1, [z, z_0] \leqslant [z, z_i]$,等号仅对有限多个 i 成立$\}$.

当等号仅对一个 i 成立时,如果 $z \in \partial N(z_0)$,则对于任意 $j \neq i$,有$[z, z_0] < [z, z_j]$,但$[z, z_0] = [z, z_i]$,即 z 仅在一条$L(z_0, z_i)$上.$L(z_0, z_i)$上一定存在包含 z 的H－直线段s(可能线段的一端点或两端点在$\partial\Delta$ 上),包含于$\partial N(z_0)$.这样的 H－直线段称为N_0 的**内边**.

N_0 的两个内边 s 与s'称为等价的,如果存在 $A_i \in \Gamma$,使得 $A_i(s) = s'$.内边的点不能与 $N(z_0)$的内点等价,同一内边的点也相互不等价.

2° 对 N_0 的任何内边 s,存在唯一的等价内边 s',N_0 的内边可以分成等价对.

因为如果内边

$$s = \{z \in \Delta: \forall j \neq i, [z, z_0] < [z, z_j], [z, z_0] = [z, z_i]\},$$

其中 $z_i = A_i(z_0)$.设 $z_k = A_i^{-1}(z_0)$,则

$$s' = \{z \in \Delta: \forall j \neq k, [z, z_0] < [z, z_j], [z, z_0] = [z, z_k]\}$$

也是内边.而 $A_i^{-1}(s) = s'$,即 s'是s 的等价内边.

现在如果 $A \in \Gamma$,使得 $A(s) = s'$.则由 s 与 s'的表示式,对于 $z \in s$ 有$[z, z_0] = [z, z_i]$,对于 $A(z) \in s'$有

$$[A(z), z_0] = [A(z), z_k].$$

由此得到$[z, A^{-1}(z_0)] = [z, A^{-1}(z_k)]$. 于是 $A^{-1}(z_k) = z_0, A = A_k$. 这就说明 A 是唯一确定的.

对于点 $v \in \partial N(z_0)$，如果$\partial N(z_0)$的表示式中等号对 $n(>1)$个 i 成立，这时 v 在 n 条$L(z_0, z_i)$的公共交点上. 根据引理 13.1，存在 H-圆$[z, v] < r$，使得这圆仅与这 n 条$L(z_0, z_i)$相交. 这 n 条$L(z_0, z_i)$把圆分成 n 个扇形角域. 又根据$N(z_0)$的 H-凸性，只有其中一个角域包含于 $N(z_0)$内. 我们把这样的边界点 v 称为 $N(z_0)$的(**内**)**顶点**. 顶点 v 是两个内边的公共端点. 这两边的夹角称为顶点 v 的**内顶角**.

$\partial N(z_0)$的无穷边界. $N(z_0)$作为平面$\mathbf{C}$的域，其边界在圆周$\partial\Delta$上部分称为**无穷边界**，记之为$\partial_\infty N(z_0)$. 它的点称为**无穷边界点**.

$\partial_\infty N(z_0)$是$\partial\Delta$上的闭子集，它有可能由不可数多个连通分支组成. 每一连通分支是一点或一段闭圆弧，后者称为 $N(z_0)$的**自由边**.

自由边的内点不相互等价，而且任两个自由边也不相互等价. 这是由 $N(z_0)$的内点不相互等价所确定的性质.

点 $v \in \partial_\infty N(z_0)$，如果 v 是两个内边的交点，则 v 称为$N(z_0)$的**真的无穷顶点**. 如果 v 是内边与自由边的交点，则 v 称为**非真的无穷顶点**. 注意，自由边的端点不一定是非真的无穷顶点.

对于任意 $z_j \in \Gamma z_0$，我们可类似于 $N(z_0)$，定义以 z_j 为中心的Γ 的正规基本多边形

$$N_j = N(z_j) = \{z \in \Delta: \forall\, z_i \neq z_j, [z, z_j] < [z, z_i]\}.$$

按定义，经变换 $A_j, z_j = A_j(z_0)$，有 $A_j(N(z_0)) = N(z_j)$. 同时 A_j 把$N(z_0)$的内边、顶点、自由边等，映照为 $N(z_j)$的内边、顶点、自由边等等.

我们称$\{N_j = N(z_j): z_j \in \Gamma z_0\}$为 Δ 的一个正规基本多边分割. 它具有下述性质.

3° 如果 $j \neq k$，则 $N(z_j) \cap N(z_k) = \varnothing$.

这是因为，如果存在一点 $z \in N(z_j) \cap N(z_k)$，则按定义有$[z, z_j] < [z, z_k]$及$[z, z_k] < [z, z_j]$. 得到两个矛盾的不等式.

记 $\overline{N}(z_j) = N(z_j) \cup \partial N(z_j)$.

4° $\Delta = \bigcup\limits_{z_j} \overline{N}(z_j)$.

我们只须说明 $\Delta \subset \bigcup\limits_{z_j} \overline{N}(z_j)$.

对任意 $z \in \Delta$，根据 Γ 的离散性，Γz_0由孤立点组成，最小值

$$\delta = \min_{z_j \in \Gamma z_0} [z, z_j]$$

一定仅在有限的 $n(\geqslant 1)$ 个点 z_j 达到.

当 $n=1$ 时,这时设最小值 δ 仅在一个 z_j 达到,对于任意 $i\neq j$ 有 $[z,z_j]<[z,z_i]$,此即 $z\in N(z_j)$.

当 $n=2$ 时,设最小值 δ 在 z_j 与 z_k 达到,对任意 $z_i\neq z_j,z_k$,我们有 $[z,z_j]<[z,z_i]$,$[z,z_k]<[z,z_i]$,但 $[z,z_j]=[z,z_k]$.即 z 在 $N(z_j)$ 与 $N(z_k)$ 的公共内边上.

当 $n\geqslant 3$ 时,设最小值 δ 在 $n(\geqslant 3)$ 个点 $z_{j_1},z_{j_2},\cdots,z_{j_n}$ 上达到.我们有 $[z,z_{j_1}]=\cdots=[z,z_{j_n}]$ 当 $i\neq j_1,j_2,\cdots,j_n$ 时,$[z,z_{j_k}]<[z,z_i]$ $(k=1,2,\cdots,n)$.这时 z 为 $N(z_{j_1}),\cdots,N(z_{j_n})$ 的公共顶点.我们可以重新排列,使得

$$N(z_{j_1}),N(z_{j_2}),\cdots,N(z_{j_n}),N(z_{j_1})$$

相邻,有一个公共内边,并称为以 z 为顶点的**正规基本多边形循环**.

从上面证明可以看出,任何两个正规基本多边形 $\overline{N}(z_i)$ 与 $\overline{N}(z_j)$,或者不相交,或者有一公共内边,或者有一个公共内顶点.而且对于公共内顶点,有一个正规基本多边形循环.

等价边对变换是群 Γ 的生成元素.

根据性质 2°,正规基本多边形 $N(z_0)$ $(N(z_j))$ 的内边可分成最多可数多对等价边,设为 $\{(s_k,s_k')\}$.对于每个等价边对 (s_k,s_k'),存在唯一的 $\widetilde{A}_k\in\Gamma$,使得 $\widetilde{A}_k(s_k)=s_k'$.我们称对应的 $\widetilde{A}_k$ 为**等价边对变换**.等价边对变换组成的集记为 $\Theta=\{\widetilde{A}_k\}$.

注意,$\Theta=\{\widetilde{A}_k\}$ 是 $N(z_0)$ 的等价边对变换集.如果对于 $N(z_j)=A_i(N(z_0))$,则 $N(z_j)$ 的等价边对变换可以唯一地表示为 $A_i\widetilde{A}_kA_i^{-1}$, $\widetilde{A}_k\in\Theta$.

5° Θ 生成 Γ.

我们要证明,Γ 的元素可用 Θ 的元素的有限积表示.

对任意 $A_j\in\Gamma$, $z_j=A_j(z_0)$, $N(z_j)=A_j(N(z_0))$.在 Δ 内用折线 γ 连接 z_0 到 z_j,使得 γ 不通过任何 $N(z_i)$ 的公共顶点.我们可以选取有限多个正规基本多边形覆盖 γ,设为

$$N(z_0),N(z_1),\cdots,N(z_n)=N(z_j),$$

使得其中相邻两个多边形 $N(z_i)$ 与 $N(z_{i+1})$ $(i=0,1,\cdots,n-1)$ 有一个公共边.

取 $A_{i,i+1}\in\Gamma$,使得 $z_{i+1}=A_{i,i+1}(z_i)$,则 $A_{i,i+1}$ 一定把 $N(z_i)$ 的一个内边变为等价内边.因而存在 $\widetilde{A}_i\in\Theta$,使得

$$A_{i,i+1}=A_i\circ\widetilde{A}_i\circ A_i^{-1}$$

另外,可以看出 $A_{i+1}=A_{i,i+1}\circ A_i$,而且 $A_1=A_{0,1}=\widetilde{A}_0\in\Theta$.于是,我们有下面的递推表示式:

$$A_1 = A_{0,1} = \widetilde{A}_0,$$

$$A_2 = A_{1,2} \circ A_1 = A_1 \circ \widetilde{A}_1 = \widetilde{A}_0 \circ \widetilde{A}_1,$$

……

$$A_n = A_{n-1,n} \circ A_{n-1} = A_{n-1} \circ \widetilde{A}_{n-1} = \widetilde{A}_0 \circ \widetilde{A}_1 \circ \cdots \circ \widetilde{A}_{n-1}.$$

这就证明了 $A_j = A_n$ 可用 Θ 的元素的积表示，Θ 生成 Γ.

现在，我们用正规基本多边形 $N(z_0)$（或 $N(z_j)$）构造 Riemann 曲面 $W = \Delta/\Gamma$.

首先，我们给定正规基本多边形 $N(z_0)(N(z_j))$ 的边界 $\partial N(z_0)(\partial N(z_j))$ 以正定向，使得在这定向下，$N(z_0)(N(z_j))$ 在 $\partial N(z_0)(\partial N(z_j))$ 的左边. 于是 $N(z_0)$ 的等价对边 (s_k, s_k') 都有定向. 设 $\widetilde{A}_k \in \Gamma$，$\widetilde{A}_k(s_k) = s_k'$，则 $\widetilde{A}_k$ 保持反向.

恒等 $N(z_0)$ 的每对等价边的等价点，就构成 Riemann 曲面 $W = \Delta/\Gamma$.

具体地，把每对等价边 (s_k, s_k') 的等价点，通过等价边对变换 $\widetilde{A}_k$，反向（恒等）黏合在一起，即成为 Riemann 曲面 $W = \Delta/\Gamma$.

这里，我们说明如何选取局部参数邻域.

设 $D(a_0, r)$ 是以 a_0 为心，充分小的 r 为半径的 H-圆，

$$\overline{N}(z_j) = N(z_j) \cup \partial N(z_j).$$

当 $a_0 \in N(z_0)$ 时，局部参数邻域取为 $D(a_0, r)$.

当 a_0 是 $N(z_0)$ 的内边 s_k 的内点时，存在等价边对 (s_k, s_k') 及变换 $\widetilde{A}_k \in \Theta$，使得 $\widetilde{A}_k(s_k) = s_k'$，并且 a_0 有一等价点

$$a_0 = \widetilde{A}_k(a_0).$$

对任意 $D(a_0, r)$，及它在 $\widetilde{A}_k$ 的像 $D(a_0', r)$，局部参数邻域为恒等 $D(a_0, r) \cap \overline{N}(z_0)$ 与 $D(\alpha_0', r) \cap \overline{N}(z_0)$ 的等价边的等价点组成，这种局部参数邻域共形等价于 $D(a_0, r)$ 与 $D(a_0', r)$.

当 a_0 是 $N(z_0)$ 的（内）顶点时，从 4° 的证明中看出，这时以 α_0 为顶点有一个正规基本多边形循环，不妨设为

$$N(z_0), N(z_1), \cdots, N(z_n), N(z_0),$$

相邻有一个公共边，并且 $N(z_i) = A_i(N(z_0))$ $(i = 0, 1, \cdots, n, n \geqslant 3)$.

对于 a_0，对应有一等价顶点组

$$a_0, a_1 = A_1^{-1}(a_0), \cdots, a_n = A_n^{-1}(a_0).$$

于是对任意 $D(a_0, r)$ 均被分成 n 个 H-扇形 $D(a_0, r) \cap \overline{N}(z_i)$，$0 \leqslant i \leqslant n$. 在 A_i^{-1} 下，$D(a_0, r) \cap \overline{N}(z_0)$ 的像则是以 a_i 为顶点的 H-扇形 $D(a_i, r) \cap N(z_0)$.

这里指出了 $N(z_0)$ 的等价内顶点组，对应的内角之和等于 2π.

等价顶点 $\{a_0, a_1, \cdots, a_n\}$ 的局部参数邻域，由 n 个扇形

$$D(a_0, r) \cap \overline{N}(z_0), D(a_1, r) \cap \overline{N}(z_0), \cdots, D(a_n, r) \cap \overline{N}(z_0)$$

恒等等价边的等价点构成.这样的局部参数邻域共形等价于 $D(a_i, r)(0\leqslant i\leqslant n)$.

以上,我们指出了,如何用正规基本多边形构造 Riemann 曲面.应该指出,这是正规基本多边形的重要作用之一.

正规基本多边形 $N(z_0)(N(z_i))$是紧的,如果

$$\overline{N}(z_0) = N(z_0) \cup \partial N(z_0)$$

是 Δ 的紧集.

6° 正规基本多边形 $N(z_0)$是紧的,当且仅当 $W=\Delta/\Gamma$ 是紧 Riemann 曲面.

事实上,设 $\pi:\Delta\to\Delta/\Gamma$ 为自然投影映照,则应有

$$\pi(\overline{N}(z_0)) = W.$$

如果 $\overline{N}(z_0)$是紧的,由于 π 保持紧性,W 也是紧的.反之,设 W 是紧 Riemann 曲面,$\{V_i\}$为 $N(z_0)$的开覆盖,不妨设 V_i 为 Δ 内的圆,则$\{\pi(V_i)\}$也是 W 的开覆盖,因此存在有限子覆盖$\{\pi(V_i')\}$覆盖 W,对应的子覆盖$\{V_i'\}$覆盖 $\overline{N}(z_0)$,即 $\overline{N}(z_0)$是紧的.

根据 6°,我们知道,对于紧 Riemann 曲面 $W=\Delta/\Gamma$, $N(z_0)$是具有有限多个内边的紧正规基本多边形. W 由 $N(z_0)$恒等这有限多对等价内边构成.

7° 紧双曲 Riemann 曲面的标准基本多边形表示:

设 $W=\Delta/\Gamma$.取正规基本多边形 $N_0=N(z_0)$,给$\partial N(z_0)$以正定向.对于 N_0 的等价边对(s, s'),设 $A\in\Gamma$ 为等价边对变换,则 A 把 s 变为 s',但保持反向.在 N_0 内用解析弧 γ 连接N_0 的两个(内)顶点,把 N_0 分成两部分 N_0'与N_0'',使得 $s\subset\overline{N}_0'$, $s''\subset\overline{N}_0''$.通过变换 A,恒等 a 与a',则得到基本多边形 $A(N_0')\cup s'\cup N_0''$,这样 γ 变为一对等价边γ 与γ'.这一新的基本多边形具有解析弧的一对等价内边.除此外保持 N_0 原来的性质.这一过程称为**初等变换**.

现在,我们利用初等变换,作标准基本多边形.

把 N_0 的内边按∂N_0 的正方向顺序排列,其中必有两对等价边(a, a')与(b, b')有下面排列顺序

$$ab\cdots a'\cdots b'\cdots,$$

使得 a 与a'间的边数最小(对于所有这种形式的排列最小).这时,我们称 a, b, a', b'具有最好位置.于是,我们可以把 N_0 的内边排列成形式

$$abXa'Yb'Z,$$

其中 X, Y 和 Z 表示一组顺序排列的内边.

对于等价边对(b, b'),用解析弧 d 连接a 的终点到a'的起点,作初等变换,得到新的基本多边形(参看图 5.8),它的内边具有顺序表示式

$$ada'YXd'Z.$$

对这一基本多边形,再用解析弧 e 连接d 的起点到d'的起点,恒等 a 与a',作

初等变换,得到另一基本多边形(参看图 5.8),它的内边具有顺序表示式.

$$ede'd'ZYX.$$

这时的基本多边形已有标准组 $ede'd'$.

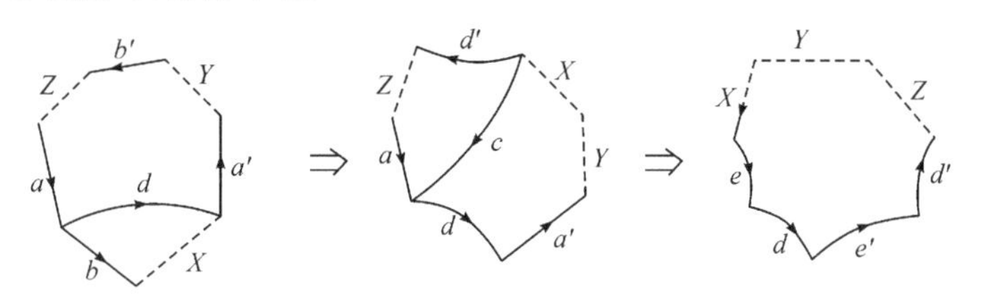

图 5.8

对这一基本多边形的内边组 ZYX 再作如上变换,并注意已得到的标准组 $ede'd'$保持不变,因此经有限次变换后,最后得到标准基本多边形 $\prod$,其内边具有标准的顺序表示

$$\prod : a_1 b_1 a_1^{-1} b_1^{-1} \cdots a_g b_g a_g^{-1} b_g^{-1}.$$

$\prod$ 是 $4g$ 边形,$g>1$ 是整数,称为 Riemann 曲面的**亏格**.

$\prod$ 有 $2g$ 对等价边对(a_i, a_i^{-1})与(b_i, b_i^{-1}),都是解析弧构成的,以后,我们常用(a_i, a_i^{-1})与(b_i, b_i^{-1})表示等价边对. $\prod$ 称为紧 Riemann 曲面 $W=\Delta/\Gamma$ 的**标准基本多边形**.我们用图 5.9 表示 $\prod$.恒等标准基本多边形的每对等价边,即成为 Riemann 曲面 W.注意, $\prod$ 的顶点相互等价,被恒等为一点. g 是紧黎曼曲面的亏格.

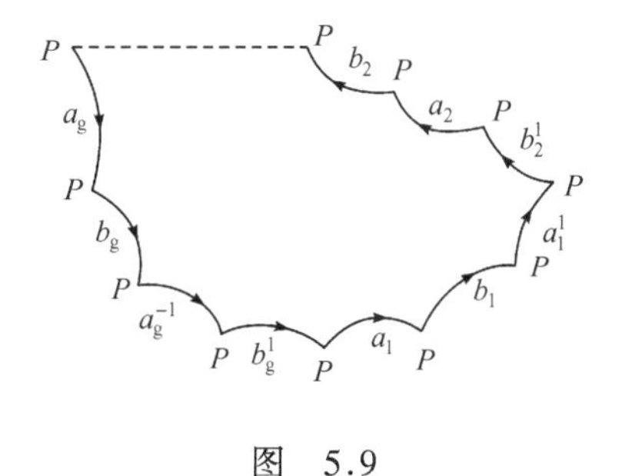

图 5.9

附注 当 $g=1$ 时,这时 W 是抛物型的紧黎曼曲面,标准基本多边形表示仍是形式 $\prod : a_1 b_1 a_1^{-1} b_1^{-1}$.参考§12 中 b_3.

第六章　微分形式空间

§1　可测微分空间及其几个重要的子空间

考虑可测微分形式 ω,微分我们这里将指 1 - 形式.微分 ω 称为**可测的**,如果在局部参数邻域内,在局部参数 z 下,

$$\omega = udz + vd\bar{z}$$

其中 $u(z)$和 $v(z)$是 z 的(Lebesgue)可测函数.注意,当涉及到可测的概念时,微分相等是指几乎处处相等.

对 Riemann 曲面 W 上可测微分 ω,定义

$$\|\omega\|^2 = (\omega,\omega) = \iint_W \omega \wedge \overline{*\omega},$$

注意到其中$\overline{*\omega} = *\bar{\omega}$及$*\omega = -iudz + ivd\bar{z}$,

$$\begin{aligned}\omega \wedge \overline{i\omega} &= (udz + vd\bar{z}) \wedge * \overline{(udz + vd\bar{z})} \\ &= (udz + vd\bar{z}) \wedge \overline{(-iudz + ivd\bar{z})} \\ &= i(u\bar{u} + v\bar{v})dz \wedge d\bar{z} \\ &= 2(|u|^2 + |v|^2)dx \wedge dy.\end{aligned}$$

定义 W 上的可测微分空间

$$L^2(W) = \{\omega : \omega \text{ 是 } W \text{ 上的可测微分}, \|\omega\|^2 < \infty\}.$$

按照通常的加法和数乘运算,$L^2(W)$是一个线性空间.对于 $\omega \in L^2(W)$,定义 ω 的范数或模为

$$\|\omega\| = \sqrt{(\omega,\omega)}.$$

对任意 $\omega_1,\omega_2 \in L^2(W)$,$\omega_1 = u_1dz + v_1d\bar{z}$,$\omega_2 = u_2dz + v_2d\bar{z}$,定义内积

$$(\omega_1,\omega_2) = \iint_W \omega_1 \wedge \overline{*\omega_2} = i\iint (u_1\bar{u}_2 + v_1\bar{v}_2)dz \wedge d\bar{z}.$$

这样 $L^2(W)$是一个 Hilbert 空间.

对于内积当然有下式成立:

$$\begin{aligned}(\omega_1,\omega_2) &= \iint \omega_1 \wedge \overline{*\omega_2} = i\iint (u_1\bar{u}_2 + v_1\bar{v}_2)dz \wedge d\bar{z} \\ &= \overline{\iint \omega_2 \wedge \overline{*\omega_1}} = \overline{(\omega_2,\omega_1)}.\end{aligned}$$

另外,注意到$\overline{*\omega_2} = *\overline{\omega_2}$,则有

$$(*\omega_1, *\omega_2) = \overline{\iint *\omega \wedge -\overline{\omega_2}} = \iint \overline{\omega_2 \wedge \overline{*\omega_1}}$$
$$= \overline{(\omega_2, \omega_1)} = (\omega_1, \omega_2).$$

现在定义两个子空间 E 和 E^*:

E 为$\{df: f \in C_0^\infty(W)\}$在 $L^2(W)$上的闭包.

E^*为$\{*df: f \in C_0^\infty(W)\}$在 $L^2(W)$上的闭包.

按照这一定义,$\omega \in E$ 当且仅当存在$f_n \in C_0^\infty(W)$,使得在 $L^2(W)$上

$$\lim_{n\to\infty} df_n = \omega, \text{即} \lim_{n\to\infty} \| \omega - df_n \| = 0.$$

$\omega \in E^\infty$当且仅当存在 $f_n \in C_0^\infty(W)$,使得在 $L^2(W)$上

$$\lim_{n\to\infty} *df_n = \omega, \text{即} \lim_{n\to\infty} \| \omega - *df_n \| = 0.$$

由于$\| \omega - df_n \| = \| *\omega - *df \|$,容易推出:如果 $\omega \in E$ 则$*\omega \in E^*$,反之,如果 $\omega \in E^*$则$*\omega \in E$.

设 $E^\perp$和$(E^*)^\perp$分别为 E 和E^*的正交补子空间.按定义

$$E^\perp = \{\omega \in L^2(W): (\omega, \varphi) = 0, \forall \varphi \in E\},$$
$$(E^*)^\perp = \{\omega \in L^2(W): (\omega, \varphi) = 0, \forall \varphi \in E^*\}.$$

另外,由 E 和E^*的定义及内积作为线性泛函的连续性,我们得到

$$E^\perp = \{\omega \in L^2(W): (\omega, df) = 0, \forall f \in C_0^\infty(W)\},$$
$$(E^*)^\perp = \{\omega \in L^2(W): (\omega, *df) = 0, \forall f \in C_0^\infty(W)\}.$$

定义 $L^2(W)$的另一个重要子空间

$$H = E^\perp \cap (E^*)^\perp,$$

显然有

$$H = \{\omega \in L^2(W): (\omega, df) = 0, (\omega, *df) = 0,$$
$$\forall f \in C_0^\infty(W)\}.$$

关于这三个基本子空间,我们有下面的分解定理.

定理 1.1 E, E^*和 H 两两正交,且有分解式

$$L^2(W) = E \oplus E^* \oplus H.$$

证明 首先证明 $E \perp E^*$.设 $\gamma \in E, \pi \in E^*$,由定义,存在序列 $f_n, g_n \in C_0^\infty(W)$,使得在 $L^2(W)$上

$$\lim_{n\to\infty} df_n = \gamma, \lim_{n\to\infty} *dg_n = \pi.$$

根据内积的连续性

$$(\gamma, \pi) = \lim_{n\to\infty}(df_n, *dg_n) = -\lim_{n\to\infty}\iint_{G_n} df_n \wedge d\overline{g}_n$$

$$= -\lim_{n\to\infty}\left(\int_{\partial G_n} f_n d\bar{g}_n - \iint_{G_n} f_n dd\bar{g}_n\right) = 0.$$

这里应用了 Stokes 公式，$G_n \subset W$ 是相对紧域，在 G_n 外及∂G_n 上 $f_n=0, g_n=0$. 因此 $E \perp E^*$.

因为 $E \oplus E^*$ 是 $L^2(W)$的子空间，我们有分解式

$$L^2(W) = E \oplus E^* \oplus (E \oplus E^*)^{\perp}.$$

余下只要证明

$$H = E^{\perp} \cap (E^*)^{\perp} = (E \oplus E^*)^{\perp}.$$

如果 $\omega \in H = E^{\perp} \cap (E^*)^{\perp}$，则对任意 $\gamma \in E, \pi \in E^*$ 总有

$$(\omega, \gamma + \pi) = (\omega, \gamma) + (\omega, \pi) = 0,$$

因此，$\omega \in (E \oplus E^*)^{\perp}$. 反之，如果 $\omega \in (E \oplus E^*)^{\perp}$，则对任意 $\gamma \in E$ 和任意 $\pi \in E^*$ 总有$(\omega, \gamma+\pi)=0$，特别地

$$(\omega, \gamma) = 0, (\omega, \pi) = 0,$$

即 $\omega \in E^{\perp}$且 $\omega \in (E^*)^{\perp}$. 因此 $\omega \in E^{\perp} \cap (E^*)^{\perp}$，$H = (E \oplus E^*)^{\perp}$. 定理证完.

引理 1.2　设 $\omega \in C^1(W)$，则

a) $\omega \in (E^*)^{\perp} \Longleftrightarrow d\omega = 0$，即 ω 是闭的.

b) $\omega \in E^{\perp} \Longleftrightarrow * d\omega = 0$，即 ω 是上闭的.

证明　只证明 a)，b)可类似证明 $\omega \in (E^*)^{\perp} \Longleftrightarrow$对任意 $f \in C_0^{\infty}(W)$有$(\omega, * df)=0$，即

$$(\omega, * df) = -\iint_W \omega \wedge d\bar{f} = -\iint_W \bar{f} d\omega = 0.$$

由于 $f \in C_0^{\infty}(W)$是任意的，因此必有 $d\omega = 0$.

由引理 1.2，$H = E^{\perp} \cap (E^*)^{\perp}$及第四章 §4 的命题，立刻得到下面定理.

定理 1.3　设 $\omega \in C^1(W)$，则

$$\omega \in H \Longleftrightarrow d\omega = 0, * d\omega = 0.$$

即 ω 是调和微分.

§2　逐段解析的简单闭曲线对应的微分

设 L 为 Riemann 曲面 W 上逐段解析的简单闭曲线，用有限个局部参数圆 V_i 覆盖L，设对应的局部参数映照为 $z = \varphi_i : V_i \to \{|z| < 1\}$，并且使用 $L \cap V_i$ 把 V_i 分成两个单连通域. 再设

$$g(z) = \begin{cases} e^{-\frac{1}{1-|z|^2}}, & |z| < 1, \\ 0, & |z| \geqslant 1. \end{cases}$$

定义 W 上的函数

$$g_i(p) = \begin{cases} g \circ \varphi_i(p), & p \in V_i, \\ 0, & p \notin V_i. \end{cases}$$

明显地 $g_i \in C_0^\infty(W)$.

令

$$G = \bigcup_i V_i,$$

则 G 是 W 的相对紧域,∂G 由逐段解析曲线组成,L 分 G 为两个域,其在左边部分记为 G^-,右边部分记为 G^+.

对∂G 再用有限多个局部参数圆 V_j' 覆盖之,使得对任意 V_j' 有 $V_j' \cap L = \varnothing$. 设 V_j' 的局部参数映照为 $z = \varphi_j' : V_j' \to \{|z| < 1\}$. 作相应的 $C_0^\infty(W)$ 函数

$$g_j'(p) = \begin{cases} g \circ \varphi_j'(p), & p \in V_j', \\ 0, & p \notin V_j'. \end{cases}$$

对任意 V_i 定义函数

$$e_i = \frac{g_i}{\sum_i g_i + \sum_j g_j'},$$

则 $e_i \in C_0^\infty(W)$,在 V_i 外 $e_i = 0$,且在 L 上任何点的某个邻域内

$$\sum_i e_i = 1.$$

这样的$\{e_i\}$称为 L 的一个**单位分解**. 作函数

$$f_L = \begin{cases} \sum_i e_i, & p \text{ 在 } G^- \text{ 内}, \\ 1, & p \text{ 在 } L \text{ 上}, \\ 0, & p \text{ 在 } G^+ \text{ 或 } W - G \text{ 内}. \end{cases}$$

f_L 在 L 上不连续,当点从 L 的左边(G^-)穿过 L 到右边(G^+)时,f_L 的值从 1 变为 0.

定义微分

$$\eta_L = \begin{cases} df_L, & p \in G, \\ 0, & p \in W - G. \end{cases}$$

则 η_L 是 W 上的 C_0^∞ 微分,η_L 在 G^- 外为 0,并且 $d_{\eta_L} = 0$,即 η_L 是闭微分. η_L 称为与 L 对应的微分.

引理 2.1 设 η_L 为与 L 对应的微分,则对任何 C^1 的闭微分 ω,有

$$\int_L \omega = (\omega, * \eta_L).$$

证明 由 Stokes 公式及 $d\omega = 0$,并注意到 $\overline{\eta}_L = \eta_L$,便得到

$$(\omega, * \eta_L) = \iint_{G^-} \omega \wedge * * \eta_L = - \iint_{G^-} \omega \wedge df_L$$
$$= \int_{\partial G^-} f_L \omega = \int_L \omega.$$

现在讨论关于 $C^1 \cap E$ 及 $C^1 \cap E^*$ 中的微分的性质.

引理 2.2 a) 如果 $\gamma \in C^1 \cap E$,则 γ 是正合微分.

b) 如果 $\pi \in C^1 \cap E^*$ 则 π 是上正合微分.

证明 a) 我们知道 γ 是正合微分,当且仅当对任何逐段解析的简单闭曲线 L 有

$$\int_L \gamma = 0.$$

设 η_L 是与L 对应的微分,我们有 $* d * \eta_L = - d\eta_L = 0$,因此由引理 1.2, $* \eta_L \in E^{\perp}$,$(\gamma, * \eta_{\perp}) = 0$. 再由引理 2.1,

$$\int_L \gamma = (\gamma, * \eta_L) = 0,$$

即 γ 是正合的. b)的证明,通过 $* \pi \in E$ 由 a)推出之.

§3　光滑算子的一个引理

设函数

$$\chi(z) = \chi(|z|) = \begin{cases} \dfrac{1}{k} e^{-\frac{1}{1-|z|^2}}, & |z| < 1 \\ 0, & |z| \geqslant 1. \end{cases}$$

$\chi(z) \in C_0^{\infty}(\mathbf{C})$,在 $D = \{|z| < 1\}$ 内 $\chi(z) > 0$,其中 k 取得使

$$\iint_{\mathbf{C}} \chi(z) d\sigma_z = 1, d\sigma_z = dxdy.$$

对任意 $\varepsilon > 0$,令

$$\chi_\varepsilon(z) = \frac{1}{\varepsilon^2} \chi\left(\frac{z}{\varepsilon}\right),$$

则 $\chi_\varepsilon(z) \in C_0^{\infty}(\mathbf{C})$,在 $D_\varepsilon = \{|z| < \varepsilon\}$外为 0,且

$$\iint_{\mathbf{C}} \chi(z) d\sigma_z = 1.$$

对于 $f \in L^2(D)$,在 D 外令 $f = 0$,定义

$$(M_\varepsilon f)(z) = \iint_{\mathbf{C}} f(\zeta) \chi_\varepsilon(\zeta - z) d\sigma_\zeta. \tag{3.1}$$

经变数变换后

$$(M_\varepsilon f)(z) = \iint_{\mathbf{C}} f(z + \zeta) \chi(\zeta) d\sigma_\zeta. \tag{3.2}$$

明显地,$M_\varepsilon f$ 在 $D_{1+\varepsilon}=\{|z|<1+\varepsilon\}$ 外为 0.

在上述假定之下,我们有下面引理.

引理 3.1 (a) $M_\varepsilon f\in C_0^\infty$.

(b) 如果 $f\in C^1(D)$,则在 $D_{1-\varepsilon}=\{|z|<1-\varepsilon\}$ 内有

$$\frac{\partial M_\varepsilon f}{\partial x}=M_\varepsilon\left(\frac{\partial f}{\partial x}\right),\frac{\partial M_\varepsilon f}{\partial y}=M_\varepsilon\left(\frac{\partial f}{\partial y}\right).$$

(c) 当 $\varepsilon\to0$ 时, $\|M_\varepsilon f-f\|_{L^2(D)}\to0$.

(d) 如果 f 在 D 内调和,则在 $D_{1-\varepsilon}$ 内

$$M_\varepsilon f=f.$$

(e) 对任意 $\varphi\in L^2(D)$, φ 在 $D_{1-\varepsilon}$ 外为 0,则

$$\iint_D(M_\varepsilon f)\varphi d\sigma_z=\iint_D f(M_\varepsilon\varphi)d\sigma_z.$$

(f) $M_\delta M_\varepsilon f=M_\varepsilon M_\delta f, z\in D$.

证明 (a) 我们要证明 $M_\varepsilon f$ 的逐次偏导数存在,只需证明 $\frac{\partial M_\varepsilon f}{\partial x}$ 存在,其它导数类似便可证出.设 $z=x+iy,\zeta=\xi+i\eta$,则由(3.1)式,我们有

$$\begin{aligned}&\frac{M_\varepsilon f(x+h,y)-M_\varepsilon f(x,y)}{h}\\&=\iint f(\xi,\eta)\frac{\chi_\varepsilon(\xi-(x+h),\eta-y)-\chi_\varepsilon(\xi-x,\eta-y)}{h}d\xi d\eta.\end{aligned}$$

由于

$$\begin{aligned}&\lim_{h\to0}\frac{\chi_\varepsilon(\xi-(x+h),\eta-y)-\chi_\varepsilon(\xi-x,\eta-y)}{h}\\&=\frac{\partial\chi_\varepsilon(\xi-x,\eta-y)}{\partial x},\end{aligned}$$

且 $\frac{\partial\chi_\varepsilon(\xi-x,\eta-y)}{\partial x}$ 一致有界,由 Lebesgue 积分号下取极限的定理,当 $h\to0$ 时有

$$\frac{\partial M_\varepsilon f(x,y)}{\partial x}=\iint_{\mathbf{C}}f(\xi,\eta)\frac{\partial\chi_\varepsilon(\xi-x,\eta-y)}{\partial x}d\xi d\eta.$$

(b) 由假设 $f\in C^1(D)$,对于 $z=x+iy\in D_{1-\varepsilon}$,在积分号下求导数得到

$$\begin{aligned}\frac{\partial M_\varepsilon f(x,y)}{\partial x}&=\frac{\partial}{\partial x}\iint f(x+\xi,y+\eta)\chi_\varepsilon(\xi,\eta)d\xi d\eta\\&=\iint\frac{\partial f(x+\xi,y+\eta)}{\partial x}\chi_\varepsilon(\xi,\eta)d\xi d\eta\\&=M_\varepsilon\left(\frac{\partial f}{\partial x}\right).\end{aligned}$$

同理可证

$$\frac{\partial M_\varepsilon f}{\partial y} = M_\varepsilon\left(\frac{\partial f}{\partial y}\right).$$

(c) 我们要证明,对于任意 $\delta>0$,存在 $\varepsilon_0>0$,使得当 $0<\varepsilon<\varepsilon_0$ 时总有

$$\| M_\varepsilon f - f \|_{L^2(D)} < \delta.$$

首先由于 $f\in L^2(D)$,在 D 外 $f=0$. 任意给定 $\varepsilon_1>0$,对任意 $\delta>0$,存在 $D_{1+\varepsilon_1}$ 上的连续函数 g,使得

$$\| f - g \|_{L^2(D_{1+\varepsilon_1})} < \frac{\delta}{3}.$$

其次,对于这样的 g,存在 $\varepsilon_0<\frac{\varepsilon_1}{2}$,使得当 $\varepsilon<\varepsilon_0$ 时

$$\| M_\varepsilon g - g \|_{L^2(D)} < \frac{\delta}{3}.$$

事实上,当 $z\in \bar{D}$ 时,对于给定的 δ,由于 g 在 $\bar{D}_{1+\varepsilon_1\eta}$ 上的一致连续性,存在

$$\varepsilon_0 < \frac{\varepsilon_1}{2},$$

使得当 $|\zeta|<\varepsilon_0$ 时总有

$$|g(z+\zeta) - g(z)| < \frac{\delta}{3\sqrt{2\pi}}.$$

因此

$$\begin{aligned} |M_\varepsilon g(z) - g(z)| &= \left|\iint [g(z+\zeta) - g(z)]\chi_\varepsilon(\zeta)d\sigma_\zeta\right| \\ &\leqslant \iint |g(z+\zeta) - g(z)|\chi_\varepsilon(\zeta)d\sigma_\zeta \\ &< \frac{\delta}{3\sqrt{2\pi}}\iint \chi_\varepsilon(\zeta)d\sigma_\zeta \\ &= \frac{\delta}{3\sqrt{2\pi}}. \end{aligned}$$

将这不等式两边平方后,在 D 上积分得到

$$\| M_\varepsilon g - g \|^2_{L^2(D)} \leqslant \left(\frac{\delta}{3}\right)^2,$$

即

$$\| M_\varepsilon g - g \|_{L^2(D)} < \frac{\delta}{3}.$$

最后我们证明当 $\varepsilon<\varepsilon_0$ 时,有

$$\| M_\varepsilon(f - g) \|_{L^2(D)} < \frac{\delta}{3}.$$

由 Schwarz 不等式,当 $z\in D$ 有

$$
\begin{aligned}
|M_\varepsilon(f-g)|^2 &= \left|\iint_{D_\varepsilon}(f(z+\zeta)-g(z+\zeta))\chi_\varepsilon(\zeta)d\sigma_\zeta\right|^2 \\
&\leqslant \iint_{D_\varepsilon}|f(z+\zeta)-g(z+\zeta)|^2\chi_\varepsilon(\zeta)d\sigma_\zeta\iint_{D_\varepsilon}\chi_\varepsilon(\zeta)d\sigma_\zeta \\
&= \iint|f(z+\zeta)-g(z+\zeta)|^2\chi_\varepsilon(\zeta)d\sigma_\zeta.
\end{aligned}
$$

因此

$$
\begin{aligned}
&\iint_D|M_\varepsilon(f-g)|^2 d\sigma_z \\
&\leqslant \iint_D d\sigma_z\iint|f(z+\zeta)-g(\zeta+z)|^2\chi_\varepsilon(\zeta)d\sigma_\zeta.
\end{aligned}
$$

应用 Fubini 定理交换积分次序,得到

$$
\begin{aligned}
&\iint_D|M_\varepsilon(f-g)|^2 d\sigma_z \\
&\leqslant \iint\chi_\varepsilon(\zeta)d\sigma_\zeta\iint_D|f(z+\zeta)-g(z+\zeta)|^2 d\sigma_z \\
&\leqslant \|f-g\|^2_{L^2(D_1+\varepsilon_1)} < \left(\frac{\delta}{3}\right)^2
\end{aligned}
$$

这就是说

$$
\|M_\varepsilon(f-g)\|_{L^2(D)} < \frac{\delta}{3}.
$$

总之,当

$$
\varepsilon < \varepsilon_0 < \frac{\varepsilon_1}{2}
$$

时,我们有

$$
\begin{aligned}
\|M_\varepsilon f-f\|_{L^2(D)} &\leqslant \|M_\varepsilon(f-g)\| + \|M_\varepsilon g-g\| + \|f-g\| \\
&< \frac{\delta}{3}+\frac{\delta}{3}+\frac{\delta}{3} = \delta.
\end{aligned}
$$

(d)由假设 f 在D 内调和,则对 $z\in D_{1-\varepsilon}$,设 $\zeta=re^{i\theta}$,$|\zeta|<\varepsilon$,由中值公式,得到

$$
\begin{aligned}
M_\varepsilon f(z) &= \iint f(z+\zeta)\chi_\varepsilon(\zeta)d\sigma_\zeta \\
&= \int_0^\varepsilon\int_0^{2\pi} f(z+re^{i\theta})\chi_\varepsilon(r)rdrd\theta \\
&= \int_0^\varepsilon\chi_\varepsilon(r)rdr\int_0^{2\pi}f(z+re^{i\theta})d\theta \\
&= f(z)2\pi\int_0^\varepsilon\chi_\varepsilon(r)rdr = f(z).
\end{aligned}
$$

(e)由于 $\varphi \in L^2(D)$,在 $D_{1-\varepsilon}$外 $\varphi=0$,我们有

$$\begin{aligned}\iint_D (M_\varepsilon f)\varphi d\sigma_z &= \iint_D \varphi d\sigma_z \iint_{D_{1+\varepsilon}} f(\zeta)\chi_\varepsilon(\zeta - z)d\sigma_\zeta \\ &= \iint_{D_{1+\varepsilon}} f(\zeta)d\sigma_\zeta \iint_D \varphi(z)\chi_\varepsilon(\zeta - z)d\sigma_z \\ &= \iint_{D_{1+\varepsilon}} f(\zeta)M_\varepsilon\varphi(\zeta)d\sigma_\zeta \\ &= \iint_D f(M_\varepsilon\varphi)d\sigma_z.\end{aligned}$$

(f)由 Fubini 定理,对于 $z\in D$

$$\begin{aligned}M_\delta M_\varepsilon f &= \iint (M_\varepsilon f)(z+\zeta)\chi_\delta(\zeta)d\sigma_\zeta \\ &= \iint \left[\iint f(z+\zeta+\eta)\chi_\varepsilon(\eta)d\sigma_\eta\right]\chi_\delta(\zeta)d\sigma_\zeta \\ &= \iint \left[\iint f(z+\zeta+\eta)\chi_\delta(\zeta)d\sigma_\zeta\right]\chi_\varepsilon(\eta)d\sigma_\eta \\ &= M_\varepsilon M_\delta f.\end{aligned}$$

引理全部证完.

对定义于 D 内的微分 $\omega\in L^2(D)$. 设

$$\omega = p(z)dx + q(z)dy,$$

则 $p,q\in L^2(D)$. 定义

$$M_\varepsilon\omega = (M_\varepsilon P)dx + (M_\varepsilon q)dy.$$

注意　这里函数 $p(z),q(z)\in L^2(D)$,$L^2(D)$表示通常意义下的平方可积函数空间. 而微分 $\omega\in L^2(D)$,$L^2(D)$则表示按照 §1 中定义的微分空间. 为了简化符号,我们在这里采用了同一记号.

由引理 3.1,我们可以得到下面关于微分的引理.

引理 3.2　(a′)$M_\varepsilon\omega$ 是 C_0^∞ 微分,在 $D_{1+\varepsilon}$外为 0.

(b′) 如果 ω 是 C^1 微分,则 $dM_\varepsilon\omega = M_\varepsilon d\omega$.

(c′) 当 $\varepsilon\to 0$ 时,$\| M_\varepsilon\omega - \omega \|_{L^2(D)} \to 0$.

(d′) 当 ω 是调和微分时,$M_\varepsilon\omega=\omega$.

(e′) 如果微分 $\gamma\in L^2(D)$,且在 $D_{1-\varepsilon}$外为 0,则

$$(M_\varepsilon\omega,\gamma)_{L^2(D)} = (\omega, M_\varepsilon\gamma)_{L^2(D)}.$$

(f′) 在 D 内 $M_\delta M_\varepsilon\omega = M_\varepsilon M_\delta\omega$.

证明　(a′)由(a)直接推出.

(b′)由(b)有

$$
\begin{aligned}
dM_\varepsilon\omega &= \left(\frac{\partial M_\varepsilon q}{\partial x} - \frac{\partial M_\varepsilon P}{\partial y}\right)dx \wedge dy \\
&= M_\varepsilon\left(\frac{\partial q}{\partial x} - \frac{\partial P}{\partial y}\right)dx \wedge dy \\
&= M_\varepsilon d\omega,
\end{aligned}
$$

其中按定义

$$M_\varepsilon d\omega = M_\varepsilon\left(\frac{\partial q}{\partial x} - \frac{\partial P}{\partial y}\right)dx \wedge dy.$$

(c′)由(c)当 $\varepsilon \to 0$ 时,我们有

$$
\begin{aligned}
\| M_\varepsilon\omega - \omega \|_{L^2(D)}^2 &= \iint_D (|M_\varepsilon P - P|^2 + |M_\varepsilon q - q|^2)dxdy \\
&= \| M_\varepsilon P - P \|_{L^2(D)}^2 + \| M_\varepsilon q - q \|_{L^2(D)}^2 \to 0.
\end{aligned}
$$

(d′)由(d),对定义于 D 的调和微分 ω,按定义存在调和函数,使 $\omega = df$,因此有

$$M_\varepsilon\omega = M_\varepsilon df = dM_\varepsilon f = df = \omega.$$

(e′)由(e),设 $\gamma = \varphi dx + \psi dy$,

$$
\begin{aligned}
(M_\varepsilon\omega, \gamma)_{L^2(D)} &= \iint_D ((M_\varepsilon P)\bar{\varphi} + (M_\varepsilon q)\psi)dxdy \\
&= \iint_D (PM_\varepsilon\bar{\varphi} + qM_\varepsilon\psi)dxdy \\
&= \iint_D (P\overline{M_\varepsilon\varphi} + q\overline{M_\varepsilon\psi})dxdy \\
&= (\omega, M_\varepsilon\gamma)_{L^2(D)}.
\end{aligned}
$$

(f′)由(f)直接推出,引理全部证明.

§4 Weyl 引理与调和微分子空间

我们将要证明,

$$H = E^\perp \cap (E^*)^\perp = (E \oplus E^*)^\perp$$

是调和微分构成的子空间. 根据定理 1.3,我们知道,如果 ω 是 C^1 微分,则 $\omega \in H$ 当且仅当 ω 是调和微分. 由这一结论,只要我们能够证明,如果 $\omega \in H$,则 ω 是 C^1 微分,我们就知道 H 是调和微分子空间. 为此,要用到 Weyl 引理.

引理 4.1(Weyl 引理) 设 $\omega \in L^2(D)$, $D = \{|z| < 1\}$,且对任意 $f \in C_0^\infty(D)$ 有

$$(\omega, df)_{L^2(D)} = (\omega, *df)_{L^2(D)} = 0,$$

则 $\omega\in C^1(D)$,因而 ω 是调和微分.

证明　考虑 $M_\varepsilon\omega$,由引理 3.2,我们有

$$(M_\varepsilon\omega, df)_{L^2(D)}=(\omega, M_\varepsilon df)_{L^2(D)}=(\omega, dM_\varepsilon f)_{L^2(D)}=0,$$

$$\begin{aligned}(M_\varepsilon\omega, *df)_{L^2(D)}&=(\omega, M_\varepsilon(*df))_{L^2(D)}\\&=(\omega, *dM_\varepsilon f)_{L^2(D)}=0.\end{aligned}$$

因此,由定理 1.3,$M_\varepsilon\omega\in E^\perp\cap(E^*)^\perp$,$M_\varepsilon\omega$ 是调和微分.再由引理 3.2(d′),在 D 内有 $M_\delta M_\varepsilon\omega=M_\varepsilon\omega$,$M_\varepsilon M_\delta\omega=M_\delta\omega$,进一步根据引理 3.2(f′),$M_\delta M_\varepsilon\omega=M_\varepsilon M_\delta\omega$,所以 $M_\delta\omega=M_\varepsilon\omega$.最后,由引理(3.2)(e′),当 $\varepsilon<\delta$,$\varepsilon\to0$ 时

$$\|M_\delta\omega-\omega\|_{L^2(D)}=\|M_\varepsilon\omega-\omega\|_{L^2(D)}\to0.$$

这就得到 $\|M_\delta\omega-\omega\|_{L^2(D)}=0$,于是在 D 内几乎处处有 $\omega=M_\varepsilon\omega$.因此 ω 是 $C^1(D)$ 微分.引理证完

定理 4.2　H 是调和微分子空间.

证明　设 $\omega\in H=E^\perp\cap(E^*)^\perp$,在任何局部参数圆 V 内,取局部参数映照,$z=\varphi(P)$把 V 拓扑地映照为圆$D=\{|z|<1\}$,对任意 $f\in C_0^\infty(V)$,在 $L^2(D)$中有

$$(\omega, df)=(\omega, *df)=0.$$

于是根据 Weyl 引理,ω 在 V 内调和,因此,ω 在整个 W 上调和,定理证完.

引理 4.3　设 $D=\{|z|<1\}$为平面$\mathbb{C}$上的圆,$\varphi\in C_0^2(D)$,则微分方程

$$\Delta\psi=\frac{\partial^2\psi}{\partial x^2}+\frac{\partial^2\psi}{\partial y^2}=\varphi(x,y)$$

在 $L^2(D)$内有解.

证明　我们证明,对 $z\in D$,$D_1=\{|\zeta|<2\}$,

$$\psi(z)=\frac{1}{2\pi}\iint_{D_1}\log\frac{1}{|\zeta|}\varphi(\zeta+z)d\xi d\eta$$

就是所求的解,其中 $z=x+iy$,$\zeta=\xi+i\eta$.事实上,在积分号下求导数,得到

$$\Delta\psi(z)=\frac{1}{2\pi}\iint_{D_1}\log\frac{1}{|\zeta|}\Delta\varphi(\zeta+z)d\xi d\eta.$$

由于当 $\zeta\neq0$ 时

$$\Delta\log\frac{1}{|\zeta|}=0,$$

设 $D_\varepsilon=\{|\zeta|<\varepsilon\}$,对任意 $z\in D$,应用 Stokes 公式,得到

$$\Delta\psi(z)=\lim_{\varepsilon\to0}\frac{1}{2\pi}\iint_{D_1-D_\varepsilon}\left[\log\frac{1}{|\zeta|}\Delta\varphi(z+\zeta)-\varphi(z+\zeta)\Delta\log\frac{1}{|\zeta|}\right]d\xi d\eta$$

$$=\lim_{\varepsilon\to0}\left(-\frac{1}{2\pi}\right)\left\{\int_{\partial(D_1-D_\varepsilon)}\left[\log\frac{1}{|\zeta|}\frac{\partial\varphi}{\partial n}-\varphi\frac{\partial\log\frac{1}{|\zeta|}}{\partial n}\right]d\zeta\right\}$$

$$=\lim_{\varepsilon\to 0}\frac{1}{2\pi}\int_{\partial D_\varepsilon}\varphi(z+\zeta)\frac{2\log\frac{1}{|\zeta|}}{\partial n}d\zeta$$

$$=\lim_{\varepsilon\to 0}\frac{1}{2\pi}\int_0^{2\pi}\varphi(z+re^{i\theta})d\theta$$

$$=\varphi(z).$$

引理 4.4 如果 $\omega\in C^3(D)\cap L^2(D)$, $D=\{|z|<1\}$,则存在 $f,g\in C^2(D)$,使得在 $D_r=\{|z|<r\}(D<r<1)$有

$$\omega=df+*dg.$$

证明 作 $C_0^4(D)$函数

$$e(z)=\begin{cases}1 & |z|\leqslant r,\\ e^{\frac{1}{(r_1-r)^6}-\frac{1}{(r_1-r)-(|z|-r)^6}} & r<|z|<r_1,\\ 0 & |z|\geqslant r_1.\end{cases}$$

令 $\omega_0=e(z)\omega$,则在 D_r 内 $\omega_0=\omega$.设

$$\omega_0=p(z)dx+q(z)dy,$$

这时 $p(z),q(z)\in C_0^2(D)$.由引理 4.3,存在 $g\in C^2(D)$,使得

$$\frac{\partial^2 g}{\partial x^2}+\frac{\partial^2 g}{\partial y^2}=\frac{\partial q}{\partial x}-\frac{\partial P}{\partial y},$$

因此有 $d*dg=d\omega_0$, $d(\omega_0-*dg)=0$,即 ω_0-*dg 是闭微分,于是存在 $f\in C^2(D)$,使得 $\omega_0-*dg=df$.即 $\omega_0=df+*dg$.因此在 D_r 内 $\omega=df+*dg$.引理证完.

定理 4.5 对任何 $\omega\in C^3(W)\cap L^2(W)$, ω 具有唯一的分解式

$$\omega=\omega_h+df+*dg,$$

其中 $f,g\in C^2(W)$, $\omega_h\in H$, $df\in E$, $*dg\in E^*$.

证明 由分解定理 $L^2(W)=H\oplus E\oplus E^*$,则 ω 具有唯一的分解式

$$\omega=\omega_h+\omega_e+\omega_e^*,$$

其中 $\omega_h\in H$, $\omega_e\in E$, $\omega_e^*\in E^*$.由引理 4.4,对任何局部参数圆 V,设 $z=z(p)$为局部参数映照,

$$V=z^{-1}(D),D=\{|z|<1\},$$

存在 $f_0,g_0\in C^2(D)$,使得在 D_r 内

$$\omega=df_0+*dg,$$

不妨设此式在 D 内成立.因此在 D 内有

$$\omega_h+\omega_e+\omega_e^*=df_0+*dg_0.$$

令

$$\theta = \omega_h + \omega_e - df_0 = *dg_0 - \omega_e*.$$

现在我们证明 θ 是 D 内的调和微分,为此要用 Weyl 引理. 对任意 $\varphi \in C_0^\infty(D)$,当然 $\varphi \in C_0^\infty(W)$,只要令 φ 在 V 外为 0,我们有

$$(\theta, d\varphi)_{L^2(D)} = (*dg, d\varphi)_{L^2(D)} - (\omega_e*, d\varphi)_{L^2(D)} = 0,$$

这是因为 $(\omega_e^*, d\varphi)_{L^2(D)} = (\omega_e^*, d\varphi) = 0$,及

$$(*dg_0, d\varphi)_{L^2(D)} = \iint_D *dg_0 \wedge *\bar{d}\varphi = -\iint_D dg_0 \wedge d\bar{\varphi}$$
$$= -\iint_D \varphi ddg_0 = 0.$$

其次我们有

$$(\theta, *d\varphi)_{L^2(D)} = (\omega_h, *d\varphi) + (\omega_e, *d\varphi) - (df_0, *d\varphi) = 0,$$

这是因为 $*d\varphi \in E^*$, $(\omega_h, *d\varphi) = 0$, $(\omega_e, *d\varphi) = 0$. 并且

$$(df_0, *d\varphi) = -(*df_0, d\varphi) = 0.$$

总之,对任意 $\varphi \in C_0^\infty(D)$, $(\theta, d\varphi) = (\theta, *d\varphi) = 0$. 由 Weyl 引理 θ 是调和微分,因此

$$\omega_e = \theta - \omega_h + df_0, \omega_e^* = *dg_0 - \theta$$

是 c^1 的微分. 由引理 2.2, ω_e 是正合微分, ω_e^* 是上正合微分,即存在 $f, g \in C^2(W)$,使得 $df = \omega_e$, $*dg = \omega_e^*$. 于是

$$\omega = \omega_h + df + *dg.$$

定理证完.

引理 4.6 如果 $\omega \in C^1(W) \cap L^2(W)$,且 $d\omega = 0$,则

$$\omega = \omega_h + df,$$

其中 $\omega_h \in H$, $f \in C^2(W)$, $df \in E$.

证明 由假设,根据引理 1.2, $\omega \in (E^*)^\perp$. 由分解定理,我们有

$$\omega = \omega_h + \omega_e + \omega_e^*,$$

其中 $\omega_h \in H$, $\omega_e \in E$, $\omega_e^* \in E^*$. 因此

$$0 = (\omega, \omega_e^*) = (\omega_h, \omega_e^*) + (\omega_e, \omega_e^*) + (\omega_e^*, \omega_e^*) = (\omega_e^*, \omega_e^*).$$

于是 $\omega_e^* = 0$, $\omega = \omega_h + \omega_e$. ω_e 是 c^1 的,由引理 2.2, ω_e 是正合微分,即存在 $f \in C^2(W)$,使得 $\omega_e = df$. $\omega = \omega_h + df$. 证完.

Riemann 曲面 W 上是否存在调和微分是一个重要问题,引理 4.6 表明,如果 W 上存在 c^1 的闭微分 ω, ω 不是正合的,则 W 上一定存在非零的调和微分, $\omega_h \in H$. 这是因为由引理 4.6,

$$\omega = \omega_h + df,$$

ω 不是正合的,必定存在一逐段解析的简单闭曲线 c,使得 ω 在 c 的周期

$$\int_c \omega \neq 0,$$

即

$$\int_c \omega_n = \int_c \omega \neq 0,$$

ω_h 不可能是常数.

另一方面,如果 W 上存在一逐段解析的简单闭曲线 c,不分割 W,即 $W-c$ 是连通的.则 W 上一定存在 c^1 的闭微分 η,使得 η 在 c 的周期

$$\int_c \eta = 1.$$

事实上,由于 c 不分割 W,则存在逐段解析的简单闭曲线 L,使得 L 与 c 仅交于一点,设 L 的定向使 c 从 L 的左边穿过 L,η_L 为 L 对应的微分,则 η_L 就是所求的 c^1 的闭微分.

我们也应该知道,正合的调和微分不一定存在.

引理 4.7　如果 W 是紧 Riemann 曲面,则 W 上一定不存在非零的正合调和微分.

证明　设 ω 是 W 上的非零正合调和微分,则存在调和函数 f,使得 $\omega=df$, $f\in C^\infty(W)$.由于 W 是紧的,$df\in E$,因此由 $E\perp H$,得到$(\omega,\omega)=0$,即 $\omega=0$ 与假设 ω 非零矛盾.引理证完.

§5　具有极点的调和微分和解析微分的存在性

我们已知道,Riemann 曲面上不一定存在正合的调和微分和解析微分.所以我们这里要构造具有极点的微分.设 p_0 为 W 上一点,在 p_0 的局部参数邻域内设 $z=z(p)$为局部参数映照,$z(p_0)=0$,设局部参数圆 $D=\{p\,|\,z(p)\,|<1\}$,$D_1=\{\,|\,z(p)\,|<r_1\}(r_1>1)$,下面我们将用 z 表示点 p.设 $q_0,q_1\in D$,$a=z(q_0)$,$b=z(q_1)$.在这样取定的局部参数 $z=z(p)$下,我们要构造 W 上的调和微分或解析微分 ω,ω 在 p_0 具有极点,在 D 内

$$\omega - d\left(\frac{1}{z^n}\right) = \omega + \frac{ndz}{z^{n+1}}$$

是调和的,或者 ω 在 q_0,q_1 具有极点,在 D 内

$$\omega - d\log\frac{z-a}{z-b} = \omega - \left(\frac{1}{z-a} - \frac{1}{z-b}\right)dz$$

是调和的.

定理 5.1　W 上存在微分 ω,满足

(a) ω 在 $W-\{P_0\}$上是正合的调和微分.

(b) $\omega - d\left(\frac{1}{z^n}\right) = \omega + \frac{ndz}{z^{n+1}}(n \geqslant 1)$在 D 内调和.

(c) $\| \omega \|^2_{L^2(W-D)} = \iint_{W-D} \omega \wedge \overline{*\omega} < \infty$.

(d) 对任意 $h \in C_0^\infty(W)$, h 在 p_0 的邻域内为 0,有

$$(\omega, dh) = (\omega, *dh) = 0.$$

证明　作 $e(z) \in C_0^4(\mathbf{C})$,使得在 $|z|<1$ 内 $e(z)=1$,在 $|z| \geqslant r_1$ 内 $e(z)=0$,通过局部参数 $z=z(p)$把 $e(z)$开拓为 W 上的函数

$$e(p) = \begin{cases} e(z), & p \in D_1, z = z(p) \\ 0, & p \notin D_1. \end{cases}$$

作 W 上的微分

$$\psi = \begin{cases} d(e(z) | z^n), & p \in D_1 \\ 0, & p \notin D_1. \end{cases}$$

则 ψ 在 $W - \{p_0\}$是 C_0^3 的,且在 D 内

$$\psi = d\left(\frac{1}{z^n}\right),$$

ψ 在$D - \{p_0\}$内解析,因此有 $*\psi = -i\psi$,即 $i*\psi = \psi$. 在 D 内 $\psi - i*\psi = 0$,于是 $\psi - i*\psi$ 是 W 上的微分,并且 $\psi - i*\psi \in C_0^3(W) \cap L^2(W)$. 根据定理 4.5, $\psi - i*\psi = \omega_h + df + *dg$,其中 $\omega_h \in H$, $f, g \in C^2(W)$, $df \in E$, $*dg \in E^*$. 定义

$$\omega = \psi - df = i*\psi + \omega_h + *dg,$$

则 ω 满足条件(a)~(d). 证之如下

(a) 由 $\omega \in C^1(W - \{P_0\})$及 ψ 在$W - \{P_0\}$上正合,知道 ω 在$W - \{P_0\}$内正合. 又由 $d\omega = 0$ 及

$$*d\omega = *d(i*\psi) + *d\omega_h + *d*dg = 0,$$

所以 ω 在$W - \{P_0\}$内还是调和的.

(b) 由于在 D 内

$$\psi = i*\psi = d\left(\frac{1}{z^n}\right),$$

所以

$$\omega - d\left(\frac{1}{z^n}\right) = -df = \omega_h + *dg,$$

$$d\left(\omega - d\left(\frac{1}{z^n}\right)\right) = -ddf = 0,$$

$$*d\left(\omega - d\left(\frac{1}{z^n}\right)\right) = *d\omega_h + *d*dg = 0,$$

即

$$\omega - d\left(\frac{1}{z^n}\right)$$

在 D 内调和.

(c) 由 $\omega = \psi - df, df \in E$,我们有

$$\|\omega\|^2_{L^2(W-D)} \leqslant \|\psi\|^2_{L^2(W-D)} + \|df\|^2_{L^2(W-D)} < \infty.$$

(d) 设 $h \in C_0^\infty(W)$,在 P_0 的邻域内为 0,则有

$$(\omega, dh) = i(*\psi, dh) + (\omega_h, dh) + (*dg, dh) = 0.$$

这是因为 $dh \in E, (\omega_h, dh) = 0, (*dg, dh) = 0$ 并注意到 h 在 p_0 的邻域内及一个紧集外为 0,应用 Stokes 公式,

$$(*\psi, dh) = -\iint \psi \wedge d\bar{h} = \iint \bar{h} d\psi = 0.$$

同样可以得到

$$(\omega, *dh) = (\psi, *dh) + (df, *dh) = 0.$$

定理完全得证.

设 ω 为定理 5.1 中构造的微分,ω 在 P_0 具有极点,在 P_0 的局部参数圆内,并在指定的局部参数 $z = z(p)$ 下,$z(p_0) = 0$,

$$\omega - d\left(\frac{1}{z^n}\right)$$

是调和的,我们称 ω 在 P_0 有奇异部分

$$d\left(\frac{1}{z^n}\right) = -\frac{n}{z^{n+1}} dz.$$

根据定理 5.1 可以得到下述推论.

推论 对于任意的 Riemann 曲面 W,设 $n \geqslant 1$ 则

(1) 存在正合的调和微分,在 P_0 具有奇异部分 $d\left(\frac{1}{z^n}\right)$.

(2) 存在正合的实调和微分,在 P_0 具有奇异部分 $\mathrm{Re}\, d\left(\frac{1}{z^n}\right)$ $\left(\text{或 } \mathrm{Im}\, d\left(\frac{1}{z^n}\right)\right)$.

(3) 存在调和函数,在 P_0 具有奇异部分 $\frac{1}{z^n}$.

(4) 存在解析微分,在 P_0 具有奇异部分 $d\left(\frac{1}{z^n}\right)$,且具有正合的实部.

证明 定理 5.1 中构造的微分 ω 满足(1). $\gamma = \frac{\omega + \bar{\omega}}{2}$ $\left(\text{或} \frac{\omega - \bar{\omega}}{2i}\right)$满足(2). $\gamma + i * \gamma$是解析微分. 这是因为

$$*(\gamma + i * \gamma) = -i(\gamma + i * \gamma),$$

且 $d(\gamma + i * \gamma) = 0$,即 $\gamma + i * \gamma$ 还是闭的. 由第四章定理 4.1 的推论,$\gamma + i * \gamma$ 是解析微分. 于是 $\gamma + i * \gamma$ 满足(4). 对 ω 积分即可得到满足(3)的调和函数.

定理 5.2　Riemann 曲面 W 上存在微分 ω,满足

(a) ω 在 $W-\{q_0,q_1\}$ 内调和,

(b) 在局部参数圆 D 内,并在局部参数 $z=z(p)$ 下,$\omega - d\log\dfrac{z-a}{z-b}$ 是调和微分,

(c) $\|\omega\|_{L^2(W-D)}<\infty$,

(d) 对任意 $h\in C_0^\infty(W)$,在 D 内 $h=0$,则有

$$(\omega,dh)=(\omega,*dh)=0,$$

(e) ω 在 $W-D$ 内是正合调和微分,而在 D 内 $\omega - d\log\left(\dfrac{z-a}{z-b}\right)$ 是正合调和微分.

证明　如同定理 5.1 的证明一样,作微分

$$\psi(p)=\begin{cases} d\left(e(z)\log\dfrac{z-a}{z-b}\right), & p\in D_1, z=z(p),\\ 0, & p\in D_1. \end{cases}$$

$\psi - i*\psi$ 在 D 内为 0,$\psi - i*\psi\in C_0^3(W)\cap L^2(W)$,由定理 4.5 有分解式

$$\psi - i*\psi=\omega_h+df+*dg,$$

其中 $W_h\in H, f,g\in C^2(W), df\in E, *dg\in E^*$.令

$$\omega=\psi-df=i*\psi+\omega_h+*dg.$$

如同定理 5.1 的证明一样得到 ω 满足(a)(b)(c)和(d). 由于 ψ 是正合的,$\omega=\psi-df$ 在 $W-D$ 内是正合调和的. 在 D 内

$$\omega - d\log\frac{z-a}{z-b}=-df$$

是正合调和的. 定理证完.

推论　设 W 为任意 Riemann 曲面,点 q_0,q_1 在局部参数圆 D 内,$z=z(p)$ 为局部参数映照,$D=\{p:|z(p)|<1\}$ $a=z(q_0), b=z(q_1)$,则

(1) 存在调和微分 ω,具有奇异部分 $d\log\dfrac{z-a}{z-b}$,

(2) 存在正合的实调和微分 γ,具有奇异部分 $d\log\dfrac{|z-a|}{|z-b|}$.

(3) 存在实的调和函数,具有奇异部分 $\log\dfrac{|z-a|}{|z-b|}$.

(4) 存在解析微分 ω,具有奇异部分 $d\log\dfrac{z-b}{z-a}$,且有正合的实部.

证明　定理 5.2 中构造的微分 ω 满足(1),$\gamma=\dfrac{\omega+\bar{\omega}}{2}$ 满足(2),$\gamma+i*\gamma=\omega$ 满足(4),对 γ 积分得到满足(3)的实的调和函数.

定理 5.2 及其推论表明,当 q_0,q_1 在同一局部参数圆内时,存在一个调和微分

ω,在 q_0 和 q_1 具有极点.在 q_0 的局部参数邻域内,取局部参数 z,使得 $z(q_0)=0$,则 ω 在 q_0 具有奇异部分 $\frac{dz}{z}$.在 q_1 的局部参数邻域内,取局部参数 z,使得 $z(q_1)=0$,则 ω 在 q_1 的奇异部分为 $-\frac{dz}{z}$.ω 在 q_0 的留数为1,在 q_1 的留数为 -1,留数和为0.

对于 W 上的任意两点 q_0 和 q_1,上面的结论仍然成立.事实上,作弧 $\sigma:[0,1]\to W, t\to\sigma(t)$ 连接 q_0 和 q_1,即 $\sigma(0)=q_0, \sigma(1)=q_1$.分割

$$[0,1]=\bigcup_{i=0}^{n}[t_i,t_{i+1}],$$

$t_0=0, t_i<t_{i+1}, t_{n+1}=1$ 把弧 σ 分为 $\sigma_i, \sigma_i:[t_i,t_{i+1}]\to W, \sigma_i(t)=\sigma(t)$,使得 $\sigma([t_i,t_{i+1}])$ 位于某一局部参数圆 D_i 内,对 $0\leqslant i\leqslant n$,取 $\sigma(t_i)$ 的局部参数邻域内的局部参数为 z,

$$z(\sigma(t_i))=0,$$

则对每一个 $i(0\leqslant i\leqslant n)$,$W$ 上存在解析(调和)微分 ω_i,在 $\sigma(t_i)$ 和 $\sigma(t_{i+1})$ 具有极点,在 $\sigma(t_i)$ 的奇异部分为 $\frac{dz}{z}$,在 $\sigma(t_{i+1})$ 的奇异部分为 $-\frac{dz}{z}$.令 $\omega=\omega_0+\omega_1+\cdots+\omega_n$,则 ω 即为所求的微分.我们有下列定理.

定理 5.3 设 q_0, q_1 为 Riemann 曲面 W 上的任意两点,则

(1) 存在一个解析(调和)微分,以 q_0, q_1 为极点,在 q_0 的奇异部分为 $\frac{dz}{z}$,在 q_1 具有奇异部分为 $-\frac{dz}{z}$.

(2) 存在一个实调和函数,以 q_0, q_1 为奇点,在 q_0 的奇异部分为 $-\log|z|$,在 q_1 的奇异部分为 $\log|z|$.

定理 5.4 在 Riemann 曲面 W 上,给定点 $q_1, q_2, \cdots, q_n$ 及复数 $c_1, c_2, \cdots, c_n$ 使得 $c_1+c_2+\cdots+c_n=0$.在 q_i 的局部参数邻域内,设 $z=z(p)$ 为局部参数 $z(q_i)=0, 1\leqslant i\leqslant n$.则 W 上存在一个解析(或调和)微分 ω,以 q_i 为一阶极点,在 q_i 的奇异部分为 $c_i\frac{dz}{z}$,即在极点 q_i 的留数为 c_i.

证明 取定一点 $q_0\neq q_i(i=1,2,\cdots,n)$,在 q_0 的局部参数邻域内取局部参数为 $z=z(p)$,$z(q_0)=0$,则由定理5.3,对 q_0 和 $q_i(1\leqslant i\leqslant n)$ 存在解析(或调和)微分 ω_i,在 q_i 具有极点,奇异部分为 $\frac{dz}{z}$,在 q_0 具有极点,奇异部分为 $-\frac{dz}{z}$.令

$$\omega=c_1\omega_1+c_2\omega_2+\cdots+c_n\omega_n,$$

则 ω 即为所求微分.

第七章　紧 Riemann 曲面

§1　紧 Riemann 曲面上的调和微分与解析微分空间

在这一章中,我们总设 W 为紧 Riemann 曲面,亏格为 g. 首先,我们讨论调和微分的存在性. 从上一章中知道,当 $g=0$ 时,所有调和微分是正合的,因此为零. 当 $g \geqslant 1$ 时,非零的调和微分总是存在的. 因为这时总存在一条不分割 W 的逐段解析的简单闭曲线 L_1,对应存在另一条 L_2,使 L_2 与 L_1 仅交于一点. 设 η_{L_1} 为与 L_1 对应的闭微分,η_{L_1}是 C_0^∞ 的闭微分,$d\eta_{L_1}=0$,η_{L_1}在 L_2 上的周期

$$\int_{L_2} \eta_{L_1} = 1.$$

规定 L_2 从 L_1 的左边穿过 L_1,由第六章引理 4.6,对于 η_{L_1},存在 $\omega_{L_1} \in H$ 及 $df \in E$,使得 $\eta_{L_1} = \omega_{L_1} + df$,则 ω_{L_1}即为非常数的调和微分.

由第六章引理 2.1,对任何闭微分 η,有

$$\int_{L_1} \eta = (\eta, * \eta_{L_1}) = (\eta, * \omega_{L_1}) + (\eta, * df) = (\eta, * \omega_{L_1})$$

这里因为 $\eta \in E^{*\perp}$, $* df \in E^*$, $(\eta, * df)=0$.

定义 L_2 与 L_1 的**相交数** $L_2 \times L_1$ 为 L_2 穿过 L_1 的次数总和. 当 L_2 从 L_1 左边穿过 L_1 时是 $+1$ 次,L_2 从 L_1 右边穿过 L_1 时是 -1 次,于是如果设 ω_{L_1}与 ω_{L_2} 是对应的调和微分,则

$$L_2 \times L_1 = \int_{L_2} \omega_{L_1} = (\omega_{L_1}, * \bar{\omega}_{L_1}) = \iint \omega_{L_2} \wedge \omega_{L_1}.$$

考虑 W 上的所有调和微分组成的空间 H. 我们假定 $g \geqslant 1$. H 是复数域上的线性空间. 现在:我们要找出 H 的基.

设 W 的标准正规基本多边形表示为

$$\Pi: a_1 b_1 a_1^{-1} b_1^{-1} \cdots a_g b_g a_g^{-1} b_g^{-1}$$

则$(a_1, b_1, \cdots, a_g, b_g)$组成 W 的同调群的基. Π 的边 $a_1, b_1, \cdots, a_g, b_g$ 是解析的简单闭曲线,这些闭曲线之间的相交数,只有

$$a_k \times b_k = 1, b_k \times a_k = -1 (1 \leqslant k \leqslant g).$$

当 $i \neq j$ 时,$a_i \times b_j = 0$,

$$a_i \times a_j = 0, b_i \times b_j = 0.$$

$(1 \leqslant i, j \leqslant g)$

设 α_k 为与 b_k 对应的调和微分，$-\beta_k$ 为与 a_k 对应的调和微分，则

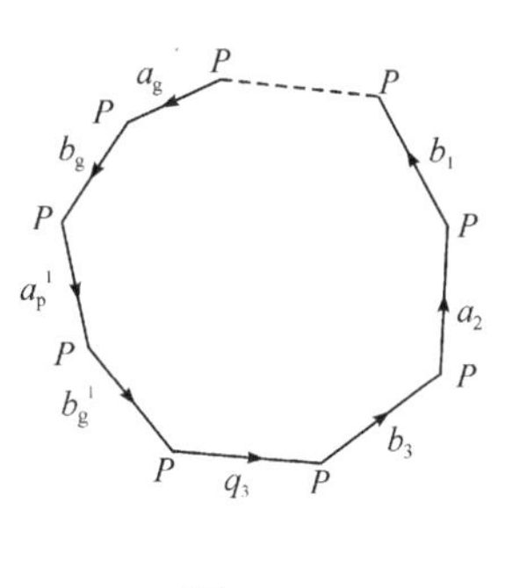

图 7.1

$$a_k \times b_k = \int_{a_k} \alpha_k = \iint \alpha_k \wedge \beta_k$$
$$= 1,$$
$$b_k \times a_k = -\int_{b_k} \beta_k = -\iint \alpha_k \wedge \beta_k$$
$$= -1.$$

因此，仅当 $i = j = k$ 时

$$\int_{a_k} \alpha_k = \iint \alpha_k \wedge \beta_k = 1, \int_{b_k} \beta_k = \iint \alpha_k \wedge \beta_k = 1.$$

在其它情况下积分都为零，即 α_k 只在 a_k 的周期为 1，β_k 只在 b_k 的周期为 1. 按通常定义，微分 ω 在闭曲线 γ 的积分，称为 ω 在 γ 的周期.

现在，我们证明，$(\alpha_1, \cdots, \alpha_g, \beta_1, \cdots, \beta_g)$ 是 H 的一组基. 它是线性无关的，因为如果有复数 λ_i 和 μ_j 使

$$\sum_{i=1}^{g} \lambda_i \alpha_i + \sum_{i=1}^{g} \mu_j \beta_j = 0,$$

则分别在 a_i 和 b_j 上取积分后，便得到 $\lambda_i = 0, \mu_j = 0$，这就是线性无关性.

另外，对任意 $\omega \in H$，总存在 $A_i, B_j \in \mathbb{C}$，使得

$$\omega = \sum_{i=1}^{g} A_i \alpha_i + \sum_{j=1}^{g} B_j \beta_j.$$

事实上，只要取

$$A_i = \int_{a_i} \omega, B_j = \int_{b_j} \omega$$

即可. 我们称 A_i 为 A - 周期，B_j 为 B - 周期. 因此，$(\alpha_1, \cdots, \alpha_g, \beta_1, \cdots, \beta_g)$ 是 H 的一组基. 同时我们知道，ω 由它的 A - 周期和 B - 周期唯一确定. $(\alpha_1, \cdots, \alpha_g, \beta_1, \cdots, \beta_g)$ 称为同调基 $(a_1, \cdots, a_g, b_1, \cdots, b_g)$ 的对偶基.

定理 1.1 紧 Riemann 曲面的调和微分空间 H 的维数 $= 2g$.

另一线性空间是 W 上所有全纯微分组成的空间 A，A 是 H 的子空间.

设 $A = \{\varphi : \varphi$ 是 W 上全纯微分$\}$，

$$\bar{A} = \{\bar{\varphi} : \varphi \in A\}.$$

则 A 与 $\bar{A}$ 同构.

定理 1.2 $H = A \oplus \bar{A}$，A 的维数 $= g$.

证明 因为对任意 $\varphi \in A$，$\bar{\varphi}_1 \in \bar{A}$，注意到 $*\varphi = -i\varphi$，则有

$$(\varphi, \bar{\varphi}_1) = (*\varphi, *\bar{\varphi}_1) = (-i\varphi, \overline{(-i\varphi_1)}) = (-i\varphi, i\bar{\varphi}_1)$$
$$= (-i)(-i)(\varphi, \bar{\varphi}_1) = -(\varphi, \bar{\varphi}_1)$$

所以$(\varphi, \bar{\varphi}_1)=0$,即 $A \perp \bar{A}$.

根据第四章定理 4.1,对任意 $\omega \in H$,有 $\bar{\omega} \in H$,

$$\varphi = \omega + i * \omega \in A, \varphi_1 = \bar{\omega} + i * \bar{\omega} \in A,$$

因此,$\bar{\varphi}_1 \in \bar{A}$,但

$$\omega = \frac{\varphi + \bar{\varphi}_1}{2},$$

故 $H = A \oplus \bar{A}$,A 的维数$=g$.定理证毕.

引理 1.3 如果 θ 和 $\tilde{\theta}$ 为 W 上的闭微分,则

$$\iint_W \theta \wedge \tilde{\theta} = \sum_{i=1}^{g}\left[\int_{a_i}\theta\int_{b_i}\tilde{\theta} - \int_{a_i}\tilde{\theta}\int_{b_i}\theta\right].$$

证明 由假设 θ 与 $\tilde{\theta}$ 是闭微分,根据第六章引理 4.6,存在 $\theta_h, \tilde{\theta}_h \in H$ 和 f, $\tilde{f} \in C^2(W)$以及 $df, d\tilde{f} \in E$,使得 $\theta = \theta_h + df$, $\tilde{\theta} = \tilde{\theta}_h + d\tilde{f}$,注意到 W 是紧曲面,$*d\overline{\tilde{f}} \in E^*$,我们有

$$\iint_W \theta \wedge \tilde{\theta} = -(\theta, *\overline{\tilde{\theta}}) = -(\theta_h + df, *\overline{\tilde{\theta}}_h + *d\overline{\tilde{f}})$$

$$= -(\theta_h, *\overline{\tilde{\theta}}_h) = \iint_W \theta_h \wedge \tilde{\theta}_h.$$

这样,我们不妨假定 $\theta, \tilde{\theta} \in H$.

设 θ 的 A-周期为$(A_1, \cdots, A_g)$,B-周期为$(B_1, \cdots, B_g)$,$\tilde{\theta}$ 为$(\tilde{A}_1, \cdots, \tilde{A}_g)$与$(\tilde{B}_1, \cdots, \tilde{B}_g)$,则有表示式

$$\theta = \sum_{i=1}^{g} A_i\alpha_i + \sum_{i=1}^{g} B_i\beta_i, \tilde{\theta} = \sum_{j=1}^{g} \tilde{A}_j\alpha_j + \sum_{j=1}^{g} \tilde{B}_j\beta_j.$$

注意到只有

$$\iint_W \alpha_i \wedge \beta_i = 1,$$

其它积分为 0,直接计算得到

$$\iint_W \theta \wedge \tilde{\theta} = \sum_{i=1}^{g}(A_i\tilde{B}_i - \tilde{A}_iB_i).$$

此即

$$\iint_W \theta \wedge \tilde{\theta} = \sum_{i=1}^{g}\left[\int_{a_i}\theta\int_{b_i}\tilde{\theta} - \int_{a_i}\tilde{\theta}\int_{b_i}\theta\right].$$

引理证完.

如果 θ 是调和微分,则 $\theta\in H$, $*\ \bar{\theta}\in H$,由引理 1.3 我们有

$$\|\theta\|^2=\sum_{i=1}^{g}\left[\int_{a_i}\theta\int_{b_i}*\ \bar{\theta}-\int_{a_i}*\ \bar{\theta}\int_{b_i}\theta\right]. \tag{1.1}$$

定理 1.4 设 φ,φ'为全纯微分,A - 周期和 B - 周期分别为 A_i 和 B_i,A_i' 和 $B_i'(1\leqslant i\leqslant g)$. 则有关系式

$$i(\varphi,\bar{\varphi}')=\sum_{i=1}^{g}(A_iB_i'-B_iA_i')=0. \tag{1.2}$$

证明 由引理 1.3 及

$$i(\varphi,\bar{\varphi}')=\iint\varphi\wedge\varphi'=0,$$

立刻得出这个关系式.

定理 1.5 设 φ 为全纯微分,A - 周期和 B - 周期分别为 A_i 和 $B_i(1\leqslant i\leqslant g)$,则有关系式

$$\|\varphi\|^2=i\sum_{j=1}^{g}(A_j\bar{B}_j-B_j\bar{A}_j)\geqslant 0. \tag{1.3}$$

证明 因为

$$\|\varphi\|^2=(\varphi,\varphi)=i\iint\varphi\wedge\bar{\varphi},$$

由引理 1.3 并注意到 $\bar{\varphi}$ 的 A - 周期和 B - 周期分别为 $\bar{A}_i$, $\bar{B}_i$,便可得到证明.

关系式(1.2)和(1.3)称为全纯微分的 Riemann 双线性关系式.

推论 对于全纯微分 φ,如果 A - 周期或 B - 周期都等于零,或者 A - 周期和 B - 周期皆为实数,则 $\varphi\equiv 0$.

现在构造全纯微分空间 A 的典型基.

A 是 g 维线性空间,设 $\psi_1,\psi_2,\cdots,\psi_g$ 为一组基. ψ_i 在 a_j 的 A - 周期为 A_{ij},则行列式 $|(A_{ij})|\neq 0$. 因为如果 $|(A_{ij})|=0$,则存在一组非全为零的$(\lambda_1,\lambda_2,\cdots,\lambda_g)$,使

$$\sum_{i=1}^{g}\lambda_iA_{ij}=0,j=1,2,\cdots,g.$$

这时 $\lambda_1\psi_1+\cdots+\lambda_g\psi_g\equiv 0$,因为它具有零的 A - 周期,这便与 $\psi_1,\cdots,\psi_g$ 是线性无关的矛盾.

令

$$\varphi_k=\sum_{i=1}^{g}\lambda_{ik}\psi_i,k=1,2,\cdots,g,$$

其中 λ_{ik}是方程组

$$\int_{aj}\varphi_k=\sum_{i=1}^{g}\lambda_{ik}A_{ij}=\delta_{jk},j、k=1,2,\cdots,g$$

的唯一解. 这里,当 $j=k$ 时,$\delta_{jk}=1$;当 $j\neq k$ 时,$\delta_{jk}=0$. 则$(\varphi_1,\varphi_2,\cdots,\varphi_g)$构成 A 的另一组基,其 A - 周期和B - 周期如下表所示:

周期	a_1	a_2	$\cdots$	a_g	b_1	b_2	$\cdots$	b_g
φ_1	1	0	$\cdots$	0	B_{11}	B_{12}	$\cdots$	B_{1g}
φ_2	0	1	$\cdots$	0	B_{21}	B_{22}	$\cdots$	B_{2g}
$\vdots$	$\vdots$	$\vdots$		$\vdots$	$\vdots$	$\vdots$		$\vdots$
φ_g	0	0	$\cdots$	1	B_{g1}	B_{g2}	$\cdots$	B_{gg}

$(\varphi_1,\varphi_2,\cdots,\varphi_g)$称为 A 的**典型基**.

考虑 B - 周期矩阵

$$(B_{ij}) = \begin{bmatrix} B_{11} & B_{12} & \cdots & B_{1g} \\ B_{21} & B_{22} & \cdots & B_{2g} \\ \vdots & \vdots & & \vdots \\ B_{g1} & B_{g2} & \cdots & B_{gg} \end{bmatrix}$$

(B_{ij})是对称矩阵:因为由定理 1.4,令 $\varphi=\varphi_i$ 和 $\varphi'=\varphi_j$,设 φ_i 在 a_k 的 A - 周期为 A_{ik},则 $A_{ik}=\delta_{ik}$,所以

$$\sum_{k=1}^{g}(A_{ik}B_{jk}-B_{ik}A_{jk})=0,$$

即 $B_{ji}-B_{ij}=0$,这就说明(B_{ij})是对称的.

矩阵$(\mathrm{Im}B_{ij})$是正定的. 为证明这点,应用定理 1.5 于 $\varphi=x_1\varphi_1+\cdots+x_g\varphi_g$,(其中 x_i 为不全为零的实数)得到 $\|\varphi\|^2>0$. 由于 φ 在a_k 的A - 周期为$A_k=x_k$,在 b_k 的B - 周期为

$$B_k = x_1B_{1k}+x_2B_{2k}+\cdots+x_gB_{gk},$$

我们有

$$0<i\sum_{j=1}^{g}(x_j\bar{B}_j-\bar{x}_jB_j)=\sum_{j=1}^{g}\cdot\sum_{k=1}^{g}x_jx_k\mathrm{Im}B_{jk}$$

即$(\mathrm{Im}B_{jk})$是正定的.

§2　亚纯微分及其双线性关系式

设 ω 为紧 Riemann 曲面上的亚纯微分,我们知道,ω 只有有限多个极点. 在极点 p_0 的参数邻域内,我们取定局部参数 $z=\varphi(p)$,使 $\varphi(p_0)=0$,在这参数邻域内

$$\omega=\left(\frac{a_n}{z^n}+\cdots+\frac{a_2}{z^2}+\frac{a_1}{z}\right)dz+f(z)dz,$$

其中 $f(z)$是全纯函数.

$$\frac{a_n}{z^n}+\cdots+\frac{a_2}{z^2}+\frac{a_1}{z}$$

称为 ω 在极点 p_0 的主要奇异部分. a_1 称为 ω 在 p_0 的留数. 注意留数与局部参数无关,且 ω 在所有极点上的留数和为零.

传统上,亚纯微分称为 **Abel 微分**. 全纯微分称为**第一类 Abel 微分**;在每一极点处的留数为零的亚纯微分称为**第二类 Abel 微分**;留数不等于零的亚纯微分称为**第三类 Abel 微分**.

A - 周期为零的亚纯微分称为**规范化的亚纯微分**.

对于亚纯微分 ω,设其 A - 周期为 $A_1,\cdots,A_g$,若 $\varphi_1,\cdots,\varphi_g$ 为全纯微分空间的典型基,则

$$\omega_0=\omega-(A_1\varphi_1+A_2\varphi_2+\cdots+A_g\varphi_g)$$

将有为零的 A - 周期,ω_0 称为 ω 的**规范化**.

由上一章的存在定理,我们知道,W 上存在规范化的第二类微分 ω_2,在极点上,具有形为

$$\left(\frac{a_n}{z^n}+\cdots+\frac{a_2}{z^2}\right)dz\quad(n\geqslant 2)$$

的主部.

W 上存在规范化的第三类微分 ω_3,在 p_1 和 p_2 具有极点,在 p_1 的主部为 $\frac{dz}{z}$. 在 p_2 点的主部为 $-\frac{dz}{z}$. 我们又知道,如果给定留数 c_i 及点 $p_i(1\leqslant i\leqslant n)$,则在 W 上存在规范化的第三类微分 ω_3,以 p_i 为一阶极点,且在 p_i 的主部为 $\frac{c_i}{z}dz$,即在 p_i 的留数为 c_i. 当然,要求留数和为零.

一般的规范化亚纯微分,可以表为上述规范化的第二类,第三类微分之和.

现在讨论第一类微分与第三类微分的双线性关系式.

设 ω_3 为第三类微分,具有单阶极点 $p_1,\cdots,p_m$,对应的留数分别为 $c_1,\cdots,c_m$,即在 $p_k(1\leqslant k\leqslant m)$点具有主部 $\frac{c_k}{z}dz$.

取 W 的正规多边形 Π: $a_1b_1a_1^{-1}b_1^{-1}\cdots a_gb_ga_g^{-1}b_g^{-1}$,使 $\partial\Pi$ 不包含任何点 $p_k(1\leqslant k\leqslant m)$. 设 ω_1 为 W 上全纯微分,ω_1 的 A - 周期为 $A_1,\cdots,A_g$,B - 周期为 $B_1,\cdots,B_g$;ω_3 的 A - 周期为 $A_1',\cdots,A_g'$,B - 周期为 $B_1',\cdots,B_g'$;在 Π 内取定一点 p_0,设 l_k 为 Π 内连接 p_0 到 p_k 的路径.

定理 2.1 在上面假设下,有双线性关系式

$$\sum_{j=1}^{g}(A_jB_j'-A_j'B_j)=2\pi i\sum_{k=1}^{m}c_k\int_{l_k}\omega_1.$$

证明 Π 是单连通域,在 Π 内定义全纯函数

$$f(p)=\int_{p_0}^{p}\omega_1.$$

其中积分路径为 Π 内连接 p_0 到 p 的解析曲线.

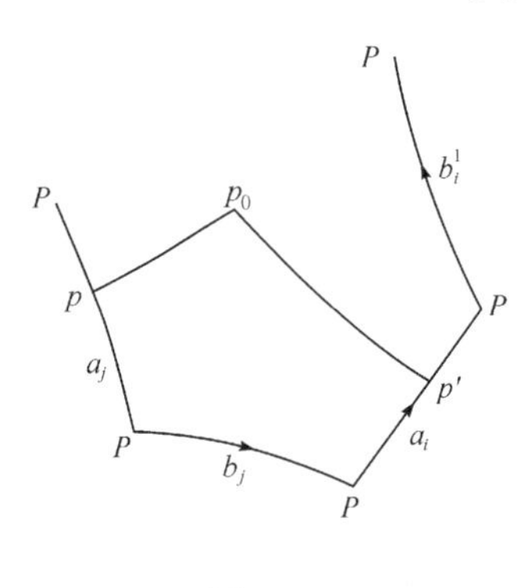

图 7.2

注意,等价边 a_j 与 a_j^{-1}, b_j 与 b_j^{-1} 在 W 上表示同一闭曲线. 点 $p\in a_j$ 对应有等价点 $p'\in a_j^{-1}$. 我们有

$$\begin{aligned}f(p')&=\int_{p_0}^{p'}\omega_1=\int_{p_0}^{p}\omega_1+\int_{p'p}\omega_1+\int_{b_j}\omega_1+\int_{pp'}\omega_1\\&=f(p)+B_j.\end{aligned}$$

参看图 7.2.

同样,对 $p\in b_j$,对应 $p'\in b_j^{-1}$, p 等价于 p',我们有

$$f(p')=f(p)-A_j;$$

对 $a_jb_ja_j^{-1}b_j^{-1}$,则有

$$\begin{aligned}\int_{a_jb_ja_j^{-1}b_j^{-1}}f\omega_3&=\int_{a_j}f\omega_3+\int_{b_j}f\omega_3+\int_{a_j^{-1}}f\omega_3+\int_{b_j^{-1}}f\omega_3\\&=A_j\int_{b_j}\omega_3-B_j\int_{a_j}\omega_3\\&=A_jB_j'-A_j'B_j.\end{aligned}$$

由留数定理

$$\int_{\partial\Pi}f\omega_3=\sum_{j=1}^{g}\int_{a_jb_ja_j^{-1}b_j^{-1}}f\omega_3=2\pi i\sum_{k=1}^{m}\mathrm{Res}(f\omega_3,p_k).$$

把上式代入得到

$$\sum_{j=1}^{g}(A_jB_j'-B_jA_i')=2\Pi i\sum_{k=1}^{m}f(p_k)c_k.$$

此即为所求关系式. 定理证完.

推论 1 如果 ω_3 是规范化第三类微分, $\varphi_1,\cdots,\varphi_g$ 是全纯微分典型基,则

$$B_k'=\int_{b_k}\omega_3=2\pi i\sum_{j=1}^{m}c_j\int_{l_j}\varphi_k.$$

其中 $c_j=\mathrm{Res}(\omega_3,p_j)$, l_j 为 Π 内点 p_0 到 p_j 的路径.

推论 2 如果 ω_3 是规范化第三类微分,仅以 p_1、p_2 为一阶极点,留数分别为 1 和 -1,则

$$B_k'=\int_{b_k}\omega_3=-2\pi i\int_{p_1}^{p_2}\varphi_k.$$

其中积分路径取于 Π 内.

下面讨论第一类微分与第二类微分的双线性关系式.

设 ω_1 为第一类微分即全纯微分, ω_2 为仅具有极点 p_0 的第二类微分,在 p_0 的局部参数邻域内,设 $z=\varphi(p)$为局部参数, $\varphi(p_0)=0$,则在 p_0 的局部参数邻域内, ω_2 的主要部分为

$$\frac{dz}{z^n} \quad (n \geqslant 2).$$

又设 $\omega_1=(c_0+c_1z+\cdots+c_nz^n+\cdots)dz$,且 ω_1 的 A - 周期、B - 周期分别为 A_j, B_j; ω_2 的 A - 周期、B - 周期分别为 A_j'、B_j', $j=1,2,\cdots,g$.

定理 2.2 在上面假设下,有关系式

$$\sum_{j=1}^{g}(A_jB_j' - A_j'B_j) = 2\pi i\,\frac{c_{n-2}}{n-1},$$

证明 同定理 2.1 的证明一样,我们得到

$$\sum_{j=1}^{g}(A_jB_j' - A_j'B_j) = 2\pi i\operatorname{Res}(f\omega_2, p_0),$$

其中

$$f(p) = \int_{p_0}^{p}\omega_1,$$

在 p_0 的邻域内,有展开式

$$f(z) = c_0z + \frac{c_1}{2}z^2 + \cdots + \frac{c_{n-2}}{n-1}z^{n-1} + \cdots,$$

因此

$$2\pi i\operatorname{Res}(f\omega_2, p_0) = 2\pi i\,\frac{c_{n-2}}{n-1}.$$

代入上面即得所求关系式. 证完.

推论 ω_2 在上面假设下,再规范化地设 ω_2 的 A - 周期为零($A_j'=0$). 又设($\varphi_1,\cdots,\varphi_g$)为 A 的典型基,在点 p_0 的局部参数邻域内,在局部参数 z 下

$$\varphi_k = (a_{k,0} + a_{k,1}z + \cdots + a_{k,n-2}z^{n-2} + \cdots)dz,$$
$$k = 1,2,\cdots,g.$$

则有

$$B_k' = \int_{b_k}\omega_2 = 2\pi i\,\frac{a_{k,n-2}}{n-1}.$$

§3 除子与亚纯函数空间

Riemann 曲面 W 上的**除子** D 定义为

$$D = n_1 p_1 + n_2 p_2 + \cdots + n_m p_m.$$

其中 $p_1, \cdots, p_m \in W, n_1, \cdots, n_m \in \mathbf{Z}$(整数集).

所有除子的集在加法下成为一个群,称为**除子群**,用 $\mathscr{D}$ 表示之.设

$$D_1 = \sum_{k=1}^{n} n_k' p_k, D_2 = \sum_{k=1}^{m} n_k'' p_k,$$

只要令其中一些 n_k' 或 n_k'' 为零,则不妨认为 $n = m$,其和可定义为

$$D_1 + D_2 = \sum_{k=1}^{n} (n_k' + n_k'') p_k.$$

D 的逆定义为

$$-D = \sum_{k=1}^{m} (-n_k) p_k.$$

对 W 上的任何亚纯函数 f,对应有一除子,用(f)表示,称为**主除子**,定义为

$$(f) = \sum_{k=1}^{m} n_k p_k.$$

其中$\{p_k\}, k = 1, 2, \cdots, m$,为 f 的所有零点与极点.当 p_k 为零点时,n_k 为零点的阶;当 p_k 为极点时,$-n_k$ 为极点的阶.

所有的主除子组成 $\mathscr{D}$ 的一个子群,称为**主除子群**,用 $\mathscr{D}_0$ 表示之.

定义商群 $\mathscr{D}/\mathscr{D}_0$,它的元素称为**除子类**.两除子 D_1, D_2 属于同一除子类,当且仅当 $D_1 - D_2 \in \mathscr{D}_0$,即存在亚纯函数 f,使 $D_1 - D_2 = (f)$. $\mathscr{D}_0$ 的除子组成一类,称为**主除子类**.

定义除子 D 的**度**为

$$\deg D = \sum_{k=1}^{m} n_k.$$

我们知道,对于主除子(f),$\deg(f) = 0$.因此,如果 D_1, D_2 属于同一除子类,则 $\deg D_1 = \deg D_2$.

对 W 上的亚纯微分 ω,对应有一除子,用(ω)表示之,定义为

$$(\omega) = \sum_{k=1}^{m} n_k p_k.$$

其中$\{p_k\}, k = 1, 2, \cdots, m$,是 ω 的所有零点与极点.当 p_k 是零点时,n_k 是零点的阶;p_k 是极点时,$-n_k$ 是极点的阶.对任何两个亚纯微分 ω_1, ω_2,由于 $f = \omega_1/\omega_2$ 是亚纯函数,且易知$(\omega_1) - (\omega_2) = (f)$.因此所有亚纯微分属于同一除子类.特别,对任意 $\omega, \omega \neq 0$, $\deg(\omega) =$ 常数.我们将要证明 $\deg(\omega) = 2g - 2$.(g 是 W 的亏格).

除子 D 称为**整除子**,如果

$$D = \sum_{k=1}^{m} n_k p_k, n_k \geqslant 0.$$

这时用 $D\geqslant 0$ 表示之.如果 $D_1-D_2\geqslant 0$,则称 D_1 为 D_2 的**倍除子**,用 $D_1\geqslant D_2$ 表示之.

我们主要的兴趣在于下面定义的亚纯函数空间与亚纯微分空间.

W 上所有亚纯函数的集用 M 表示,给定一个除子 D,定义

$$L(D)=\{f:f\in M,(f)\geqslant D\},$$

则 $L(D)$ 在通常的加法与乘法下是复数域上的线性空间.

习题　证明.若 $f_1,f_2\in L(D)$,则 $f_1+f_1\in L(D)$.

$L(D)$ 的维数用 $\dim L(D)$ 表示之.$\dim L(D)$ 总是有限的.事实上,分解 $D=D^++D^-$,其中

$$D=\sum_{k=1}^{m}n_kp_k,$$

$$D^+=\sum_{k=1}^{m}\mathrm{Max}(n_k,0)p_k,$$

$$D^-=\sum_{k=1}^{m}\mathrm{Min}(n_k,0)p_k.$$

我们有 $\deg D=\deg D^+-\deg D^-$,注意到如果 $D_1\leqslant D_2$,则

$$\dim L(D_2)\leqslant \dim L(D_1).$$

现在 $D\geqslant D^-$,所以 $\dim L(D)\leqslant \dim L(D^-)$.根据下面的习题,它是有限的.

习题　证明:$\dim L(D)\leqslant -\deg D^-+1$.

注意,这习题说明 $\dim L(D)$ 与 $\deg D$ 有关.

特别地,对于零除子 $D=0$,总有 $\dim L(0)=1$,因为

$$L(0)=\mathbb{C}.$$

$L(D)$ 只与 D 所在的除子类有关.设 D_1,D_2 属于同一除子类,则存在亚纯函数 f_0,使 $D_1-D_2=(f_0)$.$L(D_1)$ 与 $L(D_2)$ 是同构的,同构对应关系定义如下:

$$f\in L(D_1),f\longmapsto f/f_0\in L(D_2).$$

因此,$\dim L(D_1)=\dim L(D_2)$.

W 上所有亚纯微分组成的线性空间用 Ω 表示之.对给定的除子 D,定义 Ω 的子空间

$$\Omega(D)=\{\omega:\omega\in\Omega,(\omega)\geqslant D\}.$$

$\Omega(D)$ 也只与 D 的除子类有关,即对于同一除子类的 D,$\Omega(D)$ 是同构的,$\dim\Omega(D)$ 相同.

当 $D=0$ 时,$\Omega(D)$ 是全纯微分空间,即 $\Omega(0)=A$.我们已经证明了 $\dim\Omega(0)=g$.

定理 3.1　如果 ω_0 是亚纯微分,$\omega_0\neq 0$,则对任何除子 D

$$\dim\Omega(D)=\dim L(D-(\omega_0)).$$

证明　对任意 $\omega\in\Omega(D)$,有 $\omega/\omega_0\in L(D-(\omega_0))$,这是因为$(\omega)\geqslant D$,从而

$$\left(\frac{\omega}{\omega_0}\right)=(\omega)-(\omega_0)\geqslant D-(\omega_0).$$

因此定义对应 $\omega\longmapsto\dfrac{\omega}{\omega_0}$,则不难验证,这是 $\Omega(D)$到 $L(D-(\omega_0))$的同构.

§4　Riemann-Roch 定理

定理(Riemann-Roch)　设 W 为亏格 g 的紧 Riemann 曲面,给定除子 D,则有

$$\dim L(-D)=\dim\Omega(D)+\deg D-g+1.$$

D 是整除子时 Riemann-Roch 定理的证明如下.

$D=0$ 时定理是显然的,因为这时

$$\dim L(0)=1,\dim\Omega(0)=g,\deg D=0.$$

由于 D 是整除子,$D\geqslant0$,因此我们以下假定 $D>0$,其中

$$D=\sum_{k=1}^{m}n_kp_k,n_k>0.$$

根据 $L(-D)$的定义,$f\in L(-D)$当且仅当 f 以 p_k 为至多 n_k 阶的极点.取 p_k 为心的局部参数圆 V_k,局部参数为

$$z=z(p),z(p_k)=0.$$

并且取定 W 的一典型同调基$(a_1,\cdots,a_g,b_1,\cdots,b_g)$,使 p_k 不在其上.

对任意$\forall f\in L(-D)$,对应有 df,在任意 p_k 的局部参数圆 V_k 内

$$df=\left(\sum_{j=2}^{n_k+1}\frac{c_j(p_k)}{z^j}+\sum_{j=0}^{\infty}A_j(p_k)z^j\right)dz.\tag{4.1}$$

设

$$D_1=\sum_{k=1}^{m}(n_k+1)p_k,$$

则 $df\in\Omega(-D_1)$.

对微分算子 d,定义同态 $d_i:L(-D)\to\Omega(-D_1)$,使 $f\longmapsto df$.设 $L(-D)$的像为 $dL(-D)$,它是 Ω 的线性子空间.

考虑子空间 $dL(-D)$.对任意 $p_k,1\leqslant k\leqslant m,2\leqslant n\leqslant n_k+1$,设 ω_k^n 为第二类规范化微分,具有为零的 A-周期,仅以 p_k 为 n 阶极点,在 p_k 的局部参数圆 V_k 内,具有主要部分$\dfrac{dz}{z^n}$.由(4.1),对$\forall f\in L(-D)$,得到

$$df=\sum_{k=1}^{m}\sum_{j=2}^{n_k+1}c_j(p_k)\omega_k^j+\varphi,\tag{4.2}$$

其中 φ 是全纯微分,由于 ω_k^n 的A-周期为零,所以 φ 的A-周期为零,由定理1.5

的推论，$\varphi\equiv 0$. 另外，$\{\omega_k^n\}$ 显然是线性无关的，其元素共有 $\deg(D)$ 个. 它是 $dL(-D)$ 的基.

设 $\mathbb{C}^{\deg D}$ 为复 $\deg D$ 维的线性空间，则由(4.2)定义同态 $d: L(-D)\to\mathbb{C}^{\deg D}$, $f\longmapsto df=(c_j(p_k):1\leqslant k\leqslant m, 2\leqslant j\leqslant n_k+1)$

对 $(c_j(p_k))\in\mathbb{C}^{\deg D}$，当且仅当

$$\sum_{k=1}^{m}\sum_{j=2}^{n_k+1}c_j(p_k)\omega_k^j$$

正合时，存在 $f\in L(-D)$ 使得

$$df=\sum_{k=1}^{m}\sum_{j=2}^{n_k+1}c_j(p_k)\omega_k^j.$$

因此，当且仅当对任意 b_l, $1\leqslant l\leqslant g$，右边微分的 B-周期为零，即

$$\sum_{k=1}^{m}\sum_{j=2}^{n_k+1}c_j(p_k)\int_{b_l}\omega_k^j=0. \ l=1,2,\cdots,g.$$

故 $dL(-D)$ 的维数等于这线性方程组的解空间的维数. 设系数矩阵：

$$\left(\int_{b_l}\omega_k^n\right)_{g\times\deg(D)} \tag{4.3}$$

的秩为 r，则

$$\dim(dL(-D))=\deg D-r. \tag{4.4}$$

另一方面，算子 d 的核

$$d^{-1}(0)=\{f\in L(-D): df=0\}=\mathbb{C},$$

因此 $\dim(d^{-1}(0))=1$. 由商空间 $L(-D)/d^{-1}(0)\cong dL(D)$，我们得到

$$\dim L(-D)=\dim(dL(-D))+1=\deg D-r+1. \tag{4.5}$$

现在讨论空间 $\Omega(0)=A$ 的典型基 $(\varphi_1,\cdots,\varphi_g)$. 注意对 $1\leqslant l\leqslant g$, φ_l 只在 a_l 有 A-周期 1，其它 A-周期为零. 设对任意 p_k, $1\leqslant k\leqslant m$，在局部参数圆 V_k 内

$$\varphi_l=a_{l,0}(p_k)+a_{l,1}(p_k)z+\cdots+a_{l,n_k-1}(p_k)z^{n_k-1}+\cdots.$$

对任意 $\omega\in\Omega(D)$，由于 $D>0$, ω 是全纯微分，即 $\omega\in A$，则对应唯一不全为零的一组数 $(\lambda_1,\cdots,\lambda_g)$，使得

$$\begin{aligned}\omega&=\lambda_1\varphi_1+\cdots+\lambda_g\varphi_g\\&=\sum_{l=1}^{g}\lambda_l\left\{\sum_{i=1}^{n_k-1}a_{l,i}(p_k)z^i+\sum_{i=n_k}^{\infty}a_{l,i}(p_k)z^i\right\}.\end{aligned}$$

对任意 p_k, $1\leqslant k\leqslant m$, ω 在 p_k 具有至少 n_k 阶的零点，因此满足

$$\sum_{l=1}^{g}a_{l,j}(p_k)\lambda_l=0, k=1,2,\cdots m, j=0,1,\cdots,n_{k-1}, \tag{4.6}$$

反之，如果 $(\lambda_1,\cdots,\lambda_g)$ 是此线性方程组的解，则 $\omega\in\Omega(D)$.

定义线性算子 $T:\Omega(D)\longmapsto\mathbf{C}^g$,使 $\omega\longmapsto(\lambda_1,\cdots,\lambda_g)$. 则 $\Omega(D)$与(4.6)的解空间同构,而(4.6)的系数矩阵为

$$(a_{l,j}(p_k))_{\deg D\times g}. \tag{4.7}$$

设它的秩为 ρ,则解空间的维数为 $g-\rho$,因此,

$$\dim\Omega(D) = g - l \tag{4.8}$$

最后证明,两个矩阵的秩相等,即 $\gamma=\rho$.

由第二类微分与第一类微分的双线性关系式(定理 2.2 的推论)

$$\left(\int_{b_l}\omega_k^j\right)=\left(\frac{2\pi i a_{l,j-2}(p_k)}{j-1}\right).$$

$l=1,2,\cdots,g,k=1,2,\cdots,m,j=2,\cdots,n_k+1$,因此矩阵 $\left(\int_{b_l}\omega_k^j\right)$ 与矩阵(4.3)等秩,即 $\gamma=\rho$.

把 $\gamma=\rho$ 代入(4.5)和(4.8)后,便得到

$$\dim L(-D) = \dim\Omega(D) + \deg - g + 1.$$

故 $D\geqslant 0$ 时,定理证完.

附注. 由(4.5),注意到 $\gamma\leqslant g$,有

$$\dim L(-D) \geqslant \deg D - g + 1,$$

这个不等式称为 Riemann 不等式.

定理 4.1　对任何亚纯微分 $\omega,\omega\not\equiv 0$

$$\deg(\omega) = 2g - 2. \tag{4.9}$$

证明　当 $g=0$ 时,(4.9)成立,因为这时 W 为球面,如果取 $\omega=dz$,则在∞的邻域内,取参数

$$z=\frac{1}{\zeta},\omega=-\frac{d\zeta}{\zeta^2},$$

∞便是二阶极点,$\deg(\omega)=-2$.

现设 $g>0$. 取全纯微分空间 A 的基$(\varphi_1,\cdots,\varphi_g)$. 由已证 $D\geqslant 0$ 时的 R-R 定理,对$(\varphi_1)>0$,有

$$\dim L(-(\varphi_1)) = \dim\Omega((\varphi_1)) + \deg(\varphi_1) - g + 1. \tag{4.10}$$

设 $\omega\in\Omega((\varphi_1))$,则 ω/φ_1 为全纯函数,因为

$$\left(\frac{\omega}{\varphi_1}\right)=(\omega)-(\varphi_1)\geqslant 0,$$

因此 $\omega/\varphi_1\equiv c$(常数),$\omega=c\varphi_1$,于是 $\dim\Omega((\varphi_1))=1$.

另外,$\dim L(-(\varphi_1))=g$,因为 $L(-(\varphi_1))$有一组基

$$\varphi_1/\varphi_1,\varphi_2/\varphi_1,\cdots,\varphi_g/\varphi_1.$$

这是因为,当 $k=1,2,\cdots g$ 时,$\varphi_k/\varphi_1\in L(-(\varphi_1))$,$\{\varphi_k/\varphi_1\}$是 $L(-(\varphi_1))$中一组

线性无关的元.又由于对任意 $f\in L(-(\varphi_1))$,则$(f\varphi_1)=(f)+(\varphi_1)\geqslant 0$,$f\varphi_1$ 是全纯微分,因此存在 $\lambda_1,\lambda_2,\cdots,\lambda_g$,使 $f\varphi_1=\lambda_1\varphi_1+\cdots+\lambda_g\varphi_g$,于是

$$f=\lambda_1\frac{\varphi_1}{\varphi_1}+\lambda_2\frac{\varphi_2}{\varphi_1}+\cdots+\lambda_g\frac{\varphi_g}{\varphi_1}.$$

最后,把 $\dim L(-(\varphi_1))=g$,$\dim\Omega((\varphi_1))=1$ 代入(4.10)便得到

$$\deg(\omega)=2g-2$$

定理得证.

现在我们证明,一般除子 D 的 Riemann-Roch 定理.

由定理 3.1,对除子 D 及亚纯微分 $\omega,\omega\not\equiv 0$,

$$\dim\Omega(D)=\dim L(D-(\omega)).$$

根据定义,

$$\deg(-D)=-\deg D,\deg(D-(\omega))=\deg D-\deg(\omega).$$

因此 R-R 定理可写成

$$\dim L(-D)+\frac{1}{2}\deg(-D)=\dim L(D-(\omega))+\frac{1}{2}\deg(D-(\omega)).\tag{4.11}$$

应该注意到,把 D 换为$(\omega)-D$ 时(4.11)的形式不变.因此,当 D 或$(\omega)-D$ 是整除子时,(4.11)已被证明成立.另外,R-R 定理中的度仅与 D 所对应的除子类有关.

我们断言.当 D 和$(\omega)-D$ 都不等价于整除子时有

1° $\dim L(-D)=0$;

2° $\dim L(D-(\omega))=\dim\Omega(D)=0$;

3° $\deg D=g-1$.

因为,如果 $\dim L(-D)\neq 0$,则存在 $f\in L(-D)$,使$(f)+D\geqslant 0$. 令 $D_1=(f)+D$,则 D_1 是整除子,另外 $D_1-D=(f)$,故 $D\sim D_1$,D 等价于整除子 D_1,从而 $\dim L(-D)=0$.同理,$\dim L(D-(\omega))=0$.

现在证明 3°.分解 $D=D_1-D_2$,使 $D_1>0,D_2>0$,则 $\deg D=\deg D_1-\deg D_2$,由 Riemann 不等式,我们有

$$\begin{aligned}\dim L(-D_1)&\geqslant\deg D_1-g+1\\&=\deg D_2+\deg D-g+1.\end{aligned}$$

由此可以判定 $\deg D\leqslant g-1$. 因为否则的话,若 $\deg D\geqslant g$,则 $\dim L(-D_1)\geqslant\deg D_2+1$,$L(-D_1)$中至少存在 $\deg D_2+1$ 个亚纯函数组成的线性无关组

$$f_1,f_2,\cdots,f_n,n=\deg D_2+1.$$

设

$$D_2 = \sum_{k=1}^{m} n_k p_k, n_k > 0,$$

找一组$(\lambda_1, \cdots, \lambda_n) \neq 0$,使

$$f = \lambda_1 f_1 + \lambda_2 f_2 + \cdots + \lambda_n f_n,$$

$f \in L(-D) = L(-D_1 + D_2)$.为此只要使 f 在 $p_k(1 \leqslant k \leqslant m)$上具有至少 n_k 阶的零点,即$(f) + D_1 - D_2 \geqslant (f) - D_2 \geqslant 0$,于是同前面得到(4.6)式的方法一样知,$\lambda_1, \cdots, \lambda_n$满足 $\deg D_2$ 个线性方程.由于 $n = \deg D_2 + 1$,未知数个数大于方程个数,线性方程组有非零解 $\lambda_1, \cdots, \lambda_n$,故 $f \neq 0, f \in L(-D)$.这便与 $\dim L(-D) = 0$ 矛盾.因此我们总有

$$\deg D \leqslant g - 1,$$

同理可证

$$\deg((\omega) - D) \leqslant g - 1,$$

结合这两不等式,注意到

$$\deg((\omega) - D) = \deg(\omega) - \deg D = 2g - 2 - \deg D,$$

便得到 $\deg D \geqslant g - 1$,因此 $\deg D = g - 1$.

根据已证的断言,可直接验证,R-R 定理对于一般的除子 D 成立.

§5　q 次全纯微分空间

W 上的 q 次全纯微分 φ,是定义在 W 上的某种形式的量,在每一个局部参数邻域内,在局部参数 $z = z(p)$下,φ 具有表示式:存在全纯函数 $a(z)$,使

$$\varphi = a(z)(dz)^q$$

当局部参数变换为 $\tilde{z}$ 时,形式不变,即

$$\varphi = \tilde{a}(\tilde{z})(d\tilde{z})^q, \tilde{a}(\tilde{z}) = a(z(\tilde{z}))\left(\frac{dz}{d\tilde{z}}\right)^q.$$

W 上所有 q 次全纯微分的集合记为 A^q,A^q 在通常的加法与数乘运算下成为复线性空间.现在,我们要用 R-R 定理,计算 A^q 的维数 $\dim A^q$.我们已经知道,$A^1 = A$,$\dim A^1 = g$(g 为 W 的亏格,$g \geqslant 1$).

我们同样可以定义 q 次亚纯微分.

引理 5.1　对任何亚纯微分 ω,ω^q 是 q 次亚纯微分,且 $L(-(\omega)^q)$与 A^q 同构.这里 $\omega \neq 0$.

证明　ω^q 是 q 次亚纯微分是显然的.ω^q 对应的除子(ω^q)如(ω)一样定义,对任意 $f \in L(-(\omega^q))$,对应 $f\omega^q \in A^q$,因为$(f\omega^q) = (f) + (\omega^q) \geqslant 0$.反之,对任意 $\varphi \in A^q$,有

$$f = \varphi / (\omega^q) \in L(-(\omega^q)).$$

因此，$f \longmapsto f \cdot \omega^q$ 定义了 $L(-(\omega^q))$ 到 A^q 的同构.

定理 5.2　设 W 为亏格 g 的紧 Riemann 曲面，q 为整数，则对 q 次全纯微分空间 A^q，

当 $g=0$ 时，

$$\dim A^q = \begin{cases} 0, & q \geqslant 1. \\ 1-2q, & q \leqslant 0. \end{cases}$$

当 $g=1$ 时，$\dim A^q = 1, \forall q \in \mathbf{Z}$.

当 $g>1$ 时，

$$\dim A^q = \begin{cases} 0, q < 0. \\ 1, q = 0. \\ g, q = 1. \\ (2q-1)(g-1), q > 1. \end{cases}$$

特别，当 $q=2$ 时，二次全纯微分空间的维数等于 $3g-3$.

证明　我们要应用 R-R 定理

$$\dim L(-D) = \dim L(D-(\omega)) + \deg D - g + 1, \tag{5.1}$$

其中 $\omega \not\equiv 0$ 为全纯微分.

首先计算一下几个特殊空间的维数.

当 $\deg D>0$ 时，$\dim L(D)=0$. 因为否则，若 $f \not\equiv 0, f \in L(D)$，则 $(f)-D \geqslant 0$，$\deg(f) - \deg D = -\deg D \geqslant 0, \deg D \leqslant 0$，便得到矛盾.

当 $\deg D > 2g-2$ 时，$\dim \Omega(D)=0$. 因为否则，若 $\omega \not\equiv 0, \omega \in \Omega(D)$，则 $\deg(\omega) - \deg D = 2g-2-\deg D \geqslant 0$，即

$$\deg D \leqslant 2g-2,$$

此与条件 $\deg D > 2g-2$ 矛盾.

当 $\deg D=0$ 时，$\dim L(D) \leqslant 1$，当且仅当 D 是主除子时，$\dim L(D)=1$. 因为，当 $\dim L(D)=1$ 时，如果 $f \not\equiv 0, f \in L(D)$，则 $(f)-D \geqslant 0$. 若 $(f)>D$，则 $\deg(f) > \deg D$，即有 $0>0$，矛盾. 反之，D 是主除子时，$D \sim 0$(零除子)，从而

$$\dim L(D) = \dim L(0) = 1.$$

由引理 5.1，$\dim A^q = \dim L(-(\omega^q))$. 则由(5.1)得到

$$\begin{aligned} \dim A^q &= \dim L(-(\omega^q)) \\ &= \dim L((\omega^{q-1})) + q(2g-2) - (g-1) \\ &= \dim L((\omega^{q-1})) + (2q-1)(g-1). \end{aligned} \tag{5.2}$$

这里，$(\omega^q) - (\omega) = (\omega^{q-1})$，

$$\deg(\omega^q) = q \deg \omega = q(2g-2).$$

当 $g=0$ 时，由(5.2)得到

$$\dim A^q = \dim L(-(\omega^q)) = \dim L((\omega^{q-1})) + 1 - 2q.$$

若 $q\leqslant 0$,则

$$\deg(\omega^{q-1}) = (q-1)\deg(\omega) = -2(q-1) > 0,$$

因此 $\dim L((\omega^{q-1}))=0$,从而 $\dim A^q = 1-2q$. 若 $q\geqslant 1$,由于 $-(\omega^q)=(\omega^{-q})$, $\deg(-(\omega^q))=2q>0$,因此

$$\dim L(-(\omega^q)) = 0,$$

即 $\dim A^q=0$.

当 $g=1$ 时,对任意 $q\in\mathbf{Z}$,由(5.2)得到

$$\dim L(-(\omega^q)) = \dim L((\omega^{q-1})). \tag{5.3}$$

对任意 $\varphi\in A^q$,由于 φ/ω^q 是亚纯函数,因此 $\deg(\varphi)=0$, φ 没有零点,因为否则有极点. 所以 $1/\varphi\in A^{-q}$,由此得到

$$\dim A^q = \dim A^{-q}.$$

再由(5.3)得到

$$\begin{aligned}\dim A^q &= \dim L(-(\omega^q)) = \dim L((\omega^{q-1}))\\ &= \dim L(-(\omega^{1-q})) = \dim A^{1-q} = \dim A^{q-1}.\end{aligned}$$

由此递推得到,对任意 $q\in\mathbf{Z}$,

$$\dim A^q = \dim A = 1.$$

当 $g>1$ 时,若 $q<0$,则因

$$\deg(-(\omega^q)) = -q(2g-2) > 0,$$

所以 $\dim A^q=\dim L(-(\omega^q))=0$. 若 $q=1$,则直接得到 $\dim A^1=g$.

若 $q>1$,由于 $\deg(\omega^{q-1})=(q-1)(2g-2)>0$,因此 $\dim L((\omega^{q-1}))=0$,代入(5.2)就有

$$\dim A^q = (2q-1)(g-1).$$

若 $q=0$,按定义,0 次全纯微分是 W 上全纯函数,即

$$A^0 = L(0) = \mathbb{C}.$$

因此对任意 $g\geqslant 0$,总有 $\dim A^0=1$. 定理证毕.

§6　Weierstrass 间隙数与 Weierstrass 点

设 W 为亏格 $g\geqslant 1$ 的紧 Riemann 曲面. 给定点 $p\in W$,作除子序列 $\{D_j\}$, $j=1,2,\cdots$, $D_j=jp$,提出下面的命题:

命题 j　在 W 上存在亚纯函数 f,使 $f\in L(-D_j)$,但 $f\notin L(-D_{j-1})$. 即在 W 上存在亚纯函数 f,仅以 p 为 j 阶极点.

对任意 $j\geqslant 1$,如果命题 j 不正确,则 j 称为 p 的 **Weierstrass 间隙数**;如果命题 j 正确,则 j 称为**非间隙数**. 显然,有下列引理.

引理 6.1　命题 j 正确,即 j 为非间隙数,当且仅当

$$\dim L(-D_j)-\dim L(-D_{j-1})=1.$$

命题 j 不正确,即 j 为间隙数,当且仅当

$$\dim L(-D_j)-\dim(-D_{j-1})=0.$$

定理 6.2 设 W 为亏格 $g\geqslant 1$ 的紧 Riemann 曲面,则对任意 $p\in W$,恰好有 g 个间隙数

$$1=n_1<n_2<\cdots<n_g<2g.$$

此定理称为 **Weierstrass 间隙定理**. 当 $g=0$ 时,定理显然成立.

证明 由 R-R 定理,注意到 $\deg D_j=j$,可得

$$\dim L(-D_j)-\dim L(-D_{j-1})=\dim\Omega(D_j)-\dim\Omega(D_{j-1})+1, \quad (6.1)$$

对任意 $k\geqslant 1$,在(6.1)两边求和得到

$$\begin{aligned}\dim L(-D_k)-\dim L(-D_0)&=\sum_{j=1}^{k}[\dim L(-D_j)-\dim L(-D_{j-1})]\\&=\sum_{j=1}^{k}[\dim\Omega(D_i)-\dim\Omega(D_{j-1})]+k\\&=\dim\Omega(D_k)-\dim\Omega(D_0)+k.\end{aligned}$$

注意到 $\dim L(-D_0)=\dim L(0)=1$,

$$\dim\Omega(D_0)=\dim\Omega(0)=g,$$

因此

$$\dim L(-D_k)-1=\dim\Omega(D_k)-g+k.$$

由引理 6.1 知道,(6.1)式左边当 j 是间隙数时等于零,否则等于 1. 所以对(6.1)式两边求和的结果是使(6.1)式左边等于 1 的正整数,即非间隙数的个数,故 $\dim\Omega(D_k)-g+k$ 是小于或等于 k 的非间隙数个数,即

(小于或等于 k 的间隙个数)

$$=k-(\dim\Omega(D_k)-g+k)=g-\dim\Omega(D_k).$$

但当 $k\geqslant 2g-1$ 时,$\deg D_k=k>2g-2$,这时

$$\dim\Omega(D_k)=0.$$

因此推出间隙数共有 g 个,且当 $k>2g-1$ 时,k 不是间隙数. 另外,1 显然是间隙数. 证完.

现在讨论非间隙数. 由定理 6.2 知,大于 1 小于等于 $2g$ 的非间隙数恰好也是 g 个,设为

$$1<\alpha_1<\alpha_2<\cdots<\alpha_g\leqslant 2g.$$

引理 6.3 对任意 $0<j<g$,有 $\alpha_j+\alpha_{g-j}\geqslant 2g$.

证明 反证之,如果存在 $j,0<j<g$,使 $\alpha_j+\alpha_{g-j}<2g$,则对任意 $k,0<k\leqslant j,\alpha_{g-j}<\alpha_k+\alpha_{g-j}<2g$. 由非间隙数的定义易知,两个非间隙数之和仍是非间隙

数.事实上,若 α,β 为两非间隙数,则存在亚纯函数 f 和 f' 使 $f\in L(-D_\alpha)$,但 $f\notin L(-D_{\alpha-1})$;$f'\in L(-D_\beta)$.但 $f'\notin L(-D_{\beta-1})$.因此 $f\cdot f'\in L(-D_{\alpha+\beta})$,而 $f\cdot f'\notin L(-D_{\alpha+\beta-1})$.这就说明 $\alpha+\beta$ 仍是非间隙数.因此,最少有 j 个非间隙数严格地在 α_{g-j} 与 α_g 之间,于是最少有 $(g-j)+j+1=g+1$ 个非间隙数在 1 与 $2g$ 之间,这是矛盾的.证完.

引理 6.4　如果 $\alpha_1=2$,则 $\alpha_j=2j,j=1,2,\cdots,g$,且对 $0<j<g$ 有

$$\alpha_j+\alpha_{g-j}=2g.$$

证明　因为 α_1 是非间隙数,所以 $\alpha_1,2\alpha_1,\cdots,g\alpha_1$ 皆是非间隙数,且它们构成小于或等于 $2g$ 的全部 g 个非间隙数.故

$$\alpha_j=j\alpha_1=2j\quad(j=1,2,\cdots,g),$$

且 $\alpha_j+\alpha_{g-j}=2g(0<j<g)$.

引理 6.5　如果 $\alpha_1>2$,则存在 $j(0<j<g)$,使

$$\alpha_j+\alpha_{g-j}>2g.$$

证明　反证之.设对任意,$0<j<g$,都有 $\alpha_j+\alpha_{g-j}=2g$.这时 $\alpha_1,2\alpha_1,\cdots,\left[\frac{2g}{\alpha_1}\right]\alpha_1$ 为小于或等于 $2g$ 的 $\left[\frac{2g}{\alpha_1}\right]$ 个非间隙数.这里 $\left[\frac{2g}{\alpha_1}\right]$ 为小于或等于 $\frac{2g}{\alpha_1}$ 的最大整数.由于 $\alpha_1>2$,

$$\left[\frac{2g}{\alpha_1}\right]\leqslant\frac{2}{3}g<g,$$

因此,除上列的 $\left[\frac{2g}{\alpha_1}\right]$ 个非间隙数外,还有小于或等于 $2g$ 的非间隙数.设最小的一个为 α,则存在 $l,1\leqslant l\leqslant\left[\frac{2g}{\alpha_1}\right]$,使得

$$l\alpha_1<\alpha<(l+1)\alpha_1.$$

于是,我们有小于或等于 α 的所有非间隙数序列 $\alpha_1,\alpha_2=2\alpha_1,\cdots,\alpha_l=l\alpha_1,\alpha_{l+1}=\alpha$.由假设 $\alpha_{g-1}=2g-\alpha_1,\cdots,\alpha_{g-l}=2g-l\alpha_1,\alpha_{g-(l+1)}=2g-\alpha$ 是大于或等于 $\alpha_{g-(l+1)}$,小于或等于 α_{g-l} 的所有非间隙数.

另一方面,我们有

$$\begin{aligned}\alpha_1+\alpha_{g-(l+1)}&=\alpha_1+2g-\alpha=2g-(\alpha-\alpha_1)>2g-l\alpha_1\\&=\alpha_{g-l},\end{aligned}$$

从而 $\alpha_1+\alpha_{g-(l+1)}$ 是大于 α_{g-l} 但小于 $2g$,即小于或等于 α_{g-1} 的非间隙数,且不在 $\alpha_{g-(l+1)},\cdots,\alpha_{g-1}$ 之列,这显然是一个矛盾.证完.

定理 6.6　对于非间隙数,我们有

$$\sum_{j=1}^{g-1}\alpha_j\geqslant g(g-1).$$

等式成立,当且仅当 $\alpha_1=2$.

证明 由引理 6.3

$$\sum_{j=1}^{g-1}\alpha_j=\begin{cases}(\alpha_1+\alpha_{g-1})+(\alpha_2+\alpha_{g-2})+\cdots+(\alpha_{\left[\frac{g}{2}\right]}+\alpha_{\left[\frac{g}{2}\right]+1}),\\ g\ \text{为奇数};\\ (\alpha_1+\alpha_{g-1})+(\alpha_2+\alpha_{g-2})+\cdots+(\alpha_{\frac{g}{2}-1}+\alpha_{\frac{g}{2}+1})+\alpha_{\frac{g}{2}},g\ \text{为偶数};\end{cases}$$

$$\geqslant\begin{cases}\left[\frac{g}{2}\right]\cdot 2g=g(g-1),g\ \text{为奇数};\\ 2g\left(\frac{g}{2}-1\right)+g=g(g-1),g\ \text{为偶数}.\end{cases}$$

又由引理 6.4 及引理 6.5 知,等号成立,当且仅当 $\alpha_1=2$. 定理证完.

现在讨论全纯微分,即第一类 Abel 微分的存在性.

对任意 $j\geqslant1$,命题 j 不正确,当且仅当 j 是间隙数,即当且仅当

$$\dim L(-D_j)-L(-D_{j-1})=0,$$

由 R-R 定理推出,当且仅当

$$\dim\Omega(D_j)-\dim\Omega(D_{j-1})=1,$$

注意 $D_j=j\cdot p$,因此当且仅当 W 上存在非零的全纯微分 ω,使 ω 在 p 点具有 $j-1$ 阶的零点. 因此,对 $p\in W$,恰好存在 g 个数

$$0=n_1-1<n_2-1<\cdots<n_g-1\leqslant 2g-2,$$

其中$\{n_k\}$为间隙数,使得 W 上存在全纯微分,以 p 为 n_k-1 阶零点.

定义 设 $p\in W$,对除子 $D_g=gp$,如果 $\dim\Omega(D_g)>0$,即 W 上存在非零全纯微分 ω,以 p 为至少 g 阶的零点,则 p 称为 **Weierstrass 点**,简称为 W-点.

根据 R-R 定理,p 是 W-点,当且仅当 $\dim L(-gp)\geqslant2$,即 W 上存在非常数的亚纯函数,仅以 p 点为至多 g 阶的极点.

我们的目的是要讨论 W-点的个数问题,为此要讨论一些与此相关的问题.

设 D 为平面$\mathbf{C}$内的域,A 为 D 内全纯函数 φ 组成的有限维线性空间,$\dim A=n(n=g\geqslant1)$. 对任意 $z\in D$,令 $\mathrm{ord}_z\varphi$ 表示 φ 在点 z 的零点的阶.

定义 A 的一组基$(\varphi_1,\varphi_2,\cdots,\varphi_n)$称为在点 z 是**适合的**,如果 $\mathrm{ord}_z\varphi_1<\mathrm{ord}_z\varphi_2<\cdots<\mathrm{ord}_z\varphi_n$.

对于给定的 z,适合的基是存在的. 构造如下:

设 $\mu_1=\min\limits_{\varphi\in A}\{\mathrm{ord}_z\varphi\}$,注意 $\mathrm{ord}_z\varphi$ 是非负整数,所以存在 $\varphi_1\in A$,使 $\mathrm{ord}_z\varphi_1=\mu_1$,且规范化使 φ_1 在点 z 的幂级数展开式的首项系数等于 1.

考虑 A 的子空间

$$A_1=\{\varphi:\varphi\in A,\mathrm{ord}_z\varphi>\mu_1\},$$

则 A_1 为 $n-1$ 维子空间,设 $\mu_2=\min\limits_{\varphi\in A_1}\{\mathrm{ord}_z\varphi\}$,并取 $\varphi_2\in A_1$ 使 $\mathrm{ord}_z\varphi_2=\mu_2$,且规范化使 φ_2 在 z 的展开式的首项系数等于 1.

如此继续,经 n 次后,我们便得到一组数

$$\mu_1<\mu_2<\cdots<\mu_n,$$

对应的 $(\varphi_1,\varphi_2,\cdots,\varphi_n)$ 为在 z 适合的基,且是规范化基,同时 $\{\mu_j\}(j=1,2,\cdots,n)$ 是唯一的.

定义 称

$$\tau(z)=\sum_{j=1}^{n}(\mu_j-j+1)$$

为 A 在 z 的**权**.其中 $\mu_j=\mathrm{ord}_z\varphi_j$,且由 φ_j 的取法知

$$\mu_j\geqslant j-1(j=1,2,\cdots,n).$$

如果取 A 为 Riemann 曲面 W 的全纯微分空间,$A=\{\omega\}$,则 $\dim A=g$.对任意 $p\in W$ 和任意 $\omega\in A$,在局部参数 $z=z(p)$ 下,在局部参数邻域内,$\omega=\varphi(z)\cdot dz$,于是 $\{\varphi\}$ 便构成 $D(D\subset\mathbb{C},\ z(p)\in D)$ 内的 $n=g$ 维全纯函数空间.因此,我们可定义 A 在点 p 的权为 $\{\varphi\}$ 在点 $z=z(p)$ 的权,即

$$\tau(p)=\tau(z)=\sum_{j=1}^{n}(\mu_j-j+1).$$

注意,这里基 $(\varphi_1,\cdots,\varphi_n)$ 与局部参数有关,但由于

$$\mathrm{ord}_z\varphi_k(1\leqslant k\leqslant n)$$

与局部参数无关,因此 $\tau(p)$ 与点 p 的局部参数无关.

引理 6.7 设 A 为域 $D\subset\mathbb{C}$ 内的全纯函数空间,$(\varphi_1,\cdots,\varphi_n)$ 为 A 的基,则它的 Wronski 行列式

$$\Phi(z)=\det[\varphi_1(z),\varphi_2(z),\cdots,\varphi_n(z)]$$

是一个全纯函数,且

$$\tau(z)=\mathrm{ord}_z\Phi(z).$$

附注 基 $(\varphi_1,\cdots,\varphi_n)$ 的 Wronski 行列式定义如下

$$\det[\varphi_1,\varphi_2,\cdots,\varphi_n]=\begin{bmatrix}\varphi_1(z) & \varphi_2(z) & \cdots & \varphi_n(z)\\ \varphi_1^1(z) & \varphi_2^1(z) & \cdots & \varphi_n^1(z)\\ \vdots & \vdots & & \vdots\\ \varphi_1^{(n-1)}(z) & \varphi_2^{(n-1)}(z) & \cdots & \varphi_n^{(n-1)}(z)\end{bmatrix}.$$

我们将要用到它的一个性质:对全纯函数 f,

$$\det[f\varphi_1,f\varphi_2,\cdots,f\varphi_n]=f^n\det[\varphi_1,\varphi_2,\cdots,\varphi_n].$$

证明 不难验证,A 的基变换时,对应行列式仅相差一非零的因子.因此,我们可以假定 $(\varphi_1,\cdots,\varphi_n)$ 在点 z 是适合的.设 $\mu_k=\mathrm{ord}_z\varphi_k,1\leqslant k\leqslant n$ 则

$$\mu_1 < \mu_2 < \cdots < \mu_n.$$

要证

$$\operatorname{ord}_z \Phi(z) = \operatorname{ord}_z \det[\varphi_1, \cdots, \varphi_n] = \sum_{j=1}^{n} (\mu_j - j + 1). \tag{6.2}$$

我们对 n 用归纳法证明之. $n=1$ 时,(6.2)显然成立.

现在设(6.2)对 k 成立,要证明(6.2)对 $k+1$ 成立.我们有

$$\begin{aligned}\det[\varphi_1, \varphi_2, \cdots, \varphi_{k+1}] &= \varphi_1^{k+1} \det\left[1, \frac{\varphi_2}{\varphi_1}, \cdots, \frac{\varphi_{k+1}}{\varphi_1}\right] \\ &= \varphi_1^{k+1} \det\left[\left(\frac{\varphi_2}{\varphi_1}\right)', \cdots, \left(\frac{\varphi_{k+1}}{\varphi_1}\right)'\right].\end{aligned}$$

这里,应注意到

$$\det\left[1, \frac{\varphi_2}{\varphi_1}, \cdots, \frac{\varphi_{k+1}}{\varphi_1}\right]$$

的第一列元素中,只有第一行的元素为 1,其余全部是零.

由归纳假设

$$\operatorname{ord}_z \det\left[\left(\frac{\varphi_2}{\varphi_1}\right)', \cdots, \left(\frac{\varphi_{k+1}}{\varphi_1}\right)'\right] = \sum_{j=2}^{k+1} [(\mu_j - \mu_1 - 1) - (j-2)],$$

另外

$$\operatorname{ord}_z \varphi_1^{k+1} = (k+1)\mu_1.$$

因此

$$\begin{aligned}&\operatorname{ord}_z \det[\varphi_1, \cdots, \varphi_{k+1}] \\ &= \operatorname{ord}_z \varphi_1^{k+1} + \operatorname{ord}_z \det\left[\left(\frac{\varphi_2}{\varphi_1}\right)', \cdots, \left(\frac{\varphi_{k+1}}{\varphi_1}\right)'\right] \\ &= \mu_1 + \sum_{j=2}^{k+1} (\mu_j - j + 1) \\ &= \sum_{j=1}^{k+1} (\mu_j - j + 1).\end{aligned}$$

这就证明了引理.

附注 由这引理推出,全纯函数组$(\varphi_1, \cdots, \varphi_n)$线性相关,当且仅当

$$\det[\varphi_1, \varphi_2, \cdots, \varphi_n] \equiv 0.$$

推论 1 集$\{z : z \in D, \tau(z) > 0\}$是离散的.

证明 按定义,要证明对于此集合内任意的点列$\{z_n\}$,若

$$z_n \to z_0 (n \to \infty),$$

则当 n 充分大时,必有 $z_n = z_0$.如若不然,则存在此集合内各项互不相同的无穷点列$\{z_n\}$和 $z_0 \in D$,使

$$\tau(z_n) > 0(n = 1,2,\cdots)$$

且 $z_n \to z_0(n\to\infty)$. 因此在 z_0 的任意小邻域内皆有使

$$\mathrm{ord}_z\Phi(z) = \tau(z) > 0$$

的点,即 $\Phi(z)$的零点,故 z_0 是 $\Phi(z)$的零点之极限点,

$$\Phi(z) \equiv 0,$$

因此$(\varphi_1,\varphi_2,\cdots,\varphi_n)$线性相关,这是矛盾的.

推论 2　集$\{z:z\in D,\tau(z)=0\}$是 D 的稠密开子集. 对这个集合内的 z,设 A 的基$(\varphi_1,\cdots,\varphi_n)$在 z 是适合的,则对任意 $j,1\leqslant j\leqslant n$,

$$\mathrm{ord}_z\varphi_j = j-1.$$

证明　因为这时

$$\sum_{j=1}^{n}(\mu_j - j + 1) = 0,$$

又 $\mu_j\geqslant j-1$,因此 $\mu_j=j-1$,即 $\mathrm{ord}_z\varphi_j=j-1$.

现在回到紧 Riemann 曲面 W 上的全纯微分空间 A 的情况.

定理 6.8　设 $g\geqslant 2$,则 $p\in W$ 是 W-点,当且仅当

$$\tau(p) > 0.$$

附注　当 W 的亏格 $g=1$ 时,W-点不存在.

证明　设 p 是 W-点,在局部参数 $z=z(p)$下,A 存在基

$$(\varphi_1(z)dz,\varphi_2(z)dz,\cdots,\varphi_g(z)dz).$$

设$(\varphi_1(z),\cdots,\varphi_g(z))$在 z 是适合的,如果 $\tau(p)=0$,则由上面的推论 2 得到

$$\mathrm{ord}_z\varphi_j = j-1 \leqslant g-1.$$

由此推出,A 中任何微分在点 p 有至多 $g-1$ 阶的零点,p 不是 W-点,矛盾.

反之,如果 $\tau(p)>0$,由于

$$\tau(p) = \sum_{j=1}^{g}(\mu_j - j + 1),$$

如果 p 不是 W-点,则 $\mathrm{ord}_z\varphi_g=\mu_g\leqslant g-1$. 但已知 $\mu_g\geqslant g-1$,因此有 $\mu_g=g-1$. 又

$$(g-1)-1 \leqslant \mu_{g-1} < \mu_g = g-1.$$

则 $\mu_{g-1}=(g-1)-1$. 继续推下去,我们得到 $\mu_j=j-1,j=1,2,\cdots,g$,从而 $\tau(p)=0$,与 $\tau(p)>0$ 矛盾. 定理证完.

定理 6.9　设 $g\geqslant 2$,对全纯微分空间 A 在点 $p\in W$ 的权有

$$\sum_{p\in W}\tau(p) = (g-1)g(g+1).$$

证明　由 $\dim A=g$,设 A 的基是$(\omega_1,\omega_2,\cdots,\omega_g)$,对任意 $p\in W$,在局部参数 $z=z(p)$下,

$$(\omega_1, \omega_2, \cdots, \omega_g) = (\varphi_1(z)dz, \varphi_2(z)dz, \cdots, \varphi_g(z)dz).$$

由引理 6.7, $\tau(p) = \tau(z) = \mathrm{ord}_z \Phi(z)$,

$$\Phi(z) = \det[\varphi_1(z), \cdots, \varphi_g(z)].$$

现在我们证明,令

$$m = \frac{g(g+1)}{2},$$

则 $\Phi(z)(dz)^m$ 是 W 上 m 次全纯微分.这是因为,若 $\widetilde{z} = \widetilde{z}(p)$ 为 p 的另一局部参数, $\widetilde{z} = \widetilde{z}(z)$ 为局部参数变换,则由微分定义

$$(\omega_1, \omega_2, \cdots, \omega_g) = (\widetilde{\varphi}_1 d\widetilde{z}, \widetilde{\varphi}_2 d\widetilde{z}, \cdots, \widetilde{\varphi}_g\, d\widetilde{z}).$$

其中

$$\varphi_1(z) = \widetilde{\varphi}_1(\widetilde{z}(z))\frac{d\widetilde{z}}{dz}, \cdots, \varphi_g(z) = \widetilde{\varphi}_g(\widetilde{z}(z))\frac{d\widetilde{z}}{dz},$$

这时由行列式计算,就有

$$\begin{aligned}\det[\varphi_1(z), \cdots \varphi_g(z)] &= \det\left[\widetilde{\varphi}_1\frac{d\widetilde{z}}{dz}, \cdots, \widetilde{\varphi}_g\frac{d\widetilde{z}}{dz}\right] \\ &= \left(\frac{d\widetilde{z}}{dz}\right)^{1+2+\cdots+g}\det[\widetilde{\varphi}_1, \cdots, \widetilde{\varphi}_g] \\ &= \left(\frac{d\widetilde{z}}{dz}\right)^m \det[\widetilde{\varphi}_1, \cdots, \widetilde{\varphi}_g].\end{aligned}$$

此即

$$\Phi(z) = \widetilde{\Phi}(\widetilde{z}(z))\left(\frac{d\widetilde{z}}{dz}\right)^m, \Phi(z)(dz)^m = \widetilde{\Phi}(\widetilde{z})(d\widetilde{z})^m,$$

$\Phi(z)(dt)^m$ 是 W 上 m 次微分.

因此我们可推出,

$$\begin{aligned}\sum_{p\in W}\tau(p) &= \sum_{p\in W}\mathrm{ord}_{z(p)}\Phi(z) = \deg[\Phi(z)(dz)^m] \\ &= m(2g-2) = (g-1)g(g+1).\end{aligned}$$

定理证完.

推论 当 $g \geqslant 2$ 时,W-点一定存在.

定理 6.10 设 $g \geqslant 2$,则全纯微分空间 A 对任意 $p \in W$ 的权 $\tau(p)$ 有

$$\tau(p) \leqslant \frac{g(g-1)}{2}.$$

等号成立,当且仅当 p 点的最小非间隙数是 2.

证明 我们知道,对 $p \in W$,有间隙数序列

$$1 = n_1 < n_2 < \cdots < n_g < 2g,$$

并有非间隙数序列

$$1 < \alpha_1 < \alpha_2 < \cdots < \alpha_g = 2g,$$

且已证明,恰好存在 g 个数

$$0 = n_1 - 1 < n_2 - 1 < \cdots < n_g - 1 \leqslant 2g - 2,$$

使 W 上存在全纯微分 φ_j,以 p 为 $n_j - 1$ 阶零点,$j = 1, 2, \cdots, g$,而 $(\varphi_1, \varphi_2, \cdots, \varphi_g)$ 构成 A 的适合的基,按定义,并注意到

$$\sum_{j=1}^{g} n_j = \sum_{j=1}^{2g} j - \sum_{j=1}^{g} \alpha_j,$$

则有

$$\begin{aligned}\tau(p) &= \sum_{j=1}^{g}(n_j - 1 - j + 1) = \sum_{j=1}^{2g} j - \sum_{j=1}^{g}\alpha_j - \sum_{j=1}^{g} j \\ &= \sum_{j=g+1}^{2g-1} j - \sum_{j=1}^{g-1}\alpha_j \leqslant \frac{3g(g-1)}{2} - g(g-1) \\ &= \frac{g(g-1)}{2}.\end{aligned}$$

这里用到了定理 6.6 的结果:

$$\sum_{j=1}^{g-1}\alpha_j \geqslant g(g-1).$$

又由于当且仅当 p 的最小非间隙数 $\alpha_1 = 2$ 时,

$$\sum_{j=1}^{g-1}\alpha_j = g(g-1),$$

所以上式等号成立,当且仅当 $\alpha_1 = 2$. 定理证完.

定理 6.11　设 $g \geqslant 2$,则 W 上的 W-点的总数 M 满足

$$2g + 2 \leqslant M \leqslant g^3 - g.$$

证明　由定理 6.8,p 是 W-点,则 $\tau(p) > 0$,即 $\tau(p) \geqslant 1$,因此,由定理 6.9 得到

$$M \leqslant \sum_{p \in W}\tau(p) = g^3 - g.$$

另一方面,由定理 6.10

$$\tau(p) \leqslant \frac{g(g-1)}{2},$$

因此,

$$\sum_{p \in W}\tau(p) \leqslant M \cdot \frac{g(g-1)}{2}.$$

再利用定理 6.9 得到

$$g^3 - g \leqslant M\frac{g(g-1)}{2},$$

从而 $M \geqslant 2g + 2$. 定理得证.

第八章　非紧 Riemann 曲面

在这一章中，相应于紧 Riemann 曲面的 Riemann-Roch 定理，我们证明非紧 Riemann 曲面的 Mittag-Leffer 定理，这一定理说明如何在非紧 Riemann 曲面上构造亚纯函数.

§1　紧 Riemann 曲面上的初等微分与 Cauchy 积分公式

我们首先讨论紧 Riemann 曲面上第三类规范化微分的积分表示的函数.

设 W 为紧 Riemann 曲面，亏格为 g. 我们用 $\omega(p;q,q_0)$ 表示 W 上的规范化的第三类微分，它以 q 为留数为 1 的一阶极点，以 q_0 为留数为 -1 的一阶极点. $\omega(p;q,q_0)$ 的 A - 周期为 0. 考虑积分

$$w(p,p_0;q,q_0)=\int_{p_0}^{p}\omega(p;q,q_0).$$

$w(p,p_0;q,q_0)$ 是一个多值解析函数，以点 q 为留数为 1 的对数极点，即在 q 的局部参数邻域内，在局部参数 $z-z(p)$ 下，

$$w(p,p_0;q,q_0)=\log(z(p)-z(q))+\phi(z(p)-z(q)),$$

其中 ϕ 是 q 的局部参数邻域内的全纯函数；以点 q_0 为留数为 -1 的对数极点，即在 q_0 的局部参数邻域内，在局部参数 $z=z(p)$ 下

$$w(p,p_0;q,q_0)=-\log(z(p)-z(q_0))+\phi_0(z(p)-z(q_0)),$$

其中 ϕ_0 是 q_0 的局部参数邻域内的全纯函数.

我们要讨论选取 $w(p,p_0;q,q_0)$ 的单值分支.

设 $a_1,b_1,\cdots,a_g,b_g$ 为 W 的同调基，$\{\varphi_1,\varphi_2,\cdots,\varphi_g\}$ 为全纯微分空间的典型基. 沿 $a_1,b_1,\cdots,a_g,b_g$ 割开 W 成为单连通的多边形 Π. 我们假定 q,q_0 在 Π 内，用简单弧 L 连接 q 到 q_0，再沿 L 割开 Π 成双连通域 $\Pi-L$. 在域 $\Pi-L$ 内我们总可以选取 $\omega(p,p_0;q,q_0)$ 的单值分支. 为此，我们只需指出，对于 Π 内包围 L 的闭曲线 Γ，积分

$$\begin{aligned}\int_{\Gamma}\omega(p;q,q_0)&=2\pi i[\operatorname{Res}(\omega,q)+\operatorname{Res}(\omega,q_0)]\\&=2\pi i[1-1]=0.\end{aligned}$$

现在取定一个单值分支，记之为 $w_0(p,p_0;q,q_0)$，我们讨论 $w(p,p_0;q,q_0)$

的多值性.

根据规范化条件,$\omega(p;q,q_0)$的 A - 周期 $A_j=0(j=1,2,\cdots,g)$. 根据第七章定理 2.1 的推论,$\omega(p;q,q_0)$的 B - 周期

$$B_j=\int_{b_j}\omega(p;q,q_0)=2\pi i\int_{q_0}^{q}\varphi_j,j=1,2,\cdots,g.$$

如果 Γ 是只包围 q 的闭曲线,则

$$\int_{\Gamma}\omega(p;q,q_0)=2\pi i.$$

如果 Γ_0 是只包围 q_0 的闭曲线,则

$$\int_{\Gamma_0}\omega(p;q,q_0)=-2\pi i.$$

由这两个积分值,及 B - 周期值,则可立刻得到表示式

$$w(p,p_0;q,q_0)=w_0(p,p_0;q,q_0)+\sum_{j=1}^{g}n_jB_j+m2\pi i,$$

其中 n_j 和 m 是整数.

$w(p,p_0;q,q_0)$是 p 的解析函数,它也是参变数 q 的解析函数. 为说明这一性质、我们要证明下面关于第三类规范化微分的积分的对称关系式.

设

$$w(q,q_0;p,p_0)=\int_{q_0}^{q}\omega(q;p,p_0),$$

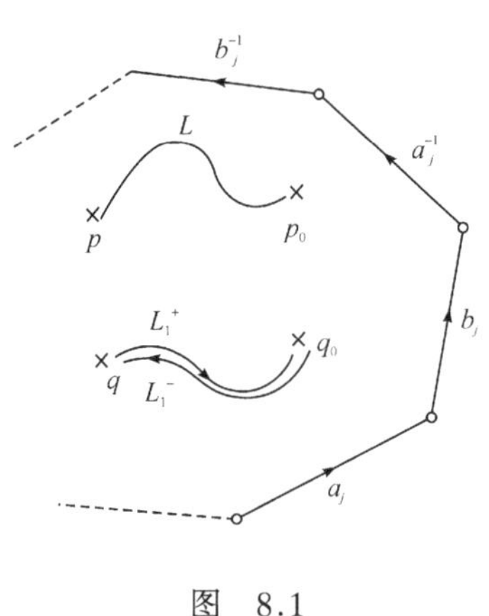

图　8.1

则有对称关系式

$$w(q,q_0;p,p_0)=w(p,p_0;q,q_0).$$

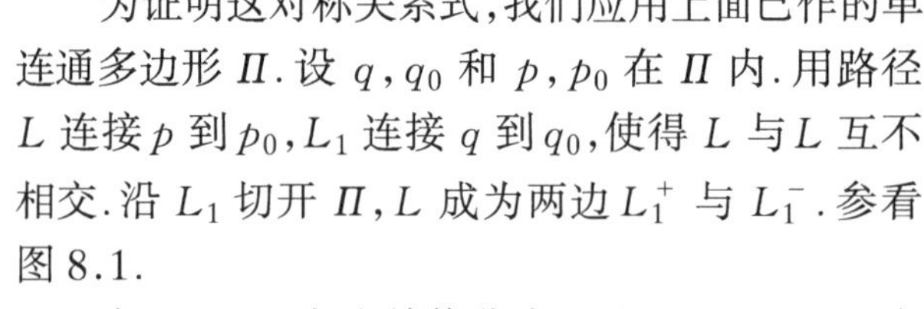

为证明这对称关系式,我们应用上面已作的单连通多边形 Π. 设 q,q_0 和 p,p_0 在 Π 内. 用路径 L 连接 p 到 p_0,L_1 连接 q 到 q_0,使得 L 与 L 互不相交. 沿 L_1 切开 Π,L 成为两边 L_1^+ 与 L_1^-. 参看图 8.1.

在 $\Pi-L_1$ 内取单值分支 $w(s,p_0;q,q_0)$,应用留数定理(第四章定理 4.3),我们有积分等式

$$\sum_{j=1}^{g}\int_{a_jb_ja_j^{-1}b_j^{-1}}w(s,p_0;q,q_0)\times\omega(s;p,p_0)$$

$$+\int_{L_1^+}w(s,p_0;q,q_0)\times\omega(s;p,p_0)+\int_{L^-}w(s,p_0;q,q_0)\times\omega(s;p,p_0)$$

$$=2\pi i[\mathrm{Res}(w(s,p_0;q,q_0)\omega(s;p,p_0),p)+\mathrm{Res}(w(s,p_0;q,q_0)\omega(s;p,p_0),p_0)].$$

计算这积分等式各项之值. 设 $\omega(s;q,q_0)$与 $\omega(s;p,p_0)$的 A - 周期分别为 A_j

与 A'_j,B - 周期分别为 B_j 与 B'_j. 完全按照第七章定理 2.1 中的证法,可以证明

$$\sum_{j=1}^{g}\int_{a_jb_ja_j^{-1}b_j^{-1}} w(s,p;q,q_0)\omega(s;p,p_0) = \sum_{j=1}^{g}(A_jB_j' - A_j'B_j) = 0.$$

这里我们用到了规范化假设,$A_j=0$ 与 $A_j'=0, j=1,2,\cdots,g$.

另外,对于 $w(s,p_0;q,q_0)$,点 q 是留数为 1 的对数极点. 设 $s\in L_1^+$,同一点在 L_1^- 上用 s'表示的话,则

$$w(s',p_0;q,q_0) = w(s,p_0;q,q_0) + 2\pi i.$$

因此,

$$\begin{aligned}&\int_{L_1^+} w(s,p_0;q,q_0)\omega(s;p,p_0) + \int_{L_1^-} w(s,p_0;q,q_0)\omega(s;p,p_0)\\&= -2\pi i\int_{L_1^+}\omega(s;p,p_0) = -2\pi i\int_q^{q_0}\omega(s;p,p_0)\\&= 2\pi i w(q,q_0;p,p_0).\end{aligned}$$

现在计算留数. 由于 $w(p_0,p_0;q,q_0)=0$,因此

$$\begin{aligned}&2\pi i\,\mathrm{Res}(w(s,p_0;q,q_0)\omega(s;p,p_0),p_0)\\&= -2\pi i w(p_0,p_0;q,q_0) = 0,\\&2\pi i\,\mathrm{Res}(w(s,p_0;q,q_0)\omega(s;p,p_0),p)\\&= 2\pi i w(p,p_0;q,q_0).\end{aligned}$$

把以上计算各值代入原积分等式中,即得到对称关系式

$$w(q,q_0;p,p_0) = w(p,p_0;q,q_0).$$

$w(p,p_0;q,q_0)$对于 p,q 都是多值解析函数. 我们要附加上一个变数 p 的函数,使之对于 q 是单值解析函数.

在 W 上取定一个非 Weierstrass 点 q_0,对于这种点,W 上不存在仅以 q_0 为阶小于或等于 g 的极点的亚纯函数.

我们用 $\omega_2^k(p,q_0)$表示 W 上的第二类规范化微分. $\omega_2^k(p,q_0)$仅以 q_0 为极点,而在 q_0 的局部参数邻域内,在给定的局部参数 $z=z(p)(z(q_0)=0)$下,

$$\omega_2^k(p,q_0) = -\frac{kdz}{z^{k+1}} + \phi_k(z)dz, k = 1,2,\cdots$$

其中 ϕ_k 是 q_0 的局部参数邻域内的全纯函数.

取定 g 个微分$\{\omega_2^k(p;q_0)\}$,$k=1,2,\cdots,g$. 由于是规范化的微分. 这 g 个微分的 A - 周期为 0. B - 周期作成的矩阵

$$\left[\int_{b_j}\omega_2^k(p,q_0)\right]_{g\times g}$$

是非异矩阵. 因为如果矩阵的行列式等于 0,则存在一组不全为 0 的数 λ_k,$k=1$,

$2,\cdots,g$,使得

$$\sum_{k=1}^{g}\lambda_k\int_{b_j}\omega_2^k(p,q_0)=0,j=1,2,\cdots,g.$$

于是微分

$$\sum_{k=1}^{q}\lambda_k\omega_2^k(p,q_0)$$

的 A-周期为0,B-周期也为0,我们可定义一个亚纯函数

$$\int_{p_0}^{p}\sum_{k=1}^{g}\lambda_k\omega_2^k(p,q_0),$$

仅以 q_0 为阶小于或等于 g 的极点.这便与 q_0 是非 Weierstrass 点矛盾.

根据对称关系式,作为 q 的函数,

$$w(p,p_0;q,q_0)=\int_{q_0}^{q}\omega(q;p,p_0).$$

$\omega(q;p,p_0)$的 A-周期为0,B-周期

$$B_j=\int_{b_j}\omega(q;p,p_0)=2\pi i\int_{p_0}^{p}\varphi_j,j=1,2,\cdots,g.$$

这里$\{\varphi_j\}$是全纯微分空间的典型基.

设$\{\psi_k(p)\}(k=1,2,\cdots,g)$为线性方程组

$$\sum_{k=1}^{g}\left(\int_{b_j}\omega_2^k\right)\psi_k(p)=2\pi i\int_{p_0}^{p}\phi_j,j=1,2,\cdots,g,$$

的唯一的一组解.由于系数矩阵非异,这样的解是唯一存在的

定义函数,取定点 $q_1\neq q_0$,

$$\begin{aligned}w(p,q)&=w(p,p_0;q,q_0)-\sum_{k=1}^{g}\psi_k(p)\int_{q_1}^{q}\omega_2^k(s,q_0)\\&=\int_{q_0}^{q}\omega(s;p,p_0)-\sum_{k=1}^{g}\psi_k(p)\int_{q_1}^{q}\omega_2^k(s,q_0)\\&=\int_{q_0}^{q_1}\omega(s;p,p_0)+\int_{q_1}^{q}\omega(s;p,p_0)\\&\quad-\sum_{k=1}^{g}\psi_k(p)\int_{q_1}^{q}\omega_2^k(s,q_0),\end{aligned}$$

则 $w(p,q)$当 p 固定时,作为 q 的函数是单值的.因为在 $w(p,q)$的定义式中,左边被积的微分的 A-周期为0,B-周期也为0.

定义　$w(p,q)$对于 p 的微分

$$dw(p,q)=\omega(p;q,q_0)-\sum_{k=1}^{g}\left(\int_{q_1}^{q}\omega_2^k(s,q_0)\right)d\psi_k(p),$$

称为紧 Riemann 曲面的**初等微分**. 这里 q_0 是取定的非 Weierstrass 点,全纯微分组 $\{d\psi_k(p)\}$满足

$$\sum_{k=1}^{g}\left(\int_{b_j}\omega_2^k\right)d\psi_k(p) = 2\pi i\varphi(p), j = 1,2,\cdots,g.$$

在 q 的局部参数邻域内,在局部参数 $z=z(p)$下,

$$dw(p,q) = \frac{dz}{z(p)-z(q)} + \phi(z)dz,$$

$\phi(z)$是 q 的局部参数邻域内的全纯函数.

现在,我们可以把 $dw(p,q)$作为 Cauchy 核,得到下面的 Cauchy 积分定理.

定理 1.1 如果 G 为 $W-\{q_0\}$的相对紧域,边界∂G 由有限条可求长的可微分曲线组成,f 在 $\bar{G}$ 上解析.(在包含 $\bar{G}$ 的域内解析).则对于 $q\in G$ 有 Cauchy 积分表示式

$$f(q) = \frac{1}{2\pi i}\int_{\partial G} f(p)dw(p,q).$$

定理的证明可由留数定理推出.须注意,表示式左边的 Cauchy 积分是 q 的(单值)解析函数.

§2 非紧 Riemann 曲面上的域的初等微分与 Cauchy 积分公式

现设 W 为非紧 Riemann 曲面,G_0 为 W 的相对紧域.根据第五章引理 2.2,对于 G_0 总存在一个正则域 Ω,使得 $\bar{G}\subset\Omega$. Ω 是一个紧的带边界的 Riemann 曲面.设 Ω^* 为 Ω 的共轭 Riemann 曲面,$\hat{\Omega}=\Omega\cup\Omega^*$ 为倍 Riemann 曲面(参看第一章§4). $\hat{\Omega}$ 是一个紧 Riemann 曲面.取定一个非 Weierstrass 点 $q_0\in\Omega^*$. 定义 $\hat{\Omega}$ 的初等微分 $dw(p,q)$,并称为 Ω 的初等微分.再限制在 G_0 上,则称 $dw(p,q)$为 G_0 的初等微分.而且也有 Cauchy 定理.

定理 2.1 如果 $G\subset G_0$,边界∂G 由有限条可求长的可微分曲线组成,f 为 G_0 内的全纯函数,则对于 $q\in G$,

$$f(q) = \frac{1}{2\pi i}\int_{\partial G} f(p)dw(p,q).$$

§3 Runge 逼近定理

定理 3.1 设 W 为非紧 Riemann 曲面,Ω_1 和 Ω_2 为 W 的相对紧域,$\bar{\Omega}_1\subset\Omega_2$,边界$\partial\Omega_1$ 和$\partial\Omega_2$ 由有限条可求长的可微分曲线组成.假设对任意 $p_1\in\partial\Omega_1$ 对

应有一点 $p_2 \in \partial\Omega_2$，且存在路径 $l_{p_1p_2}$ 连接 p_1 到 p_2，除端点外 $l_{p_1p_2}$ 整个位在 $\Omega_2 - \bar{\Omega}_1$ 内.

在这些假设下，如果 $f(q)$ 为 Ω_1 内的全纯函数，则对 Ω_1 内任何紧集 Ω_0，$\bar{\Omega}_0 \subset \Omega_1$，给定 $\varepsilon > 0$，总存在 Ω_2 内的全纯 $R(q)$，使得

$$\max_{q \in \Omega_0} | f(q) - R(q) | < \varepsilon.$$

这一定理的证明方法，是通过 Cauchy 积分，用 Ω_2 的亚纯函数来逼近. 然后用极点推移法，把极点从 $\partial\Omega_1$ 推移到 $\partial\Omega_2$ 上. 我们要用到下面的引理.

引理 3.2 设 Ω_0 和 Ω_1 为 Riemann 曲面 W 的域，Ω_0 是相对紧域且 $\bar{\Omega}_0 \subset \Omega_1$. 设 $h_1(q)$ 为 Ω_1 内的亚纯函数，仅以点 p_1 为极点. 设 $h(q)$ 为 Ω_1 内亚纯函数，但在点 p_1 全纯，并且

$$| h(p_1) | > \max_{q \in \Omega_0} | h(q) |.$$

则对任意给定的 $\varepsilon > 0$，Ω_1 内总存在亚纯函数 $R(q)$，与 $h(q)$ 具有相同的极点，使得

$$\max_{q \in \Omega_0} | h_1(q) - R(q) | < \varepsilon.$$

证明 把 $h_1(q)$ 表示为

$$h_1(q) = h_1(q) \frac{[h(p_1) - h(q)]^m}{[h(p_1) - h(q)]^m} = \frac{H_1(q)}{[h(p_1) - h(q)]^m},$$

其中 m 为正整数，使得 $H_1(q) = h_1(q)[h(p_1) - h(q)]^m$ 在点 p_1 全纯. 根据假设

$$\max_{q \in \Omega_0} | h(q) | / | h(p_1) | < 1,$$

则有展开式

$$\frac{1}{[h(p_1) - h(q)]^m} = \frac{1}{[h(p_1)]^m \left[1 - \frac{h(q)}{h(p_1)}\right]^m} = \sum_{n=0}^{\infty} a_n [h(q)]^n,$$

其中的级数在 Ω_0 一致收敛. 由于

$$h_1(q) = H_1(q) \sum_{n=0}^{\infty} a_n [h(q)]^n,$$

因此对于给定 $\varepsilon > 0$，总存在 N，令

$$R(q) = H_1(q) \sum_{n=0}^{N} a_n [h(q)]^n,$$

总有

$$\max_{q \in \Omega_0} | h_1(q) - R(q) | < \varepsilon.$$

$R(q)$ 合乎引理的要求，引理得证.

定理 3.1 的证明 作一个正则域 Ω_3，使得 $\bar{\Omega}_2 \subset \Omega_3$. Ω_3 具有初等微分

$dw(p,q)$. 根据定理 2.1,我们有 Cauchy 积分表示式,对于 $q\in\Omega_0$

$$f(q)=\frac{1}{2\pi i}\int_{\partial\Omega_1}f(q)dw(p,q).$$

用有限多个局部参数圆 $\{\Delta_k\}$ 覆盖 $\partial\Omega_1$,注意到 $\bar{\Omega}_0\subset\Omega_1$,我们可以假定这些 Δ_k 与 $\bar{\Omega}_0$ 不相交. 因此在 Δ_k 的局部参数

$$z=z(p)$$

下,在 Δ_k 内函数 $f(p)\dfrac{dw(p,q)}{dz(p)}$ 对 $p\in\Delta_k$ 和 $q\in\Omega_0$ 全纯,因而在 $\Delta_k\times\Omega_0$ 内一致连续. 由一致连续性,我们可以充分分割 $\partial\Omega_1$, $\partial\Omega_1$ 上存在分割点 $p_1,p_2,\cdots,p_n$, $p_{n+1}=p_1$,相邻两点在同一局部参数圆 Δ_k 内可用同一参数表示,使得对任意 $q\in\Omega_0$ 有

$$\left|f(q)-\frac{1}{2\pi i}\sum_{j=1}^{n}f(p_j)\frac{dw(p_j,q)}{dz(p_j)}(z(p_{j+1})-z(p_j))\right|<\varepsilon/2.$$

令

$$R(p_j,q)=\frac{f(p_j)}{2\pi i}\frac{dw(p_j,q)}{dz(p_j)}(z(p_{j+1})-z(p_j)).$$

根据初等微分 $dw(p,q)$ 的性质, $R(p_j,q)$ 是定义于 Ω_3 的亚纯函数,仅与 p_j 为一阶极点. 而且我们有

$$\max_{q\in\Omega_0}\left|f(q)-\sum_{j=1}^{n}R(p_j,q)\right|<\varepsilon/2.$$

现在要应用引理 3.2,把 $R(p_j,q)$ 的极点 $q_j\in\partial\Omega_1$ 推移到 $\partial\Omega_2$ 上.

由定理假设,对任意 $p_j\in\partial\Omega_1$,存在 $p_j'\in\partial\Omega_2$,及连接 p_j 到 p_j' 的路径 l_j, l_j 除端点外在 $\Omega_2-\bar{\Omega}_1$ 内. 用有限个局部参数圆 $\{\Delta_{j,k}\}$ 覆盖 l_j,设 $\Delta_{j,k}$ 的局部参数为 $z=z(p)$. 在 l_j 上取分割点 $p_j=p_{j,0},p_{j,1},\cdots,p_{j,m}=p_j'$,使得相邻两点充分近,且在同一 Δ_{jk} 内,在对应局部参数下,我们有

$$\left|\frac{dw(p_{j,k+1},p_{jk})}{dz(p_{j,k+1})}\right|>\max_{q\in\bar{\Omega}_0}\left|\frac{dw(p_{j,k+1},q)}{dz(p_{j,k+1})}\right|.$$

应用引理 3.2,依次取引理中

$$h(q)=\frac{dw(p_{j,k+1},q)}{dz(p_{j,k+1})},k=0,1,\cdots,m-1$$

则仅以 $p_j=p_{j,0}$ 为极点的亚纯函数 $R(p_j,q)$,可用仅以 $p_{j,1}$ 为极点的亚纯函数 $R(p_{j,1},q)$ 来逼近. $R(p_{j,1},q)$ 可用仅以 $p_{j,2}$ 为极点的亚纯函数来逼近. 经 m 次逼近后,我们便得到仅以

$$p_{j,m}=p_j'\in\partial\Omega_2$$

的亚纯函数 $R(p_j',q)$ 来逼近 $R(p_j,q)$,使得

$$\max_{q\in\Omega_0}|R(p_j,q)-R(p_j',q)|<\frac{\varepsilon}{2n},j=1,2,\cdots,n.$$

令

$$R(q)=\sum_{j=1}^{n}R(p_j',q).$$

$R(q)$是 Ω_3 内的亚纯函数.而且有

$$\begin{aligned}\max_{q\in\Omega_0}|f(q)-R(q)|&\leqslant\max_{q\in\Omega_0}\left|f(q)-\sum_{j=1}^{n}R(p_j,q)\right|\\&\quad+\sum_{j=1}^{n}\max_{q\in\Omega_0}|R(p_j,q)-R(p_j',q)|\\&\leqslant\frac{\varepsilon}{2}+\frac{M\varepsilon}{2n}=\varepsilon.\end{aligned}$$

$R(q)$即为定理所求的逼近函数,定理得证.

下面的定理是一种类型的 Runge 定理.

定理 3.3　设 W 为非紧 Riemann 曲面;Ω 为 W 的域,余集 W-Ω 没有紧分支.则对于 Ω 的全纯函数 f,给定紧集 $K\subset\Omega$ 及 $\varepsilon>0$,总存在定义于 W 的全纯函数 F,使得

$$\max_{q\in K}|f(q)-F(q)|<\varepsilon.$$

证明　根据对于 Ω 的假设,存在正则域 Ω_1,使得 $K\subset\Omega_1\subset\Omega$.作 W 的正则域穷尽序列$\{\Omega_n\}$.则 $K\subset\Omega_1$,$\bar{\Omega}_n\subset\Omega_{n+1}$,边界$\partial\Omega_n$ 与$\partial\Omega_{n+1}$满足定理 3.1 的条件,逐步应用定理 3.1.对于 Ω_1 内全纯函数 f,存在定义于 Ω_2 的全纯函数 f_1,使得

$$\max_{q\in K}|f(q)-f_1(q)|<\frac{\varepsilon}{2}.$$

对于 f_1 存在定义于 Ω_3 的全纯函数 f_2,使得

$$\max_{q\in\Omega_1}|f_1(q)-f_2(q)|<\frac{\varepsilon}{2^2}.$$

如此继续,我们有一序列定义于 Ω_{n+1}的全纯函数 f_n,使得

$$\max_{q\in\bar{\Omega}_n}|f_n(q)-f_{n+1}(q)|<\frac{\varepsilon}{2^{n+1}},\ n=1,2,\cdots.$$

现在考虑定义于 Ω_2 的级数

$$F(q)=f_1(q)+\sum_{n=1}^{\infty}[f_{n+1}(q)-f_n(q)].$$

在 $\bar{\Omega}_1$ 上这级数以 $\sum_{n=1}^{\infty}\varepsilon/2^{n+1}$ 为优级数,故在 $\bar{\Omega}_1$ 上一致收敛,$F(q)$是定义于 Ω_1 的全纯函数.$F(q)$可以全纯开拓为定义任一 Ω_N 的全纯函数,只要在 Ω_N 内令

$$F(q)=f_{N+1}(q)+\sum_{n=N+1}^{\infty}[f_{n+1}(q)-f_n(q)].$$

经这样的全纯开拓后，$F(q)$为定义于整个 W 的全纯函数. 在 K 上

$$\max_{q\in K}|f(q)-F(q)|\leqslant\max_{q\in K}|f(q)-f_1(q)|+\sum_{n=1}^{\infty}\max_{q\in K}|f_{n+1}(q)-f_n(q)|\leqslant\frac{\varepsilon}{2}+\sum_{n=1}^{\infty}\frac{\varepsilon}{2^{n+1}}=\varepsilon.$$

定理得证.

§4　Mittag-Leffler 定理与非紧 Riemann 曲面上亚纯函数的构造

设 W 为非紧 Riemann 曲面，我们先要构造具有单极点的简单亚纯函数

我们为此要先讨论紧 Riemann 曲面的情况.

假设 W 为紧 Riemann 曲面，亏格为 g(参看§1). 对于给定的点 $q\in W$，设 $\omega_2^k(p,q)(k\geqslant1)$为第二类规范化微分，仅以 q 为极点，在 q 的局部参数邻域内，在指定的局部参数 $z=z(p)(z(q)=0)$下，

$$\omega_2^k(p,q)=-\frac{kdz}{z^{k+1}}+\phi_k(z)dz,$$

其中 ϕ_k 是全纯函数.

由规范化假设 $\omega_2^k(p,q)$的 A－周期$A_j=0(j=1,2,\cdots,g)$. 我们要附加上一些同类型的第二类微分，使得 B－周期

$$B_j=0.$$

仿照§1 取定一个非 Weierstrass 点 $q_0\in W$. 取定一组微分$\{\omega_2^k(p,q_0):k=1,2,\cdots,g\}$. 我们已知 B－周期矩阵

$$\left[\int_{b_j}\omega_2^k(p,q_0)\right]_{g\times g}$$

是非异矩阵. 因此对于 $\omega_2^n(p,q)(q\neq q_0)$，线性方程组

$$\sum_{k=1}^{g}c_k\int_{b_j}\omega_2^k(p,q_0)=\int_{b_j}\omega_2^n(p,q)$$

有一组唯一的不全为 0 的解 $c_1,c_2,\cdots,c_g$. 于是第二类微分

$$\omega_2^n(p,q)-\sum_{k=1}^{g}c_k\omega_2^k(p,q_0)$$

的 A－周期全为 0，B－周期也全为 0.

积分定义的函数

$$w^n(p,q)=\int_{p_0}^{p}\left[\omega_2^n(p,q)-\sum_{k=1}^{g}c_k\omega_2^k(p,q_0)\right],\ p_0\neq q,q_0,$$

为 W 上的亚纯函数,仅以 q 和 q_0 为极点,在 q 的局部参数邻域内,在指定的局部参数 $z=z(p)(z(q)=0)$下

$$w^n(p,q)=\frac{1}{z^n}+\phi_n(z),$$

其中 $\phi_n(z)$是全纯函数.

现在讨论非紧 Riemann 曲面 W 的情况.

设 Ω 为 W 的正则域. Ω 是紧带边界的 Riemann 曲面. 设 Ω^* 为 Ω 的共轭 Riemann曲面, $\hat{W}$ 为 Ω 的倍 Riemann 曲面. $\hat{W}$ 是一个紧 Riemann 曲面. 给定 $q\in\Omega$, $q_0\in\Omega^*$(q_0 是非 Weierstrass 点),对应有 $w^n(p,q)$. 把 $W^n(p,q)$限制在 Ω. 则 $w^n(p,q)$是 Ω 内仅以 q 为极点的简单亚纯函数,在 q 的局部参数邻域内,在指定的局部参数 $z=z(p)(z(q)=0)$下,

$$w^n(p,q)=\frac{1}{z^n}+\phi_n(z),$$

其中 ϕ_n 是全纯函数.

我们的目的是要在非紧 Riemann 曲面 W 上,构造具有单极点的简单亚纯函数.

给定一点 $q\in W$,在 q 的局部参数邻域内,取定局部参数 $z=z(p)(z(q)=0)$. 作 W 的正则域穷尽序列$\{\Omega_k\}(k=0,1,2,\cdots)$,使得 $q\in\Omega_0$.

对任何正则域 Ω_k,构造简单亚纯函数 $\omega_k^n(p,q)$,仅以 q 为极点. 在 q 的已给定的局部参数邻域内,在已给定的局部参数 $z=z(p)(z(q)=0)$下,

$$w_k^n(p,q)=\frac{1}{z^n}+\phi_n^k(z),(n\geqslant 1)$$

其中 ϕ_n^k 是全纯函数.

考虑到 $w_{k+1}^n(p,q)-w_k^n(p,q)$在 Ω_k 内全纯,我们可以应用 Runge 定理 3.3. 因此,存在定义于 W 的全纯函数 f_k,使得

$$\max_{p\in\Omega_{k-1}}|w_{k+1}^n(p,q)-w_k^n(p,q)-f_k(p)|<\frac{\varepsilon}{2^k},(k=1,2,\cdots).$$

令

$$w^n(p,q)=w_1^n(p,q)+\sum_{k=1}^{\infty}[w_{k+1}^n(p,q)-w_k^n(p,q)-f_k(p)].$$

则由于其中级数在 Ω_0 有定义且绝对一致收敛,因此,在 Ω_0 内 $w^n(p,q)$是亚纯函数,仅以 q 为极点. $w^n(p,q)$可以解析开拓定义到任何 Ω_N 内,我们只要把它写成形式

$$w^n(p,q) = W_{N+1}^n(p,q) - \sum_{k=1}^{N} f_k(p,q)$$
$$+ \sum_{k=N+1}^{\infty} [w_{k+1}^n(p,q) - w_k^n(p,q) - f_k(p)],$$

其中级数在 Ω_N 上一致收敛,$w^n(p,q)$是定义于 Ω_N 的亚纯函数.

这样,$w^n(p,q)$是定义于 W 的亚纯函数,仅以 q 为极点.在 q 的给定的局部参数邻域内,在给定的局部参数

$$z = z(p)\ (z(q) = 0)$$

下,

$$w^n(p,q) = \frac{1}{z^n} + \phi_n(z)\ (n \geqslant 1),$$

其中 $\phi_n(z)$是全纯函数.

我们称这样的 $w^n(p,q)$为**单(n 阶)极点的简单亚纯函数**.

现在构造亚纯函数极点的主要奇异部分的整体表示式.

设 f 为非紧 Riemann 曲面 W 上的亚纯函数.如果 q 为f 的极点,则在 q 的局部参数邻域内,在给定的局部参数映照 $z=z(p)(z(q)=0)$下,

$$f(p) = \frac{a_n}{z^n} + \cdots + \frac{a_1}{z^1} + \phi(z), a_n \neq 0.$$

其中 $\phi(z)$是全纯的.一般地设

$$S(p,q) = \frac{a_n}{z^n} + \cdots + \frac{a_1}{z}, \ (a_n \neq 0, n \geqslant 1.)$$

并称之为 f 在极点 q 的**主要奇异部分**.注意,$S(p,q)$的表示与给定的局部参数 $z=z(p)(z(q)=0)$有关,$S(p,q)$是局部定义的.

对于给定的 $S(p,q)$,在 W 上存在仅以 q 为极点的亚纯函数

$$R(p,q) = a_n w^n(p,q) + \cdots + a_1 w^1(p,q),$$

$R(p,q)$在极点 q 的主要奇异部分恰好为$S(p,q)$.$R(p,q)$是整体定义的主要奇异部分.

现在我们要用主要奇异部分来构造一般的亚纯函数,这就是下面 Mittag-Leffler 定理的内容.

定理 4.1 设 W 为非紧的 Riemann 曲面.给定 W 的点序列$\{q_n\}$,当 $n\to\infty$时 q_n 趋于W 的理想边界.则存在定义于 W 的亚纯函数f,仅以序列$\{q_n\}$中的点为极点,f 在每一个极点q_n 具有预先给定的主要奇异部分.

证明 我们先回忆一下,点列 q_n 趋于W 的理想边界,是指对于给定的紧集 $K\subset W$,总存在 $N>0$,使得当 $n\geqslant N$ 时

$$q_n \in W - K.$$

作 W 的正则域穷尽序列$\{\Omega_n\}$,$n=1,2,\cdots$. 重新排列$\{q_n\}$,假定每一个域 $\Omega_n-\bar{\Omega}_{n-1}$只包含一个 q_n(事实是有限多个 q_n),$n=1,2,\cdots$.

我们在 q_n 局部地,因而整体地给定主要奇异部分 $R(p,q_n)$. $R(p,q_n)$在Ω_{n-1}全纯,应用 Runge 定理 3.3,存在定义于 W 的全纯函数f_n,使得

$$\max_{q\in\bar{\Omega}_{n-1}}|R(p,q_n)-f_n(p)|\leqslant\frac{\varepsilon}{2^n},\ n=1,2,\cdots.$$

定义函数

$$\begin{aligned}f(p)&=\sum_{n=1}^{\infty}[R(p,q_n)-f_n(p)]\\&=\sum_{n=1}^{N}R(p,q_n)-\sum_{n=1}^{N}f_n(p)\\&\quad+\sum_{n=N+1}^{\infty}[R(p,q_n)-f_n(p)].\end{aligned}$$

由于其中后一级数在 $\Omega_N(N\geqslant1)$一致收敛,在 Ω_N 内收敛于全纯函数,容易看出 $f(p)$在 W 亚纯,仅以每一个 q_n 为极点,而在 q_n 的主要奇异部分为$R(p,q_n)$. f 符合定理要求. 定理得证.

§5　Weierstrass 定理与非紧 Riemann 曲面的全纯函数的构造

在这里,我们要在非紧 Riemann 曲面 W 上,推广关于无穷乘积的 Weierstrass 定理,构造 W 上具有指定零点及其阶数的全纯函数.

我们先要构造具有一个一阶零点的简单全纯函数.

设 W 为非紧 Riemann 曲面,Ω 为 W 的正则域. 我们先讨论 Ω 的简单全纯函数的构造. Ω 是一个紧带边 Riemann 曲面. 设 Ω^* 为 Ω 的共轭曲面,$\hat{\Omega}=\Omega\cup\Omega^*$为倍 Riemann 曲面. $\hat{\Omega}$ 是紧 Riemann 曲面. 仿照§1 中作初等微分的方法,作 Ω 的简单全纯函数. 取定 $q\in\Omega$,再取定非 Weierstrass 点 $q_0\in\Omega^*$. 设 $\omega(p;q,q_0)$为第三类规范化微分,$\omega_2^k(p,q_0)(k=1,2,\cdots,g)$为第二类规范化微分,$\{\varphi_j\}(j=1,2,\cdots,g)$的 $\hat{\Omega}$ 的全纯微分空间的典型基. 我们已经知道,$\omega(p;q,q_0)$的 A-周期$A_j=0$. B-周期

$$B_j=\int_{b_j}\omega(p;q,q_0)=2\pi i\int_{q_0}^{q}\varphi_j,j=1,2,\cdots,g.$$

另外,B-周期矩阵

$$\left[\int_{b_j}\omega_2^k(p,q_0)\right]_{g\times g}$$

是非异矩阵,存在不全为零的数组$(c_1,c_2,\cdots,c_g)$,使得

$$\sum_{j=1}^{g} c_k \int_{b_j} \omega_2^k(p,q_0) = 2\pi i \int_{q_0}^{q} \varphi_j,\ j=1,2,\cdots,g.$$

于是微分

$$\omega(p;q,q_0) - \sum_{j=1}^{g} c_k \omega_2^k(p,q_0)$$

的 A - 周期和 B - 周期都恒为零. 定义函数

$$w_0(p,q) = \int_{p_1}^{p} \left[\omega(p;q,q_0) - \sum_{j=1}^{g} c_k \omega_2^k(p,q_0)\right],\ (p_1 \neq q,q_0)$$

$w_0(p,q)$作为 p 的函数,除附加上一个常数 $2m\pi i$(m 整数)外是确定的. $w_0(p,q)$以 q 为留数 1 的对数极点,即在 q 的局部参数邻域内,在局部参数 $z=z(p)$下,

$$w_0(p,q) = \log[z(p) - z(q)] + \phi(z(p)),$$

其中 ϕ 是全纯函数. 另外还要注意,$q_0 \in \Omega^*$ 是一个极点. 把 $w_0(p,q)$限制在 Ω,则

$$P(p,q) = e^{w_0(p,q)}$$

为定义于 Ω 的全纯函数,仅以 q 为一阶零点.

应先指出,$w(p,q)$在 q 有对数极点,它的值确定到附加一个常数 $2m\pi i$.

现在,我们在整个非紧 Riemann 曲面上构造简单全纯函数.

作 W 的正则穷尽域序列$\{\Omega_n\}$($n=0,1,2,\cdots$). 设给定的点 $q_0 \in \Omega_0$,对每一个 Ω_n,设 $w_n(p,q)$为前面定义的简单全纯函数. $w_n(p,q)$具有公共的留数为 1 的对数极点. 因此,对任意 $n \geqslant 1$, $w_{n+1}(p,q) - w_n(p,q)$的单值分支在 Ω_n 全纯. 应用 Runge 定理 3.3,存在定义于 W 的全纯函数f_n,使得

$$\max_{q \in \bar{\Omega}_{n-1}} |w_{n+1}(p,q) - w_n(p,q) - f_n(p)| < \varepsilon/2^n.\ (n \geqslant 1.)$$

令

$$P(p,q) = e^{w(p,q)} = e^{w_1(p,q) + \sum_{n=1}^{\infty}[w_{n+1}(p,q) - w_n(p,q) - f_n(p)]}$$
$$= e^{w_N(p,q) - \sum_{n=1}^{N} f_n(p) + \sum_{n=N+1}^{\infty}[w_{n+1}(p,q) - w_n(p,q) - f_n(p)]}.$$

由于上式最后级数(对 $N \geqslant 1$)在 Ω_{N-1}一致收敛于全纯函数,$P(p,q)$为定义于 W 的全纯函数. 并且直接看出,$P(p,q)$仅以 q 为一阶零点.

我们称 $P(p,q) = e^{w(p,q)}$为 W 的简单全纯函数. 其中 $w(p,q)$仅以 q 为对数极点,在 q 的局部参数邻域内,在局部参数 $z=z(p)$下,

$$w(p,q) = \log[z(p) - z(q)] + \phi[z(p)],$$

ϕ 为全纯函数. 同时我们要指出,对任何域 $\Omega \subset W$,Ω 不包含对数极点 q,如果

$w(p,q)$在 Ω 内存在单值分支,则确定到相差一个常数 $2m\pi i$(m 是整数).

下面我们建立关于无穷乘积的 Weierstrass 定理.

定理 5.1　设 W 为非紧 Riemann 曲面.给定 W 的点序列$\{q_n\}(n=1,2,\cdots)$,当 $n\to\infty$时 q_n 趋于W 的理想边界.则在 W 上存在全纯函数f,仅以序列$\{q_n\}$中的点 q_n 为零点,且在 q_n 上具有预先给定的零点的阶λ_n(λ_n 为正整数).

证明　对于序列$\{q_n\}$中的点 q_n,总存在仅以 q_n 为一阶零点的简单全纯函数,设为

$$P(p,q_n)=e^{w(p,q_n)}.$$

把序列$\{q_n\}$中每一点 q_n 看作λ_n 个点,作一新序列,使得同一点 q_n 在新序列中顺序出现λ_n 次.所作新序列仍用$\{q_n\}$表示之.作 W 的正则域穷尽序列$\{\Omega_k\}$($k=0,1,2,\cdots$),再重新排列$\{q_n\}$,假定对于$\{q_n\}$中任何点 q_N,如果 $q_N\notin\Omega_k$,则当 $n\geqslant N$ 时,$q_n\notin\Omega_k$.再设 Ω_0 不包含$\{q_n\}$中的点.

现在,我们要在 W 上定义一个全纯函数,仅以序列$\{q_n\}$中的点 q_n 为一阶零点.

对于任意 q_n,$n=1,2,\cdots$,一定存在 Ω_k,使得 $q_n\in\Omega_{k+1}-\Omega_k$,因而 q_n,$q_{n+1}\notin\Omega_k$.这时 $w(p,q_{n+1})-w(p,q_n)$在 Ω_k 内存在单值分支.根据 Runge 定理 3.3.对于单值全纯分支 $w(p;q_{n+1})-w(p,q_n)$,存在定义于 W 上的全纯函数$h_n(p)$,使得

$$\max_{p\in\bar{\Omega}_{k-1}}|w(p,q_{n+1})-w(p,q_n)-h_n(p)|<\frac{\varepsilon}{2^n}.$$

因此,所求的全纯函数定义为

$$\begin{aligned}f(p)&=e^{w(p,q_1)}\prod_{n=1}^{\infty}e^{w(p,q_{n+1})-w(p,q_n)-h_n(p)}\\&=e^{w(p,q_1)+\sum\limits_{n=1}^{\infty}[w(p,q_{n+1})-w(p,q_n)-h_n(p)]}\\&=e^{w(p,q_N)-\sum\limits_{n=1}^{N}h_n(p)+\sum\limits_{n=N+1}^{\infty}[w(p,q_{n+1})-w(p,q_n)-h_n(p)]}.\end{aligned}$$

这一表示式中,无穷级数在相应的 Ω_k 上一致收敛,因而 $f(p)$是全纯函数,且仅以每一 q_n 为一阶零点.由于同一点 q_n 出现λ_n 次.$f(p)$仅以 q_n 为点λ_n 阶零点.定理得证.

参 考 文 献

伍鸿熙,吕以辇,陈志华.紧黎曼曲面引论.北京:科学出版社.1983

Ahlfors, L. V., Comformal Invariants, Topics in Geometric Function Theory, McGraw-Hill. 1973

Ahlfors, L. V. & Sario, L., Riemann Surfaces, Princeton University Press. 1960

Behnke, H. & Sommer, F., Theorie der Analytischen Funktionen einer Komplexen Veranderlichen, Springer-Verlag, Berlin. 1955

Farkas, H. M. & Kra, I., Riemann Surfaces, Springer, New York. 1980

Springer, G., Introduction to Riemann Surfaces, Addison-Wesley, Reading, Mass. 1957

Weyl, H., Die Idee der Riemannschen Fläche, Teubner: Berlin. 1923

《现代数学基础丛书》已出版书目

1 数理逻辑基础(上册) 1981.1 胡世华 陆钟万 著
2 数理逻辑基础(下册) 1982.8 胡世华 陆钟万 著
3 紧黎曼曲面引论 1981.3 伍鸿熙 吕以辇 陈志华 著
4 组合论(上册) 1981.10 柯 召 魏万迪 著
5 组合论(下册) 1987.12 魏万迪 著
6 数理统计引论 1981.11 陈希孺 著
7 多元统计分析引论 1982.6 张尧庭 方开泰 著
8 有限群构造(上册) 1982.11 张远达 著
9 有限群构造(下册) 1982.12 张远达 著
10 测度论基础 1983.9 朱成熹 著
11 分析概率论 1984.4 胡迪鹤 著
12 微分方程定性理论 1985.5 张芷芬 丁同仁 黄文灶 董镇喜 著
13 傅里叶积分算子理论及其应用 1985.9 仇庆久 陈恕行 是嘉鸿 刘景麟 蒋鲁敏 编
14 辛几何引论 1986.3 J.柯歇尔 邹异明 著
15 概率论基础和随机过程 1986.6 王寿仁 编著
16 算子代数 1986.6 李炳仁 著
17 线性偏微分算子引论(上册) 1986.8 齐民友 编著
18 线性偏微分算子引论(下册) 1992.1 齐民友 徐超江 编著
19 实用微分几何引论 1986.11 苏步青 华宣积 忻元龙 著
20 微分动力系统原理 1987.2 张筑生 著
21 线性代数群表示导论(上册) 1987.2 曹锡华 王建磐 著
22 模型论基础 1987.8 王世强 著
23 递归论 1987.11 莫绍揆 著
24 拟共形映射及其在黎曼曲面论中的应用 1988.1 李 忠 著
25 代数体函数与常微分方程 1988.2 何育赞 萧修治 著
26 同调代数 1988.2 周伯壎 著
27 近代调和分析方法及其应用 1988.6 韩永生 著
28 带有时滞的动力系统的稳定性 1989.10 秦元勋 刘永清 王 联 郑祖庥 著
29 代数拓扑与示性类 1989.11 [丹麦] I.马德森 著
30 非线性发展方程 1989.12 李大潜 陈韵梅 著

31　仿微分算子引论　1990.2　陈恕行　仇庆久　李成章　编
32　公理集合论导引　1991.1　张锦文　著
33　解析数论基础　1991.2　潘承洞　潘承彪　著
34　二阶椭圆型方程与椭圆型方程组　1991.4　陈亚浙　吴兰成　著
35　黎曼曲面　1991.4　吕以辇　张学莲　著
36　复变函数逼近论　1992.3　沈燮昌　著
37　Banach 代数　1992.11　李炳仁　著
38　随机点过程及其应用　1992.12　邓永录　梁之舜　著
39　丢番图逼近引论　1993.4　朱尧辰　王连祥　著
40　线性整数规划的数学基础　1995.2　马仲蕃　著
41　单复变函数论中的几个论题　1995.8　庄圻泰　杨重骏　何育赞　闻国椿　著
42　复解析动力系统　1995.10　吕以辇　著
43　组合矩阵论(第二版)　2005.1　柳柏濂　著
44　Banach 空间中的非线性逼近理论　1997.5　徐士英　李　冲　杨文善　著
45　实分析导论　1998.2　丁传松　李秉彝　布　伦　著
46　对称性分岔理论基础　1998.3　唐　云　著
47　Gel'fond-Baker 方法在丢番图方程中的应用　1998.10　乐茂华　著
48　随机模型的密度演化方法　1999.6　史定华　著
49　非线性偏微分复方程　1999.6　闻国椿　著
50　复合算子理论　1999.8　徐宪民　著
51　离散鞅及其应用　1999.9　史及民　编著
52　惯性流形与近似惯性流形　2000.1　戴正德　郭柏灵　著
53　数学规划导论　2000.6　徐增堃　著
54　拓扑空间中的反例　2000.6　汪　林　杨富春　编著
55　序半群引论　2001.1　谢祥云　著
56　动力系统的定性与分支理论　2001.2　罗定军　张　祥　董梅芳　著
57　随机分析学基础(第二版)　2001.3　黄志远　著
58　非线性动力系统分析引论　2001.9　盛昭瀚　马军海　著
59　高斯过程的样本轨道性质　2001.11　林正炎　陆传荣　张立新　著
60　光滑映射的奇点理论　2002.1　李养成　著
61　动力系统的周期解与分支理论　2002.4　韩茂安　著
62　神经动力学模型方法和应用　2002.4　阮　炯　顾凡及　蔡志杰　编著
63　同调论——代数拓扑之一　2002.7　沈信耀　著
64　金兹堡-朗道方程　2002.8　郭柏灵　黄海洋　蒋慕容　著

65 排队论基础 2002.10 孙荣恒 李建平 著
66 算子代数上线性映射引论 2002.12 侯晋川 崔建莲 著
67 微分方法中的变分方法 2003.2 陆文端 著
68 周期小波及其应用 2003.3 彭思龙 李登峰 谌秋辉 著
69 集值分析 2003.8 李 雷 吴从炘 著
70 强偏差定理与分析方法 2003.8 刘 文 著
71 椭圆与抛物型方程引论 2003.9 伍卓群 尹景学 王春朋 著
72 有限典型群子空间轨道生成的格(第二版) 2003.10 万哲先 霍元极 著
73 调和分析及其在偏微分方程中的应用(第二版) 2004.3 苗长兴 著
74 稳定性和单纯性理论 2004.6 史念东 著
75 发展方程数值计算方法 2004.6 黄明游 编著
76 传染病动力学的数学建模与研究 2004.8 马知恩 周义仓 王稳地 靳 祯 著
77 模李超代数 2004.9 张永正 刘文德 著
78 巴拿赫空间中算子广义逆理论及其应用 2005.1 王玉文 著
79 巴拿赫空间结构和算子理想 2005.3 钟怀杰 著
80 脉冲微分系统引论 2005.3 傅希林 闫宝强 刘衍胜 著
81 代数学中的 Frobenius 结构 2005.7 汪明义 著
82 生存数据统计分析 2005.12 王启华 著
83 数理逻辑引论与归结原理(第二版) 2006.3 王国俊 著
84 数据包络分析 2006.3 魏权龄 著
85 代数群引论 2006.9 黎景辉 陈志杰 赵春来 著
86 矩阵结合方案 2006.9 王仰贤 霍元极 麻常利 著
87 椭圆曲线公钥密码导引 2006.10 祝跃飞 张亚娟 著
88 椭圆与超椭圆曲线公钥密码的理论与实现 2006.12 王学理 裴定一 著
89 散乱数据拟合的模型、方法和理论 2007.1 吴宗敏 著
90 非线性演化方程的稳定性与分歧 2007.4 马 天 汪宁宏 著
91 正规族理论及其应用 2007.4 顾永兴 庞学诚 方明亮 著
92 组合网络理论 2007.5 徐俊明 著
93 矩阵的半张量积:理论与应用 2007.5 程代展 齐洪胜 著
94 鞅与 Banach 空间几何学 2007.5 刘培德 著
95 非线性常微分方程边值问题 2007.6 葛渭高 著
96 戴维-斯特瓦尔松方程 2007.5 戴正德 蒋慕蓉 李栋龙 著
97 广义哈密顿系统理论及其应用 2007.7 李继彬 赵晓华 刘正荣 著
98 Adams 谱序列和球面稳定同伦群 2007.7 林金坤 著

99 矩阵理论及其应用 2007.8 陈公宁 编著
100 集值随机过程引论 2007.8 张文修 李寿梅 汪振鹏 高 勇 著
101 偏微分方程的调和分析方法 2008.1 苗长兴 张 波 著
102 拓扑动力系统概论 2008.1 叶向东 黄 文 邵 松 著
103 线性微分方程的非线性扰动(第二版) 2008.3 徐登洲 马如云 著
104 数组合地图论(第二版) 2008.3 刘彦佩 著
105 半群的 S-系理论(第二版) 2008.3 刘仲奎 乔虎生 著
106 巴拿赫空间引论(第二版) 2008.4 定光桂 著
107 拓扑空间论(第二版) 2008.4 高国士 著
108 非经典数理逻辑与近似推理(第二版) 2008.5 王国俊 著
109 非参数蒙特卡罗检验及其应用 2008.8 朱力行 许王莉 著
110 Camassa-Holm 方程 2008.8 郭柏灵 田立新 杨灵娥 殷朝阳 著
111 环与代数(第二版) 2009.1 刘绍学 郭晋云 朱 彬 韩 阳 著
112 泛函微分方程的相空间理论及应用 2009.4 王 克 范 猛 著
113 概率论基础(第二版) 2009.8 严士健 王隽骧 刘秀芳 著
114 自相似集的结构 2010.1 周作领 瞿成勤 朱智伟 著
115 现代统计研究基础 2010.3 王启华 史宁中 耿 直 主编
116 图的可嵌入性理论(第二版) 2010.3 刘彦佩 著
117 非线性波动方程的现代方法(第二版) 2010.4 苗长兴 著
118 算子代数与非交换 L_p 空间引论 2010.5 许全华 吐尔德别克 陈泽乾 著
119 非线性椭圆型方程 2010.7 王明新 著
120 流形拓扑学 2010.8 马 天 著
121 局部域上的调和分析与分形分析及其应用 2011. 4 苏维宜 著
122 Zakharov 方程及其孤立波解 2011. 6 郭柏灵 甘在会 张景军 著
123 反应扩散方程引论(第二版) 2011. 9 叶其孝 李正元 王明新 吴雅萍 著
124 代数模型论引论 2011. 10 史念东 著
125 拓扑动力系统——从拓扑方法到遍历理论方法 2011. 12 周作领 尹建东 许绍元 著
126 Littlewood-Paley 理论及其在流体动力学方程中的应用 2012. 3 苗长兴 吴家宏 章志飞 著
127 有约束条件的统计推断及其应用 2012. 3 王金德 著
128 混沌、Mel′nikov 方法及新发展 2012. 6 李继彬 陈凤娟 著
129 现代统计模型 2012. 6 薛留根 著
130 金融数学引论 2012. 7 严加安 著
131 零过多数据的统计分析及其应用 2013. 1 解锋昌 韦博成 林金官 著

132　分形分析引论　2013.6　胡家信　著

133　索伯列夫空间导论　2013.8　陈国旺　编著

134　广义估计方程估计方程　2013.8　周　勇　著

135　统计质量控制图理论与方法　2013.8　王兆军　邹长亮　李忠华　著

136　有限群初步　2014.1　徐明曜　著

137　拓扑群引论(第二版)　2014.3　黎景辉　冯绪宁　著

138　现代非参数统计　2015.1　薛留根　著